高职高专规划教材

装配式建筑与设备吊装技术

陈文元　戴安全　主　编

李子水　主　审

中国建筑工业出版社

图书在版编目（CIP）数据

装配式建筑与设备吊装技术/陈文元，戴安全主编．—北京：中国建筑工业出版社，2018.6（2025.5重印）
高职高专规划教材
ISBN 978-7-112-22300-8

Ⅰ．①装… Ⅱ．①陈… ②戴… Ⅲ．①建筑工程-装配式构件-建筑安装-高等职业教育-教材②房屋结构-结构吊装-高等职业教育-教材 Ⅳ．①TU7

中国版本图书馆 CIP 数据核字（2018）第 119559 号

本书共分为 5 个教学单元，其内容包括：装配式建筑概述、装配式建筑常用吊装机具与设备、装配式混凝土结构施工工艺、设备吊装技术、装配式建筑施工安全管理。

本书适合高职院校建筑工程技术专业、工业设备装备专业学生使用，相关专业学生或从业人员也可学习参考。

为方便本课程教学，作者自制免费课件资源，索取方式为：1. 邮箱 jckj@cabp. com. cn；2. 电话 010-58337285；3. 建工书院 http://edu. cabplink. com。

责任编辑：朱首明　司　汉
责任校对：姜小莲

高职高专规划教材
装配式建筑与设备吊装技术
陈文元　戴安全　主编
　　　　李子水　主审
*
中国建筑工业出版社出版、发行（北京海淀三里河路 9 号）
各地新华书店、建筑书店经销
霸州市顺浩图文科技发展有限公司制版
建工社（河北）印刷有限公司印刷
*
开本：787×1092 毫米　1/16　印张：15¾　字数：392 千字
2018 年 8 月第一版　2025 年 5 月第七次印刷
定价：**38.00** 元（赠教师课件）
ISBN 978-7-112-22300-8
　　　（32169）

　　随着建筑工业化进程的加快，新型结构建筑的市场占有率不断增加，建筑企业施工管理人才急需掌握装配式建筑的基本知识及与其相关的施工吊装技术。教材编写初期，成员深入企业一线调研，掌握第一手资料，分析出施工一线所需的吊装技术知识和能力要求；后期组织教学经验丰富的老师，几经修改编写而出，本书重点着眼解决施工现场两个问题：

　　第一是装配式建筑的施工吊装问题。国家目前着力推进钢结构建筑、混凝土装配式建筑，这两类建筑的现场核心技术就是施工吊装，由于混凝土装配式建筑占有较大的市场份额，本书除了讲解预制构件现场吊装而外，同时介绍了混凝土装配式建筑的生产、转运、堆放，使学生对混凝土装配式建筑生产技术有全面的了解。内容力求清晰明了，并配以现场施工方案编制，方便学生学习和实训使用。

　　第二是我国学科结构不完善的问题。由于大型构件（如钢结构网架）、工业设备和特种装置吊装人才的培养路径缺失，造成施工现场专业人才极度匮乏，已成为建筑工业化进程的瓶颈。为了缓解这一矛盾，本书介绍了常用起重设备特点和使用方法，并通过案例介绍了几种不同类型起重机的施工方案，希望能拓展学生能力，了解大型构件、设备、装置的吊装方法，今后举一反三。

　　本书由四川建筑职业技术学院组织本院具有多年工程经历和丰富教学经验的教师编写。陈文元、戴安全担任主编，吴俊峰、姚剑军、黄敏担任副主编。第1、3、5教学单元由陈文元、黄敏、吴俊峰、杨卫奇、万健编写，第2、4教学单元由戴安全、刘成毅、姚剑军、梁建莉、胡若霄编写。

　　四川建筑职业技术学院的胡晓元教授设计了全书的结构、内容，并负责了组织协调工作。四川省工业设备安装公司总工程师李子水担任主审，确保了书的适用性和准确性。

　　本书编写过程中，得到了重庆大学杨文柱教授悉心指导，对全书提出了宝贵意见，还得到了四川省工业设备安装公司、成都建工集团工业化公司、四川建筑业协会安装分会等单位的大力支持，在此一并致谢。

　　装配式建筑在我国是新兴的产业，工程经验尚需逐步积累，设备吊装（安装）也将出现技术上的革命，由于缺乏上游学科引导，本书难免存在种种不妥之处，敬请大家指正。

目　录　/

▶ 装配式建筑概述

【主要内容】

1. 装配式建筑的发展意义；

2. 装配式建筑的发展现状；

3. 装配式建筑的发展前景。

【学习要点】

1. 认识装配式建筑结构；

2. 了解装配式建筑的现状。

1.1　装配式建筑的发展意义

1. 提高工程质量和施工效率

通过标准化设计、工厂化生产、装配化施工，减少了人工操作和劳动强度，确保了构件质量和施工质量，从而提高了工程质量和施工效率。

2. 减少资源、能源消耗，减少建筑垃圾，保护环境

由于实现了构件生产工厂化，材料和能源消耗均处于可控状态；建造阶段消耗建筑材料和电力较少，施工扬尘和建筑垃圾大大减少。

3. 缩短工期，提高劳动生产率

由于构件生产和现场建造在两地同步进行，建造、装修和设备安装一次完成，相比传统建造方式大大缩短了工期，能够适应目前我国大规模的城市化进程。

4. 转变建筑工人身份，促进社会进步

现代建筑产业减少了施工现场临时工的用工数量，并使其中一部分人进入工厂，变为产业工人，助推城镇化发展。

5. 减少施工事故

与传统建筑相比，产业化建筑建造周期短、工序少、现场工人需求量小，可进一步降低发生施工事故的概率。

6. 施工受气象因素影响小

产业化建造方式大部分构配件在工厂生产，现场基本为装配作业，且施工工期短，受降雨、大风、冰雪等气象因素的影响较小。

随着新型城镇化的稳步推进，人民生活水平不断提高，全社会对建筑品质的要求也越来越高。与此同时，能源和环境压力逐渐加大，建筑行业竞争加剧。建筑产业现代化对推动建筑业产业升级和发展方式转变，促进节能减排和民生改善，推动城乡建设走上绿色、循环、低碳的科学发展轨道，实现社会全面、协调、可持续发展，不仅意义重大，更迫在眉睫。

1.2　装配式建筑的发展现状

国务院办公厅关于转发国家发展和改革委员会、住房和城乡建设部绿色建筑行动方案的通知（国办发［2013］1号文）中第（八）项为推动建筑工业化：住房城乡建设等部门要加快建立促进建筑工业化的设计、施工、部品生产等环节的标准体系，推动结构构件、部品、部件的标准化，丰富标准件的种类，提高通用性和可置换性。推广适合工业化生产的预制装配式混凝土、钢结构等建筑体系，加快发展建筑工程的预制和装配技术，提高建筑工业化技术集成水平。支持集设计、生产、施工于一体的工业化基地建设，开展工业化建筑示范试点。积极推行住宅全装修，鼓励新建住宅一次装修到位或菜单式装修，促进个性化装修和产业化装修相统一。2014年1月，住房和城乡建设部通知要求各地积极推进绿色保障房工作，并同时发布了《绿色保障性住房技术导则（试行）》（以下简称《导则》），明确各地依此研究制定本地区的绿色保障性住房技术政策，做好技术指导工作。《导则》共有八大项，其中强调了绿色保障性住房应遵循的基本原则，研究和制定了绿色保障性住房的指标体系，提出了绿色保障性住房的规划设计、建造施工和产业化等技术要点。此外，《导则》还专项设置了产业化技术指标和体系化技术。为大量、快速的住宅建设提供切实有效的保障，从根本上全面推进绿色建筑行动。

1.2.1 预制装配式建筑的定义

预制装配式建筑是将建筑的部分或全部构件在工厂预制完成，然后运输到施工现场，将构件通过可靠的连接方式组装而建成的房屋。在欧美地区及日本被称作产业化住宅或工业化住宅。

1.2.2 预制装配式房屋主要分为三大开发模式

1. 预制装配式混凝土结构

预制装配式混凝土结构是以预制混凝土构件为主要构件，经装配、连接，结合部分现浇而形成的混凝土结构。PC 构件是指在工厂制作、加工而形成的成品混凝土构件。PC住宅具有高效节能、绿色环保、降低成本、提供住宅功能及性能等诸多优势。

2. 轻钢结构

轻钢房屋具有自重轻、跨度大、抗风抗震性能好、保温隔热、隔声等各项指标卓越的特点，是一种高效、节能、环保、符合可持续发展方针的绿色建筑体系。适用于别墅、多层住宅、度假村等民用建筑，也适用于建筑加层、屋顶平改坡等工程。可预拼装墙体包括事先安装好的外墙围护、保温层和窗户。

3. 预制集装箱房屋

以集装箱为基本模块，采用制造模式，在工厂内以流水线制造完成各模块的结构建造和内部装修后再运输到工程现场，按不同的用途与功能快速组合成风格各异的房屋建筑。

1.2.3 国内外装配式建筑现状

1. 美国装配式建筑

美国在 20 世纪 70 年代能源危机期间开始实施配件化施工和机械化生产。美国城市发展部出台了一系列严格的行业标准规范，一直沿用至今，并与后来的美国建筑体系逐步融合。美国城市住宅建造基本上以工厂化、混凝土装配式和钢结构装配式为主，降低了建设成本，提高了工厂通用性，增加了施工的可操作性。《PCI 设计手册》由总部位于美国的预制与预应力混凝土协会 PCI 编制，其中包括了装配式结构相关的部分。该手册自 1971年的第一版起，已经修订至第七版，且与 IBC2006、ACI 318—05、ASCE 7—05 等标准协调，在国际上具有非常广泛的影响力。

2. 欧洲装配式建筑

法国 1891 年就已实施了装配式混凝土的构建，迄今已有 130 年的历史。法国建筑主要采用预应力混凝土装配式框架结构体系，装配率达到 80%，脚手架用量减少 50%，节能可达到 70%。

德国是世界上建筑能耗降低幅度发展最快的国家，近几年还提出零能耗的被动式建筑。德国的装配式住宅主要采取叠合板、混凝土、剪力墙结构体系，剪力墙板、梁、柱、楼板、内隔墙板、外挂板、阳台板等构件采用构件装配式的混凝土结构，耐久性较好。

瑞典和丹麦在 20 世纪 50 年代就已有大量企业开发了混凝土、板墙装配的部件。目前，新建住宅中通用部件占到了 80%，既满足多样性的需求，又达到了 50% 以上的节能率，这种新建建筑与传统建筑的能耗相比有大幅度的下降。丹麦推行建筑工程化的途径是以产品目录设计为标准的体系，使部件达到标准化，然后在此基础上，实现多元化的需求，所以丹麦建筑实现了多元化与标准化的和谐统一。国际标准化组织 ISO 模数协调标准即以丹麦的标准为蓝本编制。

3. 日本装配式建筑

日本在 1968 年提出装配式住宅的概念。从 1990 年起采用部件化、工厂化生产方式，生产效率高效，住宅内部结构可变，适应多样化的需求。日本的装配式建筑有一个非常鲜明的特点，从一开始就追求中高层住宅的配件化生产体系，这种生产体系能满足日本人口比较密集的住宅市场的需求。更重要的是，日本通过立法来保证混凝土构件的质量，在装配式住宅方面制定了一系列的方针政策和标准，同时也形成了统一的模数标准，解决了标准化、大批量生产和多样化需求这三者之间的矛盾。

4. 新加坡装配式建筑

新加坡开发出 15 层至 30 层的单元化的装配式住宅，占全国总住宅数量的 80% 以上。通过平面的布局、部件尺寸和安装节点的重复性来实现标准化，核心设计和施工过程的工业化相互之间配套融合，装配率达到 70%。

5. 目前国内装配式建筑发展较好的城市

沈阳：标准配套齐全，引进的技术论证严谨，结构类型品种较多，构件厂设备自动化程度高。完成了《预制混凝土构件制作与验收规程》等 9 部省级和市级地方技术标准。

北京、上海：有政府出台配套优惠政策作保证，标准配套基本齐全，部分装配式的剪力墙结构技术成熟。北京出台了混凝土结构产业化住宅的设计、质量验收等 11 项标准和技术管理文件；上海已出台 5 项，且正在编制 4 项地方标准和技术管理文件。

深圳：工作开展的较早，装配式建筑面积较多，构件质量高，编制了产业化住宅模数协调等 11 项标准和规范。

江苏：结构体系品种齐全，部品的工业化工作同时开展。

合肥：近年来政府推动力度较大。

6. 装配式建筑标准化现状

（1）现行国家标准

《建筑模数协调标准》GB/T 50002—2013

《木结构设计规范》GB 50005—2003

《胶合木结构技术规范》GB/T 50708—2012

《木结构工程施工质量验收规范》GB 50206—2012

《木结构工程施工规范》GB/T 50772—2012

《木结构试验方法标准》GB/T 50329—2012

《建筑物的性能标准 预制混凝土楼板的性能试验 在集中荷载下的工况》GB/T

24497—2009

《预应力混凝土肋形屋面板》GB/T 16728—2007

《叠合板用预应力混凝土底板》GB/T 16727—2007

《预应力混凝土空心板》GB/T 14040—2007

《乡村建设用混凝土圆孔板和配套构件》GB 12987—2008

《灰渣混凝土空心隔墙板》GB/T 23449—2009

《建筑隔墙用保温条板》GB/T 23450—2009

《建筑用轻质隔墙条板》GB/T 23451—2009

《建筑用金属面绝热夹芯板》GB/T 23932—2009

《钢筋混凝土大板间有连接筋并用混凝土浇灌的键槽式竖向接缝 实验室力学试验 平面内切向荷载的影响》GB/T 24496—2009

《承重墙与混凝土楼板间的水平接缝 实验室力学试验 由楼板传来的垂直荷载和弯矩的影响》GB/T 24495—2009

《建筑墙板试验方法》GB/T 30100—2013

《建筑门窗洞口尺寸协调要求》GB/T 30591—2014

《住宅卫生间功能及尺寸系列》GB/T 11977—2008

《住宅厨房及相关设备基本参数》GB/T 11228—2008

《住宅部品术语》GB/T 22633—2008

（2）现行行业标准

《装配式混凝土结构技术规程》JGJ 1—2014

《住宅厨房模数协调标准》JGJ/T 262—2012

《住宅卫生间模数协调标准》JGJ/T 263—2012

《低层冷弯薄壁型钢房屋建筑技术规程》JGJ 227—2011

《预制预应力混凝土装配整体式框架结构技术规程》JGJ 224—2010

《混凝土预制拼装塔机基础技术规程》JGJ/T 197—2010

《轻型钢结构住宅技术规程》JGJ 209—2010

《住宅轻钢装配式构件》JG/T 182—2008

《住宅内用成品楼梯》JG/T 405—2013

《住宅整体卫浴间》JG/T 183—2011

《住宅整体厨房》JG/T 184—2011

1.2.4 装配式建筑存在的问题

1. 技术体系仍不完备

目前行业发展热点主要集中在装配式混凝土剪力墙住宅，框架结构及其他房屋类型的装配式结构发展并不均衡，无法支撑整个预制混凝土行业的健康发展。目前国内装配式剪力墙住宅大多采用底部竖向钢筋套筒灌浆或浆锚搭接连接，边缘构件现浇的技术处理，其他技术体系研究尚少，应进一步加强。

2. 装配式结构基础性研究不足

国内装配式剪力墙中钢筋竖向连接、夹心墙板连接件两个核心应用技术仍不完善。作为主流的装配剪力墙竖向钢筋连接方式，套筒灌浆连接相当长一段时间内作为一种机械连接形式应用，但在接头受力机理与性能指标要求、施工控制、质量验收等方面对三种材料（钢筋、灌浆套筒、灌浆料）共同作用考虑不周全。夹心墙板连接件是保证"三明治"夹心保温墙板内外层共同受力的关键配件。连接件产品设计不仅要考虑单向抗拉力，还要承受在重力、风荷载、地震荷载、温度等作用下传来的复杂受力，且对长期老化、热胀冷缩等性能要求很高，还需进一步加强研究。

3. 标准规范支撑不够

标准规范在建筑预制装配化发展的初期阶段其重要性已被全行业所认同。但由于建筑预制装配化技术标准缺乏基础性研究与足够的工程实践，使得很多技术标准仍处于空白，亟需补充完善。

1.3   装配式建筑的发展前景

中共中央国务院《关于进一步加强城市规划建设管理工作的若干意见》提出，力争用10年左右时间，使装配式建筑占新建建筑的比例达到30%，住房和城乡建设部有关人士透露，根据《建筑产业现代化发展纲要》的要求，到2020年，装配式建筑占新建建筑的比例20%以上，到2025年，装配式建筑占新建建筑比例的50%以上。

《建筑产业现代化发展纲要》明确了未来5～10年建筑产业现代化的发展目标：到2020年，基本形成适应建筑产业现代化的市场机制和发展环境、建筑产业现代化技术体系基本成熟，形成一批达到国际先进水平的关键核心技术和成套技术，建设一批国家级、省级示范城市、产业基地、技术研发中心，培育一批龙头企业。装配式混凝土、钢结构、木结构建筑发展布局合理、规模逐步提高，新建公共建筑优先采用钢结构，鼓励农村、景区建筑发展木结构和轻钢结构。装配式建筑占新建建筑比例的20%以上，直辖市、计划单列市及省会城市30%以上，保障性安居工程采取装配式建造的比例达到40%以上。新开工全装修成品住宅面积比率30%以上。

直辖市、计划单列市及省会城市保障性住房的全装修成品房面积比率达到50%以上。建筑业劳动生产率、施工机械装备率提高1倍。到2025年，建筑品质全面提升，节能减排、绿色发展成效明显，创新能力大幅提升，形成一批具有较强综合实力的企业和产业体系。装配式建筑占新建建筑的比例50%以上，保障性安居工程采取装配式建造的比例达到60%以上。全面普及成品住宅，新开工全装修成品住宅面积比率达到50%以上，保障性住房的全装修成品房面积比率达到70%以上。

据不完全统计，目前全国已有30多个省市出台了装配式建筑专门的指导意见和相关配套措施，不少地方更是对装配式建筑的发展提出了明确要求。越来越多的市场主体开始加入到装配式建筑的建设大军中。

▶ **装配式建筑常用吊装机具与设备**

【主要内容】

1. 起重吊装常用索具、吊具；

2. 装配式建筑吊装常用起重机械。

【学习要点】

1. 掌握常用索具、吊具在起重吊装工程中的选用与计算；

2. 掌握装配式建筑吊装常用起重机械的性能及应用；

3. 了解各类起重机械的分类、构造与使用注意事项。

吊具、索具以及牵引装置是起重工程中不可缺少的工具，目前工程中常用的索具主要是钢丝绳及吊索；常用的吊具主要是滑轮组和平衡梁；常用的牵引装置是卷扬机；常用吊装机械主要为塔式起重机及自行式起重机。

2.1 钢丝绳及其附件

2.1.1 吊装常用钢丝绳的材料、规格及特性

钢丝绳一般是由数十根高强度碳素钢丝先绕捻成股，再由股围绕特制绳芯绕捻而成。钢丝绳具有强度高、耐磨损、抗冲击、类似绳索的挠性，是起重作业中使用最广泛的工具之一，如图 2-1 所示。

图 2-1 钢丝绳

1. 钢丝绳的种类

起重吊装作业中常用钢丝绳为多股钢丝绳，由多个绳股围绕一根绳芯捻制而成。大型吊装工程中应采用《重要用途钢丝绳》GB 8918—2006 标准规定的钢丝绳，一般吊装工程中应采用《一般用途钢丝绳》GB/T 20118—2006 标准规定的钢丝绳。

钢丝绳是把很多根直径为 0.3～3mm 的高强度碳素钢钢丝先拧成股，再把若干股围绕着绳芯拧成绳的。钢丝绳种类很多，按绕捻方法不同可分为左同向捻、右同向捻、左交互捻、右交互捻四种，起重作业中常用右交互捻钢丝绳。钢丝绳可以按以下方式进行分类：

（1）按钢丝绳芯材料不同可分为麻芯、石棉芯和金属绳芯三种，起重作业中常采用麻芯钢丝绳，麻芯中浸有润滑油，起减小绳股及钢丝之间的摩擦和防腐蚀的作用。

（2）按钢丝绳绳股及丝数不同可分为 6×19、6×37 和 6×61 三种，起重作业中最常用的是 6×19 和 6×37 钢丝绳。在同等直径下，6×19 钢丝绳中的钢丝直径较大，强度较高，但柔韧性差。而 6×61 钢丝绳中的钢丝最细，柔性好，但强度低。6×37 钢丝绳的性能介于上述二者之间，柔性比 6×19 钢丝绳好，比 6×61 钢丝绳差；强度比 6×19 钢丝绳差，比 6×61 钢丝绳好。

（3）按钢丝表面处理不同又可分为光面和镀锌两种，起重作业中常用光面钢丝绳。

（4）按钢丝绳股结构不同，又可分为点接触绳、线接触绳和面接触绳。

　　① 点接触绳的各层钢丝直径相同，但各层螺距不等，所以钢丝互相交叉形成点接触，在工作中接触应力很高，钢丝易磨损折断，但其制造工艺简单。

　　② 线接触绳的股内钢丝粗细不同，将细钢丝置于粗钢丝的沟槽内，粗细钢丝间成线接触状态。由于线接触钢丝绳接触应力较小，钢丝绳寿命长，同时挠性增加。由于线接触钢丝绳较为密实，所以相同直径的钢丝绳，线接触绳破断拉力大些。绳股内钢丝直径相同的同向捻钢丝绳也属线接触绳。

　　③ 面接触绳的股内钢丝形状特殊，采用异形断面钢丝，钢丝间呈面状接触。其优点是外表光滑，抗腐蚀和耐磨性好，能承受较大的横向力；但价格昂贵，故只能在特殊场合下使用。

2. 钢丝绳的规格参数

　　一般起重作业中 6×19 和 6×37 钢丝绳，其规格参数见表 2-1 和表 2-2。本参数仅供学生和做初步方案时参考，做正式方案请以《重要用途钢丝绳》GB 8918—2006 和《一般用途钢丝绳》GB/T 20118—2006 等国家标准为准。

3. 钢丝绳的规格含义

　　钢丝绳是由高碳钢丝制成。钢丝绳的规格较多，起重吊装常用 6×19+FC(IWR)、6×37+FC(IWR)、6×61+FC(IWR) 三种规格的钢丝绳。其中 6 代表钢丝绳的股数，19（37、61）代表每股中的钢丝数，"+"后面为绳股中间的绳芯，其中 FC 为纤维芯、IWR 为钢芯。关于钢丝绳详细的命名标准参见《钢丝绳　术语、标准和分类》GB/T 8706—2006 中的相关规定。

钢丝绳（6×19）主要技术参数　　　　　　　　　　　表 2-1

直径		钢丝绳的抗拉强度（MPa）				
钢丝绳（mm）	钢丝（mm）	1400	1550	1700	1850	2000
		钢丝破断拉力总和(kN)				
6.2	0.4	20.00	22.10	24.30	26.40	28.60
7.7	0.5	31.30	34.60	38.00	41.30	44.70
9.3	0.6	45.10	49.60	54.70	59.60	64.40
11.0	0.7	61.30	67.90	74.50	81.10	87.70
12.5	0.8	80.10	88.70	97.30	105.50	114.50
14.0	0.9	101.00	112.00	123.00	134.00	114.50
15.5	1.0	125.00	138.50	152.00	165.50	178.50
17.0	1.1	151.50	167.50	184.00	200.00	216.50
18.5	1.2	180.00	199.50	219.00	238.00	257.50
20.0	1.3	21150	234.00	257.00	279.50	302.00
21.5	1.4	245.50	271.50	298.00	324.00	350.50
23.0	1.5	281.50	312.00	342.00	372.00	402.50
24.5	1.6	320.50	355.00	389.00	423.50	458.00
26.0	1.7	362.00	400.50	439.50	478.00	517.00
28.0	1.8	405.50	499.00	492.50	536.00	579.50
31.0	2.0	501.00	554.50	608.50	662.00	715.50
34.0	2.2	606.00	671.00	736.00	801.00	—
37.0	2.4	721.50	798.50	876.00	953.50	—
40.0	2.6	846.50	937.50	1025.00	1115.00	—

钢丝绳（6×37）主要技术参数   表 2-2

直径		钢丝绳的抗拉强度（MPa）				
钢丝绳（mm）	钢丝（mm）	1400	1550	1700	1850	2000
		钢丝破断拉力总和（kN）				
8.7	0.4	39.00	43.20	47.30	51.50	55.70
11.0	0.5	60.00	67.50	74.00	80.60	87.10
13.0	0.6	87.80	97.20	106.50	116.00	125.00
15.0	0.7	119.50	132.00	145.00	157.50	170.50
17.5	0.8	156.00	172.50	189.50	206.00	223.00
19.5	0.9	197.50	218.50	239.50	261.00	282.00
21.5	1.0	243.50	270.00	296.00	322.00	348.50
24.0	1.1	295.00	326.00	358.00	390.00	421.50
26.0	1.2	351.00	388.50	426.50	464.00	501.50
28.0	1.3	412.00	456.50	500.50	544.50	589.00
30.0	1.4	478.00	529.00	580.50	631.50	683.00
32.5	1.5	548.50	607.50	666.50	725.00	784.00
34.5	1.6	624.50	691.50	758.00	825.00	892.00
36.5	1.7	705.00	780.50	856.00	931.50	1005.00
39.0	1.8	790.00	875.00	959.50	1040.00	1125.00
43.0	2.0	975.50	1080.00	1185.00	1285.00	1390.00
47.5	2.2	1180.00	1305.00	1430.00	1560.00	—
52.0	2.4	1405.00	1555.00	1705.00	1855.00	—
56.0	2.6	1645.00	1825.00	2000.00	2175.00	—

4. 钢丝绳的选用

钢丝绳在同直径时公称抗拉强度越低，每股绳内钢丝越多，钢丝直径越细，则绳的挠性越好，但钢丝绳易磨损。反之，每股绳内钢丝直径越粗，则钢丝绳挠性越差，钢丝绳耐磨损。因此，不同型号的钢丝绳，它的使用范围也不同。根据起重吊装作业的实际需要，一般情况下，钢丝绳的选用可考虑以下原则：

（1）6×19 钢丝绳用做缆风绳、拉索及制作起重索具，一般用于受弯曲载荷较小或遭受磨损的地方。

（2）6×37 钢丝绳用于起重作业中捆扎各种物件、设备及穿绕滑车组和制作起重用索具。适用于绳索受弯曲时。

（3）6×61 钢丝绳用于绑扎各类物件。绳索刚性较小，易于弯曲，用于受力不大的地方。

同向捻的钢丝绳，表面较平整、柔软，具有良好的抗弯曲疲劳性能，比较耐用；其缺点是绳头断开处绳股易松散，悬吊重物时容易出现旋转，易卷曲扭结，因此在吊装中不宜单独采用。起重吊装作业常用左交互捻钢丝绳。

5. 钢丝绳的受力计算

某一规格的钢丝绳允许承受的最大拉力是有一定限度的，超过这个限度，钢丝绳就会被破坏或拉断，因此在工作中需对钢丝绳的受力进行计算。

（1）钢丝绳的破断拉力

制造钢丝绳钢丝的公称抗拉强度分别为 1470MPa、1570MPa、1670MPa、1770MPa和 1870MPa 五个强度等级。在相应强度等级下给出了不同直径、不同绳芯钢丝绳的最小破断拉力，以钢丝绳的最小破断拉力除以一个安全系数，即得到钢丝绳极限工作拉力，可由下式求得：

$$极限工作拉力 = \frac{F_0}{10 \times k_u}(\text{kg})\tag{2-1}$$

式中　F_0——钢丝绳最小破断拉力（kN）；

　　　k_u——钢丝绳安全系数。

此方法没有考虑钢丝经过捻制后受到的强度损失。在计算时可按降低 18% 作为钢丝绳破断拉力值。

在工程中可以采用简便方式进行大致计算，钢丝绳破断拉力≈直径的平方×50kg；比如 ϕ13 的钢丝绳破断拉力≈$13^2 \times 50 \approx 8450$kg

（2）钢丝绳的安全系数

为了保证起重作业的安全，钢丝绳许用拉力只是其破断拉力的几分之一。破断拉力与许用拉力之比为安全系数。下表列出了不同用途钢丝绳的安全系数，见表 2-3 。

钢丝绳的安全系数　　　　　　　　表 2-3

使用情况	安全系数	使用情况	安全系数
用做缆风绳、拖拉绳	3.5	机械驱动起重设备	5～6
人力驱动起重设备	4.5	用做吊索（无弯曲）	6～7
用做捆绑吊索	8～10	用做载人升降机	14

（3）钢丝绳的许用扭力

$$P = S_P / K\tag{2-2}$$

式中　P——钢丝绳的许用拉力，N；

　　　S_P——钢丝绳的破断拉力，N；

　　　K——钢丝绳的安全系数。

例：型号 6×37-26 的钢丝绳，用作捆绑绳时其许用拉力为多大？

解：$S_P = 500d^2 = 500 \times 26^2 = 338000$N

用作捆绑绳时，取 $K=10$，则：

$$P = S_P / K = 338000/10 = 33800\text{N}$$

6. 钢丝绳绳轮比

为了不让钢丝绳在工作期间发生过度弯曲的情况，必须规定不同直径的钢丝绳的最小弯曲半径，称为是"绳轮比"。

$$D_{min} \geqslant e_1 \times e_2 \times d\tag{2-3}$$

式中　D_{min}——钢丝绳绕过的最小轮径；

　　d——钢丝绳直径；

　　e_1——系数，按照工作类型决定，轻型：16、中型：18、重型：20；

　　e_2——系数，按照钢丝绳结构决定，交、互绕：1、顺绕：0.9。

7. 钢丝绳报废标准

钢丝绳使用到一定的损坏程度时，必须按规定报废，其报废标准如下：

（1）每一节距（也称捻距，指钢丝绳中的任何一股缠绕一周的轴向长度）内钢丝断裂的数目超过表 2-4 规定的数目时应报废。钢丝绳断丝数量不多，但断丝增加很快时也应报废。

（2）钢丝绳的钢丝磨损或腐蚀达到或超过原来钢丝直径的 40％以上时，即应报废。在 40％以内者应按表降级使用。当整根钢丝绳的外表面受腐蚀而形成的麻面达到肉眼很容易看出的程度时，应予报废。

（3）钢丝绳受过火烧或局部电弧作用应报废。

（4）钢丝绳压扁变形、有绳股或钢丝挤出、笼形畸变、绳径局部增大、扭结、弯折时应报废。

（5）钢丝绳绳芯损坏而造成绳径显著减少（达 7％）时应报废。

（6）吊运炽热金属或危险品的钢丝绳，报废断丝数取通用起重机钢丝绳断丝数的一半，其中包括钢丝绳表面磨损或腐蚀的折减。

钢丝绳报废标准　　　　　　　　　表 2-4

安全系数	钢丝绳钢丝折断的数量(根)					
	6×19		6×37		6×61	
	交捻	顺捻	交捻	顺捻	交捻	顺捻
<7	12	6	22	11	36	18
6～7	14	7	26	13	38	19
>7	16	8	30	15	40	20

8. 钢丝绳的折减系数

钢丝绳的破断拉力折减应按其在一个节距内钢丝折断的根数进行，见表 2-5。

折减系数　　　　　　　　　表 2-5

钢丝表面磨损或腐蚀量(%)	折减系数(%)	钢丝表面磨损或腐蚀盘(%)	折减系数(%)
10	85	25	60
15	75	30～40	50
20	70	大于 40	0

9. 钢丝绳使用、维护与保养

（1）钢丝绳要正确开卷。钢丝绳开卷时，要避免钢丝绳扭结，强度降低以致损坏。钢丝绳切断时要扎紧防止松散。

（2）钢丝绳不得超负荷使用，不能在冲击载荷下工作，工作时速度应平稳。

（3）在捆绑或吊运物件时，钢丝绳应避免和物体的尖角棱边直接接触，应在接触处垫以木块、麻布或其他衬垫物。

（4）严禁钢丝绳与电线接触，以免被打坏或发生触电。靠近高温物体时，要采取隔热措施。

（5）钢丝绳在使用中应避免扭结，一旦扭结，应立即抖直。使用中应尽量减少弯折次数，并尽量避免反向弯折。

（6）钢丝绳与卷筒或滑车配用时，卷筒或滑轮的直径至少比钢丝绳直径大 16 倍。不能穿过已经破损的滑轮，以免磨损钢丝绳或使绳脱出滑轮，造成事故。

（7）钢丝绳穿过滑轮时，滑轮槽的直径应比钢丝绳的直径大 1～2.5mm。如滑轮槽的直径过大，则绳易被压扁；过小，则绳易磨损。

（8）钢丝绳应防止磨损、腐蚀或其他物理条件、化学条件造成的性能降低。吊运熔化及灼热金属的钢丝绳，要有防止高温损坏的措施。

（9）使用前，要根据使用情况选择合适直径的钢丝绳；在使用过程中，要经常检查其负荷能力及破损情况；使用后，及时保养，正确存放。

10. 钢丝绳的安全检查

钢丝绳的检查可分为日常检验、定期检验和特殊检验，日常检验就是自检；定期检验根据装置形式、使用率、环境以及上次检验的结果，可确定采用月检还是年检。钢丝绳的检查内容及要求见表 2-6。

具体检验方法如下：

（1）断丝：在一个捻距统计断丝数，包括外部和内部的断丝。即使在同一根钢丝上有 2 处断丝，也应按 2 根断丝数统计。钢丝断裂部分超过本身半径者，应以断丝处理。

1）检验时应注意断丝的位置（如距末端多远）和断丝的集中程度，以决定处理方法。

2）注意断丝的部位和形态，即断丝发生在绳股的凸出部位，还是凹谷部位。根据断丝的形态，可以判断出断丝的原因。

钢丝绳检验部位　　　　　　　　　　　　　　　　　　表 2-6

项　　目		日常检验	定期检验与特殊检验
动绳	起重机起升、变幅、牵引用钢丝绳	微速运转观察全部钢丝绳,特别注意下列部位: ①末端固定部位; ②通过滑轮的部分	微速运转作全面检验外,特别注意下列部位: ①在卷筒上的固接部位; ②绕在卷筒上的绳; ③通过滑轮的钢丝绳; ④平衡轮处钢丝绳; ⑤其他固定连接部位
	缆索起重机钢丝绳	除通常能观察到的部分外,特别注意末端固定部位	全长仔细检验
静绳	缆风绳	除通常能观察到的部分外,特别注意末端固定部位	全长仔细检验
	捆绑绳	除全长观察外,特别注意下列部位: ①编结部分; ②与吊具连接部分	

（2）磨损：磨损检验主要是磨损状态和直径的测量。

磨损的状态有两种：一种是同心磨损，另一种是偏心磨损。偏心磨损的钢丝绳多数发生在绳索移动量不大、吊具较重、拉力变化较大的场合。例如，电磁吸盘起重机的起升绳易发生这种磨损。偏心磨损和同心磨损同样使钢丝绳强度降低。

（3）腐蚀：腐蚀有外部腐蚀和内部腐蚀两种。

外部腐蚀的检验：目视钢丝绳生锈、点蚀，钢丝松弛状态。

内部腐蚀不易检验。如果是直径较细的钢丝绳（≤20mm），可以用手把钢丝绳弄弯进行检验；如果直径较大，可用钢丝绳插接纤子进行内部检验，检验后要把钢丝绳恢复原状，注意不要损伤绳芯，并加涂润滑油脂。

（4）变形对钢丝绳的打结、波浪、扁平等进行目检。钢丝绳不应打结，也不应有较大的波浪变形。

（5）电弧及火烤的影响。目视钢丝绳，不应有回火包，也不应有焊伤。有焊伤应按断丝处理。

（6）钢丝绳的润滑。检验钢丝绳应处于良好的润滑状态。根据试验，润滑良好的钢丝绳在一个捻距内断丝达总丝数的 10%，用疲劳试验和反复弯曲可达 48500 次，而没有润滑的相同规格的钢丝绳仅为 22500 次，可见润滑的重要性。

11. 多分支吊索的夹角

钢丝绳吊装时，如果采用多分支吊索，吊索与水平面的夹角 α 一般应控制在 45°～60° 之间，特殊情况下不得小于 30°。

2.1.2　钢丝绳绳卡

钢丝绳绳卡是制作索扣的快捷工具，连接强度不得小于钢丝绳破断拉力的 85%。其正确布置方向如图 2-2 所示。钢丝绳夹头在使用时应注意以下几点：

（1）选用夹头时，应使其 U 形环的内侧净距比钢丝绳直径大 1～3mm，太大了卡扣连接卡不紧，容易发生事故。

（2）上夹头时一定要将螺栓拧紧，直到绳被压扁 1/3～1/4 直径时为止，并在绳受力后，再将夹头螺栓拧紧一次，以保证接头牢固可靠。

（3）夹头要一顺排列，U 形部分与绳头接触，不能与主绳接触，如图 2-2 所示。如果 U 形部分与主绳接触，则主绳被压扁后，受力时容易断丝。

（4）为了便于检查接头是否可靠和发现钢丝绳是否滑动，可在最后一个夹头后面大约 500mm 处再安一个夹头，并将绳头放出一个"安全弯"，如图 2-3 所示。这样，当接头的钢丝绳发生滑动时，"安全弯"首先被拉直，这时就应该立即采取措施处理。

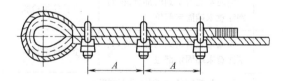

图 2-2　钢丝绳绳卡正确布置方向

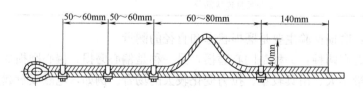

图 2-3　钢丝绳安全弯

（5）数量及间距要求，见表 2-7。

钢丝绳绳卡数量的选用					表 2-7
绳卡公称尺寸钢丝绳公称直径(mm)	<7	7～16	19～27	28～37	38～45
钢丝绳绳卡最少数量(组)	3	3	4	5	6

（6）钢丝绳绳卡的种类

A 型钢丝绳绳卡如图 2-4 所示，其技术参数见表 2-8。

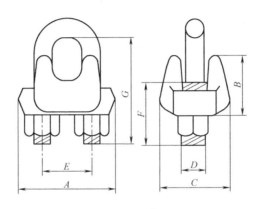

图 2-4　A 型钢丝绳绳卡

A 型钢丝绳绳卡技术参数　　表 2-8

型号 (mm)	A (mm)	B (mm)	C (mm)	D (mm)	E (mm)	F (mm)	G (mm)	重量 (kg)
6	22.5	14	17	5	12	14	24	0.025
8	28	17	21	6	15	16	30	0.045
10	38	21	28	8	19	20	37	0.09
12	45	27	34	10	24	25	47	0.18
15	52	32	40	12	29	30	57	0.28
20	62	38	47	14	36	36	71	0.48
22	69	43	52	16	40	39	78	0.62

2.2　索具、吊具的常用端部配件

　　吊钩、吊环、卸扣、绳卡等是构成吊索、吊具的端部配件（也称末端件）或连接件。选取、使用正确与否，关系到吊具、索具的承载安全。这些配件是按照相应的标准由专业生产厂制造的，在产品标记和技术参数中均应提供"额定载荷"及性能数据，这是正确选择的依据。

　　作为吊索端部配件按规定安全系数不应小于 4，验证力（试验载荷）应等于额定起重量的 2 倍。端配件选择：端部配件=实际起重量×4。式中，实际起重量应是吊索的额定起重量。

2.2.1 卸扣与吊钩

1. 卸扣

卸扣，索具的一种。国内市场上常用的卸扣，按生产标准一般分为国标、美标、日标三类；其中美标的最常用，因为其体积小承载重量大而被广泛运用。按种类可分为 G209（BW），G210（DW），G2130（BX），G2150（DX）。按型式可分为 D 型（U 型或直型）带母卸扣和弓型（Ω 形）带母卸扣，如图 2-5 和图 2-6 所示，相关参数见表 2-9 和表 2-10。

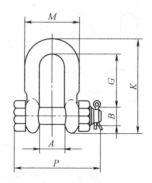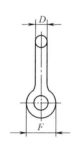

图 2-5　D 型卸扣 G210D

G210 D 型带母卸扣参数　　　　　　　　　　　　表 2-9

产品代号	型号	额定载荷(t)	参数(mm)								重量(kg)
			A	B	D	E	F	G	K	M	
JH8501	1/4	0.5	12.0	7.9	6.4	23.9	15.5	22.4	40.4	35.1	0.051
JH8502	5/16	0.75	13.5	9.7	7.9	29.5	19.1	26.2	48.5	42.2	0.08
JH8503	3/8	1	16.8	11.2	9.7	35.8	23.1	31.8	58.4	51.6	0.13
JH8504	7/16	1.5	19.1	12.7	11.2	41.4	26.9	36.6	67.6	60.5	0.20
JH8505	1/2	2	20.6	16.0	12.7	45.0	30.2	41.4	7.0	68.3	0.27
JH8506	5/8	3.25	27.0	19.1	16.0	58.7	38.1	50.8	95.3	84.8	0.57
JH8507	3/4	4.75	31.8	22.4	19.1	69.9	46.0	60.5	115.1	100.8	1.19
JH8508	7/8	6.5	36.6	25.4	22.4	81.0	53.1	71.4	135.4	114.3	1.43
JH8509	1	8.5	43.0	28.7	25.4	93.7	60.5	81.0	150.9	128.8	2.15
JH8510	1 1/8	9.5	46.0	31.8	28.7	103.1	68.3	90.9	172.2	142.0	3.06
JH8511	1 1/4	12	51.6	35.1	31.8	115.1	76.2	100.1	190.5	156.5	4.11
JH8512	1 3/8	13.5	57.2	38.1	35.1	127	94.1	111.3	210.3	173.7	5.28
JH8513	1 1/2	17	60.5	41.4	38.1	136.6	91.9	122.2	230.1	186.7	7.23
JH8514	1 3/4	25	73.2	50.8	44.5	162.1	106.4	146.1	278.6	230.6	12.13
JH8515	2	35	82.6	57.2	50.8	184.2	122.2	171.5	311.9	262.6	19.19
JH8516	2 1/2	55	105.0	69.9	66.5	238.3	144.5	203.2	376.9	330.2	32.55

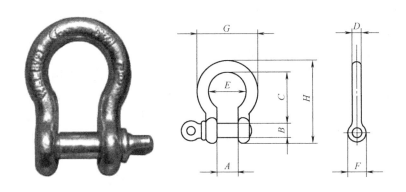

图 2-6　弓型卸扣 G2130

弓型卸扣 G2130 技术参数　　　　　　　　　表 2-10

产品代号	型号	额定载荷(t)	参数(mm）									重量(kg)
			A	B	C	D	E	F	H	L	P	
JH8801	3/16	0.33	9.7	6.4	22.4	4.8	15.2	142	37.3	249	32.8	0.03
JH8802	1/4	0.5	11.9	7.9	28.7	6.4	19.8	15.5	46.7	32.5	39.6	0.05
JH8803	5/16	0.75	13.5	9.7	31.0	7.9	21.3	19.1	53.1	37.3	46.2	0.10
JH8804	3/8	1	16.8	11.2	36.6	9.7	26.2	23.1	63.2	45.2	55.1	0.15
JH8805	7/16	1.5	19.1	12.7	42.9	11.2	29.5	26.9	73.9	51.6	63.8	0.22
JH8806	1/2	2	20.6	16.0	47.8	12.7	33.3	30.2	83.3	58.7	71.1	0.36
JH8807	5/8	3.25	26.9	19.1	60.5	16.0	42.9	38.1	106.4	74.7	89.7	0.76
JH8808	3/4	4.75	31.8	22.4	71.4	19.1	50.8	45.0	126.2	88.9	103.4	1.23
JH8809	7/8	6.5	36.6	25.4	84.1	22.4	57.9	53.1	148.1	102.4	119.6	1.79
JH8810	1	8.5	42.9	28.7	95.3	25.4	68.3	60.5	166.6	119.1	134.9	2.57
JH8811	11/8	9.5	46.0	31.8	108.0	28.7	73.9	68.8	189.7	131.1	149.9	3.75
JH8812	11/4	12	5 1.6	35.1	119.1	31.8	82.6	76.2	209.6	146.1	165.4	5.31
JH8813	13/8	13.5	57.2	38.1	133.4	35.1	92.2	84.1	232.7	162.1	183.1	7.18
JH8814	11/2	17	60.5	41.4	146.1	38.1	98.6	92.2	254	174.8	196.3	9.43
JH8815	13/4	25	73.2	50.8	177.8	44.5	127	106.4	313.4	225.0	229.8	15.38
JH8816	2	35	82.6	57.2	196.9	50.8	146.1	122.2	347.5	253.2	264.4	23.70
JH8817	21/2	55	104.9	70.0	266.7	66.5	184.2	144.5	453.1	326.9	344.4	44.57
JH8818	3	85	127	82.6	330.2	76.2	200.2	165.1	546.1	364.7	419.1	69.85
JH8819	31/2	120	133.4	95.3	371.6	91.9	228.6	203.2	625.6	419.1	482.6	120.20
JH8820	4	150	139.7	108.0	368.3	104.1	254.0	228.6	652.5	467.9	501.7	153.32

2. 吊钩

吊钩属起重机械上重要取物装置之一。吊钩、钢丝绳、制动器统称起重机械安全作业三大重要构件。吊钩若使用不当，容易造成损坏和折断而发生重大事故，因此，必须熟悉吊钩的种类和性质，工作中选用合适吊钩，并加强对吊钩经常性的安全技术检验。

（1）吊钩的种类

1）吊钩按制造方法可分为锻造吊钩和片式吊钩（板钩）。

锻造吊钩又可分为单钩（图 2-7a）和双钩（图 2-7b）。单钩一般用于小起重量，双钩多用于较大的起重量。锻造吊钩材料采用优质低碳镇静钢或低碳合金钢片式吊钩由若干片厚度不小于 20mm 的钢板铆接起来。片式吊钩也有单钩和双钩之分（图 2-8）。片式吊钩比锻造吊钩安全，因为吊钩板片不可能同时断裂，个别板片损坏还可以更换。

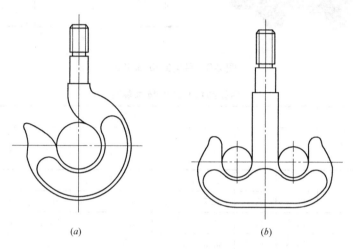

(a)　　　　　　　　　(b)

图 2-7　锻造吊钩
（a）锻造单钩；（b）锻造双钩

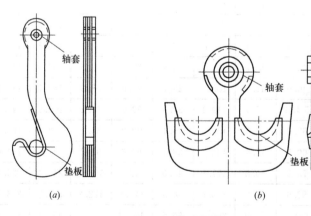

(a)　　　　　　　　　(b)

图 2-8　片式吊钩
（a）片式单钩；（b）片式双钩

2）吊钩按钩身（弯曲部分）的断面形状可分为：圆形、矩形、梯形和 T 字形断面吊钩。

从受力情况看 T 字形断面吊钩最合理，但其缺点是工艺复杂。使用最多的是梯形断面吊钩，受力合理，制造方便。矩形断面的板片式吊钩断面承载能力不能充分利用，比较笨重。圆形断面吊钩只用于小型钩的场合。

（2）吊钩的危险断面

吊钩的危险断面是日常检查和安全检验时的重要部位，经过对吊钩的受力分析，得出吊钩有以下危险截面。吊挂在吊钩上的重物的重量为 Q，如图 2-9 所示。

1) A—A 断面：吊钩在重物重量 Q 的作用下，产生拉、切应力之外，还有把吊钩拉直的趋势所示的吊钩中，中心线以右的各断面除受拉伸以外，还受到力矩 M 的作用。

在力矩 M 的作用下，A—A 断面的内侧产生弯曲拉应力，外侧产生弯曲压应力。A—A 断面的内侧受力为 Q 力的拉应力和 M 力矩的拉应力叠加，外侧则为 Q 力的拉应力和 M 力矩的压应力叠加，这样内侧应力将是两部分拉应力的之和，外侧应力将是两应力之差，综上我们可以得到，A—A 断面的内侧所受的应力大于实际吊运的重量 Q 的拉力，内侧应力大于外侧应力，这就是把吊钩断面做成内侧厚、外侧薄的梯形或 T 字形断面的原因。

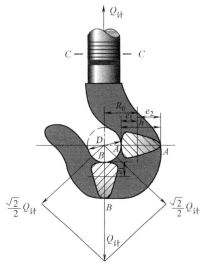

图 2-9　吊钩受力

2) B—B 断面：重物的重量通过吊索作用在这个断面上，此作用力有把吊钩切断的趋势，在该断面上产生剪切应力。由于 B—B 断面是吊索或辅助吊具的吊挂点，索具等经常对此处摩擦，该断面会因磨损而使横截面积减小，承载能力下降，从而增大剪断吊钩的危险。

3) C—C 断面：由于重物重量 Q 的作用，在该截面上的作用力有把吊钩拉断的趋势。这个断面位于吊钩柄柱螺纹的退刀槽处，该断面为吊钩最小断面，有被拉断的危险。

（3）吊钩的安全检查

在用起重机械的吊钩应根据使用状况定期检验，但至少每半年检查一次，并进行清洗润滑。吊钩一般检查方法：先用煤油洗净钩体，用 20 倍放大镜检查钩体是否有裂纹，尤其对危险断面要仔细检查，对板钩的衬套、销轴、轴孔、耳环等检查其磨损的情况，检查各固件是否松动。某些大型的工作级别较高或使用在重要工况环境的起重机吊钩，还应采用无损探伤法检查吊钩内、外部是否存在缺陷。

新投入使用的吊钩要认明钩件上的标记、制造单位的技术文件和出厂合格证。投入正式使用前应做负荷试验。以递增方式，逐步将载荷增至额定载荷的 1.25 倍（可与起重机动静负荷试验同时进行），试验时间不应少于 10 min。卸载后吊钩上不得有裂纹及其他缺陷，其开口度变形不应超过 0.25%。

使用后有磨损的吊钩也应做递增的负荷试验，重新确定使用载荷值。

（4）吊钩的报废标准

不准使用铸造吊钩，吊钩固定牢靠。转动部位应灵活，钩体表面光洁，无裂纹、剥裂及任何有损伤钢丝绳的缺陷。钩体上的缺陷不得焊补。为防止吊具自行脱钩，吊钩上应设置防止意外脱钩的安全装置（图 2-10）。

吊钩出现下列情况之一时应予报废：

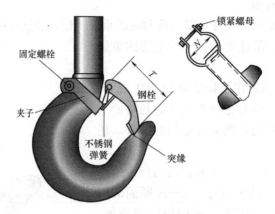

图 2-10   安全装置

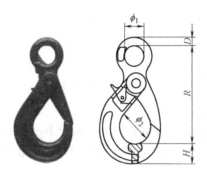

图 2-11   欧式环眼安全吊钩

1）表面有裂纹。

2）危险断面磨损量：按行业沿用标准制造的吊钩应不大于原尺寸的 10%；按《起重吊钩　第2部分：锻造吊钩技术条件》GB 10051.2 制造的吊钩，应不大于原高度的 5%。

3）开口度比原尺寸增加 15%。

4）钩身扭转变形超过 10°。

5）吊钩危险断面或吊钩颈部产生塑性变形。

6）吊钩螺纹被腐蚀。

7）片钩衬套磨损达原尺寸的 50% 时，应更换衬套。

8）片钩心轴磨损达原尺寸的 5% 时，应更换心轴。

（5）工程中常用的吊钩

1）欧式环眼安全吊钩，如图 2-11 所示、技术参数见表 2-11 。

欧式环眼安全吊钩   表 2-11

产品代号	工作载荷 (t)	参数 (mm)					自重 (kg)
		ϕ_1	R	D	ϕ_2	H	
JH8901	1.2	22	110	10.5	35	22	0.5
JH8902	2	25	134	12	46	24	0.8
JH8903	3.2	32	170	15	55	28	1.5
JH8904	5.4	40.5	206	20	69	40	3.2
JH8905	8.2	56	249	22	84	51	6.1
JH8906	12.5	64.5	273	27	100	56	7.5
JH8907	15	70	320	30	99	67	13.4
JH8908	21.2t	80	362	34	110	75.5	18.5
JH8909	31.5t	105	472	45	147	96	44.5

2）欧式羊角安全钩，如图 2-12 所示、技术参数见表 2-12 。

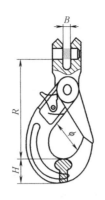

图 2-12　欧式羊角安全钩

欧式羊角安全钩　　　　　　　　　　　　　表 2-12

产品代号	工作载荷 (t)	参数(mm)				自重(kg)
		B	H	R	φ	
JH9001	1.2	8.5	22	35	95	0.45
JH9002	2	9.5	24	46	98	0.85
JH9003	3.2	12	28	55	142	1.45
JH9004	5.4	15	40	69	181	2.9
JH9005	8.2	18	51	84	222	5.6
JH9006	12.5	25	56	100	237	6.5
JH9007	15	25.5	67	99	272	16

3）G80 欧式旋转安全钩，如图 2-13 所示、技术参数见表 2-13。

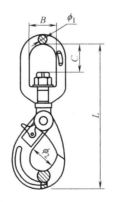

图 2-13　欧式旋转安全钩

欧式旋转安全钩　　　　　　　　　　　　　表 2-13

产品代号	工作载荷 (t)	参数(mm)					自重(kg)
		B	C	ϕ_1	L	ϕ_2	
JH9101	1.2	33	23	11.25	150	28	0.71
JH9102	2	34	27	12	185	34	1.3

续表

产品代号	工作载荷(t)	参数(mm)					自重(kg)
		B	C	l	L	ϕ_2	
JH9103	3.2	42	35	15	216	45	2.2
JH9104	5.4	48	41	16	268	54	4.5
JH9105	8.2	61	54	21.5	330	62	8.2
JH9106	12.5	70	64	26	355	70	11.7
JH9107	15	97	95	33	457	80	16
JH9108	21.2	123	115	42	535	98	21.5

4) 高强度鼻形钩，如图 2-14 所示、技术参数见表 2-14 。

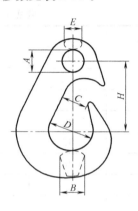

图 2-14　高强度鼻形钩

高强度鼻形钩　　　　　　　　　　　　　　　　　　　表 2-14

产品代号	工作荷载(t)	参数(mm)					
		A	B	C	D	E	H
JH5201	2	23	27	27	50	21	87
JH5202	3	26	36	48	53	26	90
JH5203	5	36	43	59	66	32	120
JH5204	6	36	48	70	80	34	115
JH5205	8	43	54	70	81	40	150
JH5206	10	45	56	65	88	47	150
JH5207	12	46	64	75	90	54	175
JH5208	15	46	70	75	90	57	175

2.2.2　吊环

吊环一般是作为吊索、吊具钩挂起升至吊钩的端部件。常见的吊环有下列几种形式：

(1) 高强度无接缝圆环，如图 2-15 所示、技术参数见表 2-15 。

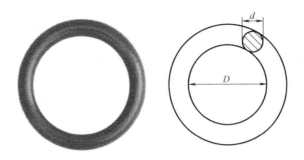

图 2-15　高强度无接缝圆环

产品代号	工作荷载（t）	参数（mm）	
		d	D
JH3101	2	20	120
JH3102	3	22	140
JH3103	5	26	145
JH3104	8	32	175
JH3105	10	37	220
JH3106	12	40	220
JH3107	16	42	220
JH3108	20	45	240
JH3109	25	48	260
JH3110	30	52	300
JH3111	40	57	330
JH3112	50	60	330
JH3113	60	66	340
JH3114	80	75	360

高强度无接缝圆环　　　　　　　　　　　　　　　　表 2-15

（2）高强度无接缝长环，如图 2-16 所示、技术参数见表 2-16。

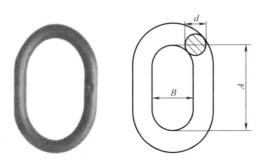

图 2-16　高强度无接缝长环

高强度无接缝长环   表 2-16

产品代号	工作荷载（t）	参数（mm）		
		d	A	B
JH3201	2	20	151	84
JH3202	3	22	165	100
JH3203	5	26	170	100
JH3204	8	32	206	120
JH3205	10	36	265	159
JH3206	12	39	265	159
JH3207	16	42	265	159
JH3208	20	45	280	170
JH3209	25	48	310	175
JH3210	30	52	370	180
JH3211	40	56	375	185
JH3212	50	60	390	200
JH3213	60	65	400	220
JH3214	80	75	420	240

（3）高强度无接缝梨形环，如图 2-17 所示、技术参数见表 2-17 。

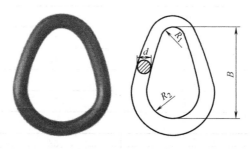

图 2-17 高强度无接缝梨形环

高强度无接缝梨形环   表 2-17

产品代号	工作荷载（t）	参数（mm）			
		d	B	R_2	R_1
JH3301	2	18	156	35	20
JH3302	3	22	175	60	30
JH3303	5	26	177	61	31
JH3304	8	32	208	73	33
JH3305	10	36	270	85	40
JH3306	12	39	275	85	40
JH3307	16	42	275	85	40
JH3308	20	45	285	100	50
JH3309	25	48	305	110	55
JH3310	30	50	350	115	60
JH3311	40	55	350	115	60

（4）子母环，如图 2-18 所示、技术参数见表 2-18。

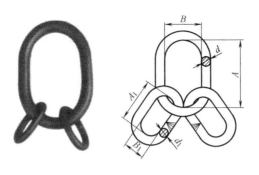

图 2-18 子母环

子母环 表 **2-18**

产品代号	工作荷载(t)	参数(mm)					
		A	B	d	A₁	B₁	d₁
JH3401	2	151	84	20	60	34	14
JH3402	3	165	100	22	70	38	16
JH3403	5	170	100	26	80	45	18
JH3404	8	206	120	32	100	55	22
JH3405	10	265	159	36	120	65	25
JH3406	12	265	159	39	125	70	28
JH3407	16	265	159	42	135	75	30
JH3408	20	280	170	45	145	80	35
JH3409	25	310	175	48	150	80	38
JH3410	30	370	180	52	165	90	40
JH3411	40	375	185	58	180	100	45
JH3412	50	390	200	60	200	110	50

（5）美式强力环，如图 2-19 所示、技术参数见表 2-19 。

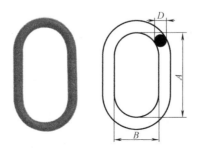

图 2-19 美式强力环

产品代号	工作荷载(t)	参数(mm)		
		A	B	D
JH3501	2	127	63.7	12.7
JH3502	3	153	76	16
JH3503	4.7	140	70	19
JH3504	6.4	164	90	21
JH3505	8	178	89	22
JH3506	11	178	89	25
JH3507	15	222	111	32
JH3508	21.7	267	133	38
JH3509	28.4	305	152	44
JH3510	35	350	190	50
JH3511	50	430	220	63

美式强力环   表2-19

（6）链条连接环（蝴蝶扣），如图2-20所示、技术参数见表2-20。

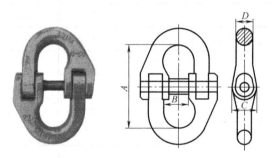

图2-20 链条连接环

链条连接环   表2-20

产品代号	工作荷载(t)	参数(mm)			适用链径(mm)
		A	B	C	
JH3601	1.5	47.5	14.5	7	8～10
JH3602	2	57	20.5	8.5	10～12
JH3603	3.2	69	25.7	11	12～14
JH3604	5.4	86	28.5	16	14～16
JH3605	8	103	33	19	18～20
JH3606	12.6	122	41.5	22	22～24
JH3607	16	138	47	25	26～28
JH3608	20.6	152	59	29	30～36
JH3609	32.8	176	68	36	38～46

2.2.3　索具套环

钢丝绳索扣（索眼）与端部配件连接时，为防止钢丝绳扣弯曲半径过小而造成钢丝绳弯折损坏，应镶嵌相应规格的索具套环。索具套环如图 2-21 所示，其技术参数见表 2-21。

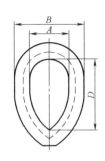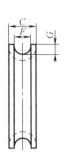

图 2-21　索具套环

索具套环 表 2-21

产品代号	规格	参数（mm）					
		F	C	A	B	D	G
CZTH2321	WT12	13	18	30	56	60	7
CZTH2322	WT14	15	21	35	65	70	8
CZTH2323	WT16	18	24	40	74	80	9
CZTH2324	WT18	20	27	45	83	90	10
CZTH2325	WT20	22	30	50	92	100	11
CZTH2326	WT22	24	33	55	101	110	12
CZTH2327	WT25	28	38	62	115	125	14
CZTH2328	WT28	31	42	70	129	140	15.5
CZTH2329	WT32	35	48	80	147	160	17.5
CZTH2330	WT36	40	54	90	166	180	20
CZTH2331	WT40	44	60	100	184	200	22
CZTH2332	WT45	50	68	112	207	225	25
CZTH2333	WT50	55	75	125	231	250	28
CZTH2334	WT56	62	84	258	258	280	31
CZTH2335	WT63	69	94	291	291	315	35

2.3　滑　轮　组

2.3.1　滑轮组规格型号

1. 滑轮组的规格、型号

起重工程中常用的是 H 和 HQ 系列滑轮组。H 系列滑轮组有 11 种直径、14 种额定载荷、17 种结构形式，共计 103 种规格。其规格的表示为：H △△△×○○ □。第一个字母 H 表示该滑轮组是 H 系列；第二部分△是三位数字，表示该滑轮组的额定载荷；第三部分（乘号以后的第一部分）○是两位数字，表示滑轮组动滑轮的数量又称为门；最后一部分□用英文字母表示结构形式。结构形式的代号为：

G—吊钩；D—吊环；W—吊梁；L—链环；K—开口（导向轮），闭口不加 K。

例如 H80×7D 表示：H 系列起重滑轮组，额定载荷为 80t，7 门，D 吊环。

HQ 系列滑轮组起重量从 3.2kN～3200kN 共 18 种，轮数从 1～10 轮共 10 种。HQ 系列滑轮组表示如图 2-22 所示。

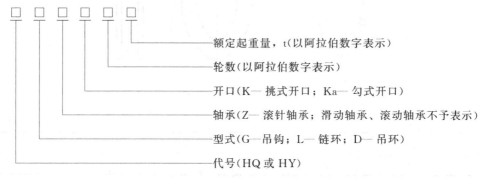

图 2-22　HQ 系列滑轮组标记参数

例如：

（1）吊钩型带滚针轴承开口式单轮，额定起重量为 2t 的通用滑车，标记为：通用滑车 HQ G Z K 1-2。

（2）链环型带滑动轴承双开口式双轮，额定起重量为 3.2t 的通用滑车，标记为：通用滑车 HQ L K 2-3.2。

（3）吊环型带滑动轴承闭口式三轮，额定起重量为 5t 的通用滑车，标记为：通用滑车 HQ D 3-5。

2. 滑轮组的技术参数

HQ 系列滑车（通用滑车）的主参数应符合表 2-22 的规定；HY 系列滑车（林业滑车）的主参数应符合表 2-23 的规定。

HQ 系列滑车　　　　　　　　　　　　　　表 2-22

滑轮直径(mm)	额定起重量(t)																		钢丝绳直径范围(mm)
	0.32	0.5	1	2	3.2	5	8	10	16	20	32	50	80	100	160	200	250	320	
	滑轮数量																		
63	1	—	—	—	—	—	—	—	—	—	—	—	—	—	—	—	—	—	6.2
71	—	1	2	—	—	—	—	—	—	—	—	—	—	—	—	—	—	—	6.2～7.7
85	—	—	1	2	3	—	—	—	—	—	—	—	—	—	—	—	—	—	7.7～11
112	—	—	—	1	2	3	4	—	—	—	—	—	—	—	—	—	—	—	11～14
132	—	—	—	—	1	2	3	4	—	—	—	—	—	—	—	—	—	—	12.5～15.5
160	—	—	—	—	—	1	2	3	4	5	—	—	—	—	—	—	—	—	15.5～18.5
180	—	—	—	—	—	—	2	3	4	6	—	—	—	—	—	—	—	—	17～20

续表

滑轮直径(mm)	额定起重量(t) 0.32	0.5	1	2	3.2	5	8	10	16	20	32	50	80	100	160	200	250	320	钢丝绳直径范围(mm)
	滑轮数量																		
210	—	—	—	—	—	—	1	—	—	3	5	—	—	—	—	—	—	—	20~23
240	—	—	—	—	—	—	—	1	2	—	4	6	—	—	—	—	—	—	23~24.5
280	—	—	—	—	—	—	—	—	—	2	3	5	8	—	—	—	—	—	26~28
315	—	—	—	—	—	—	—	—	1	—	—	4	6	8	—	—	—	—	28~31
355	—	—	—	—	—	—	—	—	—	1	2	3	5	6	8	10	—	—	31~35
400	—	—	—	—	—	—	—	—	—	—	—	—	—	—	—	8	10	—	34~38
450	—	—	—	—	—	—	—	—	—	—	—	—	—	—	—	—	—	10	40~43

HY 系列滑车　　　　表 2-23

滑轮直径(mm)	额定起重量(t) 1	2	3.2	5	8	10	16	20	32	50	钢丝绳直径范围(mm)
	滑轮数量										
85	1	2	3	—	—	—	—	—	—	—	7.7~11
112	—	1	2	3	4	—	—	—	—	—	11~14
132	—	—	1	2	3	4	—	—	—	—	12.5~15.5
160	—	—	—	1	2	3	4	5	—	—	15.5~18.5
180	—	—	—	—	2	3	4	6	—	—	17~20
210	—	—	—	—	1	—	—	3	5	—	20~23
240	—	—	—	—	—	1	2	—	4	6	23~24.5
280	—	—	—	—	—	—	—	2	3	5	26~28
315	—	—	—	—	—	—	1	—	—	4	28~31
355	—	—	—	—	—	—	—	1	2	3	31~35

3. 基本参数和尺寸

（1）部分 HQ 系列滑车的基本参数

① 0.32t，0.5t，1t，2t，3.2t，5t，8t 和 10t 吊钩（链环）型带滚针轴承开口式单轮通用滑车，如图 2-23 所示。

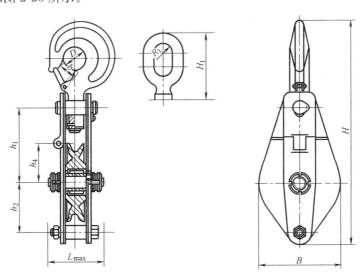

图 2-23　吊钩（链环）型带滚针轴承开口式单轮通用滑车

② 0.32t，0.5t，1t，2t，3.2t，5t，8t 和 10t 吊钩（链环）型带滚针轴承闭口式单轮通用滑车，如图 2-24 所示。

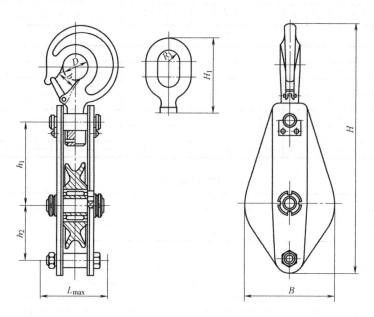

图 2-24 吊钩（链环）型带滚针轴承闭口式单轮通用滑车

③ 80t，100t，160t 和 200t 吊环型带滑动轴承闭口式八轮通用滑车，如图 2-25 所示。

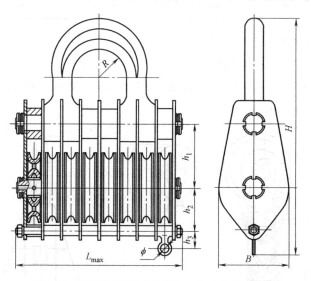

图 2-25 吊环型带滑动轴承闭口式八轮通用滑车

（2）部分 HY 系列滑车的基本参数和尺寸

① 1t，2t，3.2t，5t，8t，10t，16t 和 20t 吊钩（链环）型带滚动轴承开口式单轮林业滑车，如图 2-26 所示。

② 8t，10t，16t，20t，32t 和 50t 吊环型带滚动轴承闭口式四轮林业滑车，如图 2-27 所示。

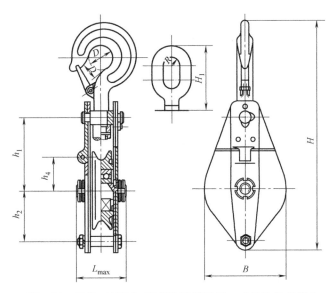

图 2-26 吊钩（链环）型带滚动轴承开口式单轮林业滑车

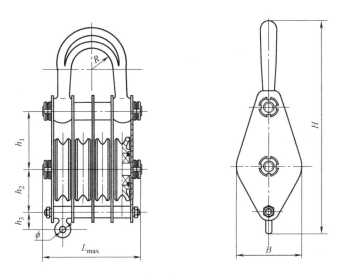

图 2-27 吊环型带滚动轴承闭口式四轮林业滑车

（3）HQ 系列滑车和 HY 系列滑车的基本参数和尺寸应符合《起重滑车 型式、基本参数主尺寸》JB/T 9007.1—1999 中的相关规定，具体数据自行查阅相关规范。

2.3.2 滑轮组的穿绕方式

根据滑轮组的门数确定其穿绕方法，常用的穿绕方法有：顺穿、花穿和双跑头顺穿。一般 3 门及以下，宜采用顺穿，如图 2-28 所示；4～6 门宜采用花穿，如图 2-29 所示；7门以上，宜采用双跑头顺穿，如图 2-30 所示。

2.3.3 滑轮组的计算

滑轮组在工作时因摩擦和钢丝绳的刚性的原因，使每一分支跑绳的拉力不同，最小在

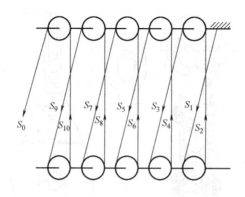

图 2-28　顺穿

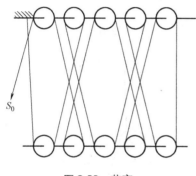

图 2-29　花穿

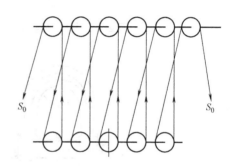

图 2-30　双跑头穿

固定端，最大在拉出端。跑绳拉力的计算，必须按拉力最大的拉出端按公式或查表进行。穿绕滑轮组时，必须考虑动、定滑轮能承受跑绳均匀的拉力；穿绕方法不正确，会引起滑轮组倾斜而发生事故。

1. 计算吊装载荷，确定滑轮组起重量大小和型式

2. 确定滑轮组倍率

倍率又称为工作绳数，倍率确定方法一般如下：

（1）当钢丝绳的固定端固定在定滑轮组上时，倍率＝动滑轮数量×2，如图 2-31 所示。

（2）当钢丝绳的固定端固定在动滑轮组上时，倍率＝动滑轮数量×2＋1，如图 2-32 所示。

3. 滑轮组钢丝绳最大张力计算

在确定滑轮组工作绳数后，查表取得载荷系数 α（表 2-24），带入公式 $S_n = \alpha Q_j$。

4. 滑轮组钢丝绳的长度计算

滑轮组钢丝绳的最小长度可按下式计算：

$$L = n(h+3d) + l + a \tag{2-4}$$

式中　L——滑轮组钢丝绳的最小长度；

　　　n——滑轮组的工作绳数；

h——动定滑轮组最大距离；

d——滑轮直径；

l——滑轮组距卷扬机的距离；

a——安全裕量，一般不应小于 10m。

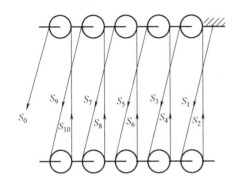 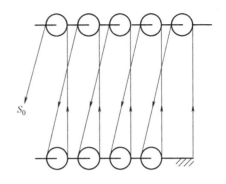

图 2-31　钢丝绳固定端在定滑轮组上　　　　图 2-32　钢丝绳固定在动滑轮上

载荷系数　　　　　　　　　　　　　　　　表 2-24

工作绳索数	滑轮个数（定、动滑轮之和）	导向滑车						
		0	1	2	3	4	5	6
1	0	1.00	1.040	1.082	1.125	1.170	1.217	1.265
2	1	0.507	0.527	0.549	0.571	0.594	0.617	0.642
3	2	0.346	0.360	0.375	0.390	0.405	0.421	0.438
4	3	0.265	0.276	0.287	0.298	0.310	0.323	0.335
5	4	0.215	0.225	0.234	0.243	0.253	0.263	0.274
6	5	0.187	0.191	0.199	0.207	0.215	0.224	0.330
7	6	0.160	0.165	0.173	0.180	0.187	0.195	0.203
8	7	0.143	0.149	0.155	0.161	0.167	0.174	0.181
9	8	0.129	0.134	0.140	0.145	0.151	0.157	0.163
10	9	0.119	0.124	0.129	0.134	0.139	0.145	0.151
11	10	0.110	0.114	0.119	0.124	0.129	0.134	0.139

5. 导向轮的计算注意

导向轮用于改变滑轮组钢丝绳（俗称跑绳）的方向，如图 2-33 所示。为便于跑绳穿入导向轮，一般采用开口滑轮组，开口滑轮组一般为 1，例如 H16×1GK 。

工程中，为了简化计算，常采用跑绳最大拉力乘以导向角度系数来确定导向轮的载荷。即：

$$Q_d = KS \tag{2-5}$$

式中　Q_d——导向轮载荷；

　　　K——导向角度系数；

　　　S——滑轮组跑绳最大拉力。

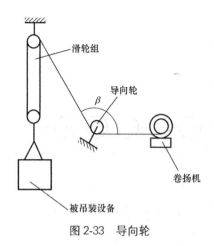

图 2-33　导向轮

一般滑轮组钢丝绳是从定滑轮绕出，计算时，最后一个定滑轮应算为导向轮。

2.3.4　滑轮组的选用步骤

1. 根据受力分析与计算确定的滑轮组载荷 Q 选择滑轮组的额定载荷和门数。

2. 计算滑轮组跑绳拉力并选择跑绳直径。

3. 注意所选跑绳直径必须与滑轮组相配。

4. 根据跑绳的最大拉力和导向角度计算导向轮的载荷并选择导向轮。

5. 滑轮组动、定（静）滑轮之间的最小距离不得小于 1.5m。

2.4　平　衡　梁

2.4.1　平衡梁的分类

平衡梁也称铁扁担，在吊装精密设备与构件、受到现场环境影响、多机抬吊等情况时，一般多采用平衡梁进行吊装。

平衡梁为吊装机具的重要组成部分，在起重工程中被广泛应用。平衡梁可用于保持被吊设备的平衡，避免吊索损坏设备；缩短吊索的高度，减小动滑轮的起吊高度；减少设备起吊时所承受的水平压力，避免损坏设备；多机抬吊时，采用平衡梁还可以合理分配或平衡各吊点的载荷。平衡梁大致可以按以下形式进行划分。

1）管式平衡梁：由无缝钢管、吊耳、加强板等焊接而成，一般可用来吊装排管、钢结构构件及中、小型设备。

2）钢板平衡梁：用钢板切割制成，钢板的厚度按设备重量确定。其制作简便，可在现场就地加工。

3）槽钢型平衡梁：由槽钢、吊环板、吊耳、加强板、螺栓等组成。它的特点是分部板提吊点可以前后移动，根据设备重量、长度来选择吊点，使用方便、安全、可靠。

4）桁架式平衡梁：由各种型钢、吊环板、吊耳、桁架转轴、横梁等焊接而成。当吊点伸开的距离较大时，一般采用桁架式平衡梁，以增加其刚度。

5）其他平衡梁：如滑轮式平衡梁、支撑式平衡梁等。

2.4.2　平衡梁的作用

1. 保持被吊设备的平衡，避免吊索损坏设备。

2. 缩短吊索的高度，减小动滑轮的起吊高度。

3. 减少设备起吊时所承受的水平压力，避免损坏设备。

4. 多机抬吊时，合理分配或平衡各吊点的荷载。

2.4.3 平衡梁的选用

起重作业中，一般都是根据设备的重量、规格尺寸、结构特点及现场环境要求等条件来选择平衡梁的形式，并经过设计计算来确定平衡梁的具体尺寸。吊横梁制造、使用应注意的问题：

（1）吊横梁设计制造的安全系数不应小于额定起重量的 4 倍，其上的吊钩、索具等应对称分布、长短相等、连接可靠，新制造的吊横梁应用 1.25 倍的额定载荷试验验证后方可投入使用。

（2）使用前，应检查吊横梁与起重机吊钩及吊索连接处是否正常。

（3）当吊横梁产生裂纹、永久变形、磨损、腐蚀严重时，应立即报废。

2.5　常用机具与设备

2.5.1　手拉葫芦

手拉葫芦又称为起重葫芦、吊葫芦，手拉葫芦使用安全可靠、维护简单、操作简便，是比较常用的起重工具之一，如图 2-34 所示。

图 2-34　手拉葫芦

1. 手拉葫芦的工作级别

手拉葫芦工作级别，按其使用工况分为：

Z 级——重载，频繁使用；Q 级——轻载，不经常使用。

2. 手拉葫芦的基本参数

手拉葫芦的基本参数应符合表 2-25 的规定，产品结构如图 2-35 所示。

手拉葫芦的基本参数   表 2-25

额定起重量 （t）	工作级别	标准起升 高度 （m）	两钩间最小距离 H_{min} （不大于）(mm)		标准手拉 链条长度 （m）	自重(不大于) （kg）	
			Z 级	Q 级		Z 级	Q 级
0.5	Z 级 Q 级	2.5	330	350	2.5	11	14
1			360	400		14	17
1.6			430	460		19	23
2			500	530		25	30
2.5			530	600		33	37
3.2		3	580	700	3	38	45
5			700	850		50	70
8			850	1000		70	90
10			950	1200		95	130
16	Z 级		1200	—		150	—
20			1350	—		250	—
32			1600	—		400	—
40			2000	—		550	—

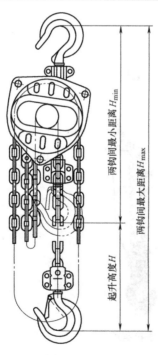
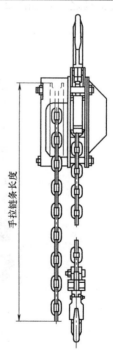

注：1. 起升高度 H 是指下吊钩下极限工作位置与上极限工作位置之间的距离；

　　2. 两钩间最小距离 H_{min} 是指下吊钩上升至上极限工作位置时，上、下吊钩钩腔内缘的距离；

　　3. 两钩间最大距离 H_{max} 是指下吊钩下降至下极限工作位置时，上、下吊钩钩腔内缘的距离；

　　4. 手拉链条长度是指手链轮外圆上顶点到手拉链条下垂点的距离。

图 2-35 手拉葫芦结构图

3. 使用注意事项

（1）起吊前的检查

① 各机件必须完好无损，传动部分及起重链条润滑良好，空运转正常；

② 严禁超负荷起吊或斜吊，禁止吊拔埋在地下或凝结在地面上的重物；

③ 悬挂手拉葫芦的支承点必须牢固、稳定；

④ 吊挂、捆绑用钢丝绳和链条的安全系数应不小于6；

⑤ 起重链条不得扭转和打结，双行链手拉葫芦的下吊钩组件不得翻转；

⑥ 吊钩应在重物重心的铅垂线上，严防重物倾斜、翻转。

（2）操作时注意事项

① 操作时应首先试吊，当重物离地后，如运转正常、制动可靠，方可继续起吊；

② 作业时操作者不得站在重物上面操作，也不得将重物吊起后停留在空中而离开现场；

③ 起吊过程中，严禁任何人在重物下行走或停留；

④ 不得使用非手动驱动方式起吊重物，发现拉不动时，不得增加拉力，要立即停止使用，检查重物是否与其他物件牵连，重物重量是否超过了额定起重量，葫芦机件有无损坏等；

⑤ 上升或下降重物的距离不得超过规定的起升高度，以防损坏机件；

⑥ 严禁用2台及2台以上手拉葫芦同时起吊重物；

⑦ 严禁将下吊钩回扣到起重链条上起吊重物。

2.5.2　卷扬机

1. 卷扬机分类

卷扬机（又叫绞车）是由人力或机械动力驱动卷筒、卷绕绳索来完成牵引工作的装置。可以垂直提升、水平或倾斜拽引重物。卷扬机分为手动卷扬机和电动卷扬机两种。现在以电动卷扬机为主。电动卷扬机由电动机、联轴节、制动器、齿轮箱和卷筒组成，共同安装在机架上。对于起升高度和装卸量大、工作频繁的情况，其调速性能好，能令空钩快速下降；对安装就位或敏感的物料，能用较小速度。

常见的卷扬机吨位有：0.3T卷扬机，0.5T卷扬机，1T卷扬机，1.5T卷扬机，2T卷扬机，3T卷扬机，5T卷扬机，6T卷扬机，8T卷扬机，10T卷扬机，15T卷扬机，20T卷扬机，25T卷扬机，30T卷扬机（图2-36）。

从是否符合国家标准的角度：卷扬机可分为国标卷扬机、非标卷扬机。国标卷扬机指符合国家标准的卷扬机，非标卷扬机是指厂家自己定义标准的卷扬机。通常只有具有生产证的厂商才可以生产国标卷扬机，价格也比非标卷扬机贵一些。

特殊型号的卷扬机有：变频卷扬机、

图2-36　卷扬机

双筒卷扬机、手刹杠杆式双制动卷扬机、带限位器卷扬机、电控防爆卷扬机、电控手刹离合卷扬机、大型双筒双制动卷扬机、大型外齿轮卷扬机、大型液压式卷扬机、大型外齿轮带排绳器卷扬机、双曳引轮卷扬机、大型液压双筒双制动卷扬机、变频带限位器绳槽卷扬机。

2. 电动卷扬机的选择

（1）额定拉力的选择

电动卷扬机的额定拉力按照滑轮组跑绳的最大拉力进行选择，选择时应注意滑轮组跑绳的最大拉力不能大于电动卷扬机额定拉力的 85%。

（2）容绳量校核

容绳量指卷扬机卷筒能够卷入的某种直径钢丝绳的长度。应注意的是，对不同直径的钢丝绳，能够卷入的长度是不同的。卷扬机铭牌上的容绳量只是针对某一种钢丝绳直径，如采用不同直径的钢丝绳，必须进行容绳量校核。

容绳量校核是计算卷扬机的容绳量是否大于需要卷入的钢丝绳长度（滑轮组钢丝绳的拉出长度）。需要卷入卷扬机卷筒的钢丝绳长度的计算，设需要卷入卷扬机卷筒的钢丝绳长度为 L，则有：

$$L = nh + 3\pi D_1 \tag{2-6}$$

式中　L——需要卷入卷扬机中的钢丝绳长度；

　　　n——滑轮组工作绳数；

　　　h——提升高度，即动滑轮组上升的高度；

　　　D_1——卷扬机卷筒直径与一根钢丝绳直径之和，即 $D_1 = D + d$。

式中的 $3\pi D_1$ 是为了考虑钢丝绳在卷筒上的固定，其端头由 2~3 圈钢丝绳压住，该段钢丝绳不能被完全利用，因此应加入到滑轮组钢丝绳的拉出长度或从卷扬机的卷筒容绳量中减去。应考虑卷扬机卷筒容绳量，并加以校核。

3. 卷扬机使用的注意事项

（1）卷筒上的钢丝绳应排列整齐，如发现重叠和斜绕时，应停机重新排列。严禁在转动中用手、脚拉踩钢丝绳。钢丝绳不许完全放出，最少应保留三圈。

（2）钢丝绳不许打结、扭绕，在一个节距内断线超过 10% 时，应予更换。

（3）作业中，任何人不得跨越钢丝绳，物体（物件）提升后，操作人员不得离开卷扬机。休息时物件或吊笼应降至地面。

（4）作业中，司机、信号员要同吊起物保持良好的可见度，司机与信号员应密切配合，服从信号统一指挥。

（5）作业中如遇停电情况，应切断电源，将提升物降至地面。

（6）工作中要听从指挥人员的信号，信号不明或可能引起事故时应暂停操作，待弄清情况后方可继续作业。

（7）作业中突然停电，应立即拉开闸刀，将运送物放下。

（8）作业完毕、应将料盘落地、关闭电箱。

（9）钢丝绳在使用过程中与机械的磨损、自然的局部腐蚀损害难免，应间隔时间段涂刷保护油。

（10）严禁超载使用。即超过最大承载吨数。

（11）使用过程中要注意不要出现打结、压扁、电弧打伤、化学介质的侵蚀。

（12）不得直接吊装高温物体，对于有棱角的物体要加护板。

（13）使用过程中应经常检查所使用的钢丝绳，达到报废标准应立即报废。

2.5.3　塔式起重机

塔式起重机（tower crane）简称塔机，亦称塔式起重机，起源于西欧。动臂装在高耸塔身上部的旋转起重机。作业空间大，主要用于房屋建筑施工中物料的垂直和水平输送及建筑构件的安装。由金属结构、工作机构和电气系统三部分组成。金属结构包括塔身、动臂和底座等；工作机构有起升、变幅、回转和行走四部分；电气系统包括电动机、控制器、配电柜、连接线路、信号及照明装置等。

由于塔式起重机高耸直立、结构复杂、装拆转移频繁以及技术要求高，也给安全施工生产带来一定困难，易发生倾翻倒塌的事故，塔式起重机的安全安装拆卸、运行使用尤为重要。

1. 分类

（1）根据《塔式起重机》GB/T 5031—2008 分类

① 按架设方式

分为快装式和非快装式，非快装式塔式起重机是依靠辅助起重设备在现场分部件组装的塔式起重机。

② 按变幅方式

分为小车变幅式塔式起重机和动臂变幅式塔机。

③ 按臂架支承型式

小车变幅塔式起重机又可分为平头式塔式起重机和非平头式塔式起重机。

④ 按回转方式

分为上回转塔式起重机和下回转塔式起重机。

⑤ 按可否移动

分为固定式塔式起重机和移动式塔式起重机。按固定方式的不同，固定式塔式起重机又可分为压重固定式和无压重固定式。

⑥ 按安装方式

分为自升式、整体快速拆装式和拼装式三种。为了扩大塔式起重机的应用范围，满足各种工程施工的要求，自升式塔式起重机一般设计成"一机四用"的形式，即轨道行走自升式塔式起重机、固定自升式塔式起重机、附着自升式塔式起重机和内爬升式塔式起重机。

（2）按起重量分类

目前塔式起重机多以重量或力矩来分，有轻型、中型与重型三类。

① 轻型起重量为 0.3～3t，起重力矩≤400kN·m，一般用于五层以下的民用建筑施工中。

② 中型起重量为 3～15t，起重力矩 600～1200kN·m，一般用于工业化建筑和较高层的民用建筑施工中。

③ 重型起重量为 20～40t，起重力矩≥1200kN·m，一般用于重型工业厂房，以及高

炉、化工塔等设备的吊装工程中。

2. 标识说明

以 QTZ125 为例：

QTZ——上回转自升式塔式起重机；

125——最大起重力矩，t·m。

以 ZSL750 为例：

ZSL——动壁自升式塔式起重机；

750——最大起重力矩，t·m。

3. 塔式起重机的型号编制方式

（1）根据《塔式起重机》GB/T 5031—2008 中规定"制造商应在产品技术资料、样本和产品显著部位标识产品型号，型号中至少应包含塔式起重机的最大起重力矩，单位为 t·m"，常见标识方法如图 2-37 所示。

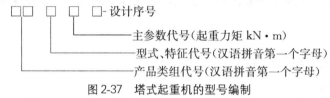

图 2-37 塔式起重机的型号编制

塔式起重机是起（Q）重机大类的塔（T）式起重机组，故前两个字母为 QT；特征代号取决于特征，如快装式（K），自升式（Z），固定式（G），下回转（X）等。

例如：

QTZ800——代表起重力矩 800kN·m 的自升式塔式起重机。

QTK400——代表起重力矩 400kN·m 的快装式塔式起重机。

常见的表示方式有：

① 上回转式：QT，上回转塔式起重机；

② 上回转自升式：QTZ，上回转自升式塔式起重机；

③ 下回转式：QTX，下回转式塔式起重机；

④ 下回转自升式：QTS，下回转自升式塔式起重机；

⑤ 固定式：QTG，固定式塔式起重机；

⑥ 爬升式：QTP，爬升式塔式起重机；

⑦ 轮胎式：QTL，轮胎式塔式起重机；

⑧ 履带式：QTU，履带式塔式起重机。

（2）现在有的塔式起重机厂家，根据国外的相关标准，用塔式起重机最大臂长（m）与臂端（最大幅度）处所能吊起的额定重量（kN）两个主参数来标记塔式起重机的型号。

例如：中联的 QTZ63 又一标记为 TC5013A，如图 2-38 所示。

图 2-38 TC5013A 示例

T—塔的英语第一个字母（Tower）；C—起重机英语第一个字母（Crane）；

50—最大臂长 50m；13—臂端起重量 13kN（1.3t）。

4. 与施工现场有关的主要国家标准和技术规范

《建筑施工安全检查标准》JGJ 59—2011，2012 年 7 月 1 日实施。

《建筑机械使用安全技术规程》JGJ 33—2012，2012 年 11 月 1 日实施。

《塔式起重机安全规程》GB 5144—2006，2007 年 10 月 1 日实施。

建设部第 166 号令《建筑起重机械安全监督管理规定》2008 年 6 月 1 日起实施。

《施工现场机械设备检查技术规范》JGJ 160—2016，2017 年 3 月 1 日实施。

《塔式起重机》GB/T 5031—2008，2009 年 2 月 1 日实施。

《塔式起重机混凝土基础工程技术规程》JGJ/T 187—2009，2010 年 7 月 1 日实施。

《建筑施工塔式起重机安装、使用、拆卸安全技术规程》JGJ 196—2010，2010 年 7 月 1 日实施。

《建筑起重机械安全评估技术规程》JGJ/T 189—2009，2010 年 8 月 1 日实施。

5. 塔式起重机的特点

塔式起重机主要用于起升高度大，作业半径大的工业、民用建筑的施工中，以及电站、水利、港口、造船等施工作业中，承担物料的垂直运输、水平运输、构件安装等工作，总体来说塔式起重机具有以下特点：

（1）有效缩短工期、降低工人劳动强度、降低工程造价；

（2）工作高度高、起身高度大、可以分层、分断作业；

（3）水平覆盖面广；

（4）多种工作速度、多种作业性能、生产效率高；

（5）驾驶室高度与起重臂高度相同视野开阔；

（6）构造简单、维修、保养方便。

6. 塔式起重机的基本结构

塔式起重机按作用和工作性质区分，一般由下列部分组成：

（1）主体结构

由底架、塔身、回转支座、塔顶、平衡臂、吊臂、司机室、梯子与平台、顶升套架和横梁部分组成。

（2）各种机构

由起升机构、回转机构、变幅机构、运行机构、架设机构、液压机构等部分组成，如图 2-39 所示。

（3）电气系统

由电源、电线与电缆、控制与保护、电动机等部分组成。

（4）安全装置

由超载限制器（起重力矩、起重量）、行程限位器（变幅、超高）、安全止挡和缓冲器、应急装置、非工作状态安全装置、环境危害预防装置（风速仪）等部分组成。

① 起重力矩限位

当起重力矩大于相应工况下的额定载荷并小于额定值的 110% 时，应切断上升和幅度增大方向的电源，但机构可作下降和减小幅度方向的运动。

② 起重量限位

当起重量大于相应工况额定值并小于额定值的 110% 时，应切断上升方向的电源，但

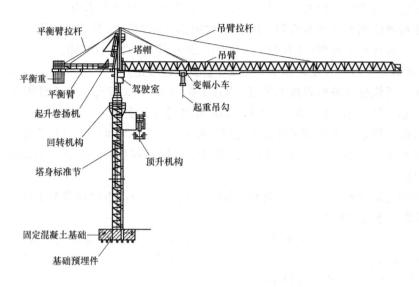

图 2-39　常见塔式起重机的主体结构构成

机构可作下降方向的运动。

③ 变幅限位

小车变幅的塔式起重机，小车距离前端大于1000mm。变幅双向均应设置断绳保护装置和断轴保护装置，且动作灵敏有效。

④ 超高限位

对上回转的小车变幅的塔式起重机，吊钩装置顶部至小车架下端的极限位置应符合《塔式起重机》GB/T 5031—2008 要求，起升钢丝绳的倍率为 4 倍率时，其极限位置应为 700m；起升钢丝绳的倍率为 2 倍率时，其极限位置为 1000mm。

⑤ 回转限位

对回转部分不设集电环的，应设置回转限位，左右回转应控制在 1.5 圈。

⑥ 保险装置

小车断绳保险装置、断轴保险装置、吊钩保险装置、卷筒保险装置应起作用，不得变形。吊钩和吊环上不得补焊、打孔，吊钩表面应光滑，吊钩磨损深度达 1/10 应报废。

⑦ 风速仪

对臂架根部绞点处高度超过 50m 的塔式起重机，应在顶部设置风速仪。另外、障碍灯（30m）且高于周围建筑物、旗帜。

7. 塔式起重机的主要技术参数

塔式起重机参数（图 2-40）包括基本参数和主参数。基本参数共 10 项，根据国家标准相关规定，包括幅度、起升高度、额定起重量、轴距、轮距、起重总量、尾部回转半径、额定起升速度、额定回转速度、最低稳定速度。主参数是公称起重力矩（图 2-41）。

（1）幅度（L）

幅度是塔式起重机空载时，从塔式起重机回转中心线至吊钩中心垂线的水平距离，通

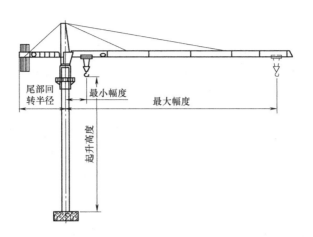

图 2-40　塔式起重机参数

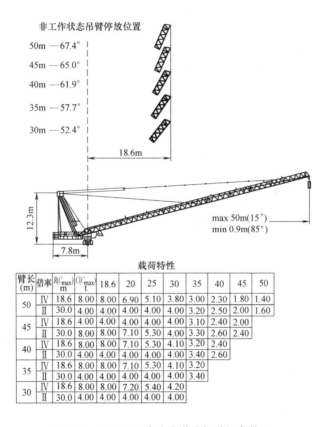

载荷特性

臂长(m)	倍率	$R(C_{max})$ m	$C(C_{max})$ t	18.6	20	25	30	35	40	45	50
50	Ⅳ	18.6	8.00	8.00	6.90	5.10	3.80	3.00	2.30	1.80	1.40
	Ⅱ	30.0	4.00	4.00	4.00	4.00	4.00	3.20	2.50	2.00	1.60
45	Ⅳ	18.6	4.00	4.00	4.00	4.00	4.00	3.10	2.40	2.00	
	Ⅱ	30.0	8.00	8.00	7.10	5.30	4.00	3.30	2.60	2.40	
40	Ⅳ	18.6	8.00	8.00	7.10	5.30	4.10	3.20	2.40		
	Ⅱ	30.0	4.00	4.00	4.00	4.00	4.00	3.40	2.60		
35	Ⅳ	18.6	8.00	8.00	7.10	5.30	4.10	3.20			
	Ⅱ	30.0	4.00	4.00	4.00	4.00	4.00	3.40			
30	Ⅳ	18.6	8.00	8.00	7.20	5.40	4.20				
	Ⅱ	30.0	4.00	4.00	4.00	4.00	4.00				

图 2-41　DQT120 动臂式塔式起重机参数图

常称为回转半径或工作半径。对于俯仰变幅的起重臂，当处于接近水平或与水平夹角为 13°时，从塔式起重机回转中心线至吊钩中心线的水平距离最大，为最大幅度（L_{max}）；当起重臂仰至最大角度时，回转中心线至吊钩中心线距离最小，为最小幅度（L_{min}）。对于小车变幅的起重臂，当小车行至臂架头部端点位置时，为最大幅度；当小车处于臂架根部端点位置时，为最小幅度。

小车变幅起重臂塔式起重机的最小幅度应根据起重机构造而定，一般为 2.5～4m。俯仰变幅起重臂塔式起重机的最小幅度，一般相当于最大幅度的 1/3（变幅速度为 5～8 m/min时）或 1/2（变幅速度为 15～20m/min 时）。如小于上述最小幅度值，起重臂就有可能由于惯性作用后倾翻，从而造成重大事故。

（2）起重量（G）

额定起重量（G_n）是起重机安全作业允许的最大起升载荷，包括物品、取物装置（吊梁、抓斗、起重电磁铁等）的重量。臂架起重机不同的幅度处允许不同的最大起重量（G_{max}）。塔式起重机基本臂最大幅度处的额定起重量为塔式起重机的基本参数。此外，塔式起重机还有两个起重量参数，一个是最大幅度时的起重量，另一个是最大起重量（图 2-42）。

俯仰变幅起重臂的最大幅度起重量是随吊钩滑轮组绳数不同而不同的，单绳时最小，3绳时最大。它的最大起重量是在最小幅度位置。

小车变幅起重臂有单、双起重小车之分。单小车又有2绳和4绳之分，双小车多以8绳工作。因此，小车变幅起重臂有2绳、4绳、8绳之分，有的则分为3绳和6绳两种。小车变幅起重臂的最大幅度起重量是小车位于臂头以2绳工作时的额定起重量，而最大起重量则是单小车4绳时或双小车8绳时的额定起重量。

塔式起重机的额定起重量是由起升机构的牵引力、起重机金属结构的承载能力以及整机的稳定性等因素决定的。超负荷作业会导致严重事故，因此，所有塔式起重机都装有起重量限制器，以防止超载事故造成机毁人亡。

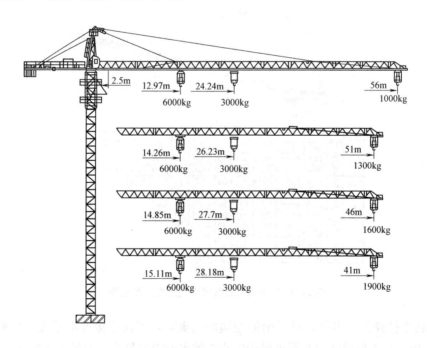

图 2-42　起重能力随幅度变化情况

（3）起重力矩（M）

塔式起重机的主参数是公称起重力矩（单位是 kN·m）。所谓公称起重力矩，是指起重臂为基本臂长时最大幅度与相应额定起重量的乘积，或最大起重量与相应拐点的乘积。

塔式起重机在最小幅度时起重量最大，随着幅度的增加使起重量相应递减。因此，在各种幅度时都有额定的起重量，不同的幅度和相应的起重量连接起来，可以绘制成起重机的性能曲线图。所有起重机的操纵台旁都有这种网线图，使操作人员能掌握在不同幅度下的额定起重量，防止超载。有些塔式起重机能增加塔身结构高度，风荷载及由风而构成的倾翻力矩也随之增大，导致起重稳定性差，必须采取增加压重和降低额定重量以保持稳定性。

有些塔式起重机能配用几种不同臂长的起重臂，对应每一种长度的起重臂都有其特定的起重性能曲线。对于小车变幅起重机起重量大小与变幅小车台数和吊钩滑轮组工作绳的绳数有关。因此对应每一种长度的起重臂至少有两条起重性能曲线，塔式起重机使用中，应随时注意性能曲线上的额定起重量。为防止超载，每台塔式起重机上还装设力矩限制器，以保证安全。

（4）起升高度（H）

起升高度也称吊钩高度。空载时，对轨道式塔式起重机，是吊钩内最低点到轨顶面的垂直距离；对其他型式起重机，则为吊钩内最低点到支承面的距离。对于小车变幅塔式起重机来说，其最大起升高度并不因幅度变化而改变；对于俯仰变幅塔式起重机来说，其起升高度是随不同臂长和不同幅度而变化的。

最大起升高度是塔式起重机作业时严禁超越的极限，如果吊钩吊着重物超过最大起升高度仍继续上升，必然要造成起重臂损坏和重物坠毁甚至整机倾翻的严重事故。因此每台塔式起重机上都装有吊钩高度限位器，当吊钩上升到最大高度时，限位器便自动切断电源，阻止吊钩继续上升。

（5）工作速度

塔式起重机的工作速度参数包括：起升速度、回转速度、俯仰变幅速度、小车运行速度和大车运行速度等。在塔式起重机的吊装作业循环中，提高起升速度，特别是提高空钩起落速度，是缩短吊装作业循环时间，提高塔式起重机生产效率的关键。

塔式起重机的起升速度不仅与起升机构牵引速度有关，而且与吊钩滑轮组的倍率有关。2 绳的比 4 绳的快一倍。提高起升速度，必须保证能平衡地加速、减速和就位。

在吊装作业中，变幅和大车运行不像起升一样的频繁，其速度对作业循环时间影响较小，因此不要求过快，但必须能平衡地起动和制动。

（6）轨距、轴距、尾部外廓尺寸

轨距是两条钢轨中心线之间的水平距离。常用的轨距是 2.8m、3.8m、4.5m、6m、8m。

轴距是前后轮轴的中心距。在超过 4 个行走轨（8 个、12 个、16 个）的情况下，轴距为前后轴之间的中心距。

尾部外廓尺寸，对下回转塔式起重机来说，是由回转中心线至转台尾部（包括压重块）的最大回转半径；对于上回转塔式起重机来说，是由回转中心线至平衡臂尾部（包括平衡块）的最大回转半径。

塔式起重机的轨距、轴距及尾部外廓尺寸，不仅关系到起重机的幅度能否充分利用，而且是起重机运输中能否安全通过的依据。

2.5.4 自行式起重机

自行式起重机是可以配备立柱或塔架，能在带载或空载情况下，沿无轨路面运动，依靠自重保持稳定的臂架型起重机（《起重机 术语 第 6 部分：铁路起重机》GB/T 6974.6—2016）。

1. 自行式起重机的分类

按照底盘形式不同，自行式起重机分为轮式起重机，履带式起重机和专用流动式起重机。其中轮式起重机又可分为汽车起重机/全地面汽车起重机和轮胎起重机。

2. 自行式起重机的特点

自行式起重机的特点见表 2-26。

自行式起重机的特点

表 2-26

项 目	汽车式起重机	轮胎式起重机
底盘来源	通用汽车底盘或加强式专用汽车底盘	特制充气轮胎底盘
行驶速度	汽车原有速度，可与汽车编队行驶，速度 ≥50km/h	≤30km/h，越野型可以>30km/h
发动机位置	中、小型采用汽车原有发动机；大型的在回转平台上再设一个发动机供起重机作业用	一个发动机，设在回转平台上或底盘上
驾驶室位置	除汽车原有驾驶室外，在回转平台上再设一个操纵室，操纵起重作业	经常只有一个驾驶室，一般设在回转平台上
外形	轴距长，重心低，适于公路行驶	轴距短，重心高
工作范围	使用支腿吊重，主要在侧方和后方270°范围内工作	360°范围内全回转作业，并能吊重行驶
行驶性能	转弯半径大，越野性差，轴压符合公路行驶要求	转弯半径小，越野性好(需为越野型)
使用特点	可经常移动于较长距离的工作场地间，起重和行驶并重	工作场地较固定，在公路上移动较少，以起重为主，兼顾行驶

履带式起重机采用履带式底盘，承载能力大、起重稳定性好、可吊重行驶，爬坡能力强、转弯半径小，但行驶速度低不适宜长距离转移。

3. 自行式起重机的组成

从机器角度看，其组成为动力装置、工作机构（行驶机构）、金属结构和传动与控制系统组成。

从机构角度看，其组成为起升机构、回转机构、变幅机构和行走机构组成。

4. 自行式起重机的结构特点

所谓自行式起重机结构，通常是指其金属结构，它由起重臂、转台、车架和支腿四部分组成。

（1）起重臂

它是起重机主要的承载构件。自行式起重机的起重臂有两种形式：桁架臂和箱形伸缩臂。

① 桁架臂：由弦杆和腹杆焊接而成，现主要用于履带式起重机，也常用做汽车起重机的副臂，如图 2-43 所示。

② 箱形伸缩臂：由钢板焊接成多边形截面，若干节箱形臂套接组成伸缩臂，主要用于轮式起重机，如图 2-44 所示。

图 2-43　履带式起重机桁架臂　　　　　图 2-44　汽车式起重机箱形伸缩臂

（2）转台

它的作用是对吊臂后铰点、变幅油缸提供约束，同时将起升载荷、自重以及惯性载荷等通过回转支承装置传递到起重机底架上。

（3）车架

它是整个起重机的基础结构，其作用是将起重机工作时作用于回转支承装置上的载荷传递到起重机的支撑装置上。

（4）支腿

它的作用是在不增加起重机宽度的前提下，为起重机工作时提供较大的支撑跨度，以提高其起重稳定性。通常支腿都采用折叠或收放机构。

支腿形式分为 H 形支腿、X 形支腿、蛙式支腿和辐射形支腿。其中 H 形支腿应用最广，辐射形支腿主要用于大吨位起重机上。

5. 自行式起重机起重特性

起重机的起重特性是保证起重机安全工作的重要依据。

（1）起重机的特性曲线

反映自行式起重机的起重能力和最大起升高度随臂长、幅度的变化而变化的规律曲线，称为起重机的"特性曲线"，如图 2-45 所示。

只反映起重机的起重能力随臂长、幅度的变化而变化的规律曲线称为起重机的"起重量特性曲线"，又称"性能特性曲线"。

只反映最大起升高度随臂长、幅度变化而变化的规律曲线称为起重机的"起升高度特性曲线"，又称"工作范围曲线"。

（2）起重机特性曲线的应用示例

某工程吊装一台设备，设备重 30kN，设备基础高 6m（包括腾空高度），设备自身高 2m，经初步设计，要求吊索高 1.5m，现场条件要求幅度不得小于 5m，现工地有一台额定起重量为 80kN 的起重机，其特性曲线如图 2-46 所示，问该起重机能否吊装该设备？

解：

① 确定吊装要求的起升高度 H

$$H=基础高度+设备高度+吊索高度=6+2+1.5=9.5m$$

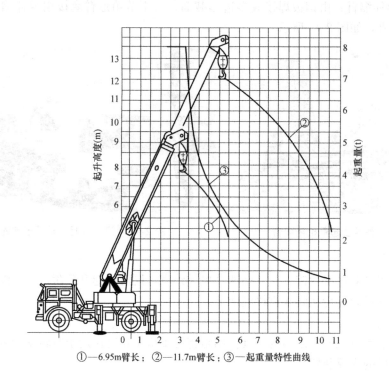

①—6.95m臂长；②—11.7m臂长；③—起重量特性曲线

图 2-45　起重机特性曲线

② 确定需要的臂长

根据幅度 R 和起升高度 H 查起升高度曲线，需要采用 11.7m 臂长。其在 $R=5.5$m 时的最大起升高度为 12m，大于要求的 9.5m，起升高度符合要求。

③ 确定起重量

根据 $R=5.5$m，查起重量特性曲线，得起重机的额定起重量为 27kN，小于设备的重量 30kN，不满足要求。

上述案例中所涉及的小型起重机，只有两节臂，而现代起重机大多较复杂，如一台 1250t 的自行式起重机，主臂总长 108m，副臂总长 108m，用于吊装的臂长很多，仅仅用一条起重量特性曲线已不能满足要求，因此将曲线改成表格形式，称为"特性曲线表"或"起重性能表"，使用起来更加方便，见表 2-27。

40t 起重机起重性能表（单位：t）　　　　　　　　　　　　　　　　表 2-27

工作情况 起重量(t) 幅度(m)	臂长(m)																		
	15		18		21		24		27		30		33		36		39		42	
	工作方式(t)																		
	打支腿	不打支腿	打支腿	不打支腿	打支腿	不打支腿	打支腿	不打支腿	打支腿	不打支腿	打支腿	不打支腿	打支腿	不打支腿	打支腿	不打支腿	打支腿	不打支腿	打支腿	不打支腿
4.5																				
5	40	12																		
5.5	38	10	37.8	10.2		10														

续表

幅度(m)	15 打支腿	15 不打支腿	18 打支腿	18 不打支腿	21 打支腿	21 不打支腿	24 打支腿	24 不打支腿	27 打支腿	27 不打支腿	30 打支腿	30 不打支腿	33 打支腿	33 不打支腿	36 打支腿	36 不打支腿	39 打支腿	39 不打支腿	42 打支腿	42 不打支腿
6	32.2	9	32	8.9	31.9	7.2														
7	24.5	7.1	24.3	7	24.2	5.6	24													
8	19.6	5.8	19.5	5.6	19.3	4.5	19.1		18.9											
9	16.3	4.8	16.1	4.6	15.9	3.6	15.7		15.5		16.1									
10	13.8	4.1	13.6	4	13.4	3	13.2		13		13.5		13.3							
11.5	11.1	3.2	10.9	3	10.7	2.2	10.5		10.3		10.7		10.5		10.3		10.1		10	
13	9.2	2.6	9	2.4	8.8	1.6	8.6		8.4		8.7		8.5		8.3		8.1		7.9	
14.5			7.6	2	7.4	1.2	7.2		7		7.2		7		6.8		6.6		6.4	
16					6.2	0.9	6.1		5.9		6		5.8		5.6		5.4		5.2	
17.5							5.2		5		5.1		4.9		4.7		4.5		4.3	
19									4.2		4.3		4.1		3.9		3.7		3.5	
21											3.5		3.3		3.1		2.9		2.7	
23													2.6		2.4		2.2		2	
25																	1.7		1.5	

注：1. 起升钢丝绳直径 $d＝23.5$mm，最大许用拉力为4t。

2. 当起重臂长 15m 不打支腿工作时，允许在平坦路面上按不打支腿额定起重量 75% 吊重低速行驶。

3. 重力下放时，吊重不得超过额定负荷的 1/3。

习　　题

1. 钢丝绳常见的分类方式有哪些？

2. 吊装工程中常用的钢丝绳有哪些型号？它们各自的特性是什么？

3. 钢丝绳的折旧和报废标准是什么？

4. 常见的吊具有哪些？

5. 平衡梁有什么作用？

6. 滑轮组的选择步骤是什么？

7. 滑轮组常见的穿绕方式有哪几种？各自的特点是什么？

8. 卷扬机的选型需要考虑哪些因素？

9. 常见的塔式起重机类型有哪些？

10. 动臂式塔式起重机的特性是什么？

11. 常见的塔式起重机安全装置有哪些？各自的作用是什么？

▶ 装配式混凝土结构施工工艺

【主要内容】

1. 装配式混凝土构件；

2. 装配式混凝土构件的工厂生产；

3. 装配式混凝土构件的运输；

4. 装配式混凝土构件的现场生产安装。

【学习要点】

1. 掌握装配式混凝土构件的种类及样式；

2. 了解构件工厂生产的全过程；

3. 熟悉构件运输的要求；

4. 掌握构件在施工过程中的方法和要求。

　　装配式混凝土结构是由预制混凝土构件通过可靠的连接方式装配而成的混凝土结构，包括装配整体式混凝土结构、全装配混凝土结构等。在建筑工程中，简称装配式建筑；在结构工程中，简称装配式结构。

　　装配整体式混凝土结构是国内外建筑工业化最重要的生产方式之一，具有提高建筑质量、缩短工期、节约能源、减少消耗、清洁生产等诸多优点。目前，我国的建筑体系也借鉴国外经验采用装配整体式等方式，并取得了非常好的效果。所谓装配整体式混凝土结构，是由预制混凝土构件通过可靠的方式进行连接并与现场后浇混凝土、水泥基灌浆料形成整体的装配式混凝土结构。

3.1　装配式混凝土结构构件

　　装配式混凝土结构构件分为基本构件和围护构件，基本构件主要包括柱、梁、剪力墙、楼（屋）面板、楼梯、阳台、空调板、女儿墙等，这些主要受力构件通常在工厂预制加工完成，待强度符合规定要求后进行现场装配施工。

3.1.1　基本构件

1. 预制混凝土柱

　　从制造工艺上看，预制混凝土柱包括预制混凝土实心柱和预制混凝土矩形柱壳两种形式，如图 3-1 和图 3-2 所示。预制混凝土柱的外观多种多样，包括矩形、圆形和工字形等。在满足运输和安装要求的前提下，预制柱的长度可达到 12m 或更长。

图 3-1　预制混凝土实心柱

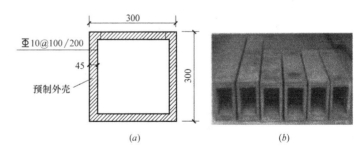

(a)　　　　　　　　(b)

图 3-2　预制混凝土矩形柱壳
(a) 外壳尺寸；(b) 外壳实物

2. 预制混凝土梁

　　预制混凝土梁根据制造工艺不同可分为预制实心梁、预制叠合梁两类，如图 3-3 和图 3-4 所示。预制实心梁制作简单，构件自重较大，多用于厂房和多层建筑中。预制叠合梁便于预制柱和叠合楼板连接，整体性较强，运用十分广泛。预制梁壳通常用于梁截面较大或起吊重量受到限制的情况，优点是便于现场钢筋的绑扎，缺点是预制工艺较复杂。

　　按是否采用预应力来划分，预制混凝土梁可分为预制预应力混凝土梁和预制非预应力混凝土梁。预制预应力混凝土梁集合了预应力技术节省钢筋、易于安装的优点，生产效率

图 3-3　预制实心梁　　　　　　　　　　　　图 3-4　预制叠合梁

高、施工速度快，在大跨度全预制多层框架结构厂房中具有良好的经济性。

3. 预制混凝土剪力墙

预制混凝土剪力墙从受力性能角度分为预制实心剪力墙和预制叠合剪力墙。

（1）预制实心剪力墙

预制实心剪力墙是指将混凝土剪力墙在工厂预制成实心构件，并在现场通过预留钢筋与主体结构相连接，如图 3-5 所示。随着灌浆套筒在预制剪力墙中的使用，预制实心剪力墙的使用越来越广泛。

预制混凝土夹心保温剪力墙是一种结构保温一体化的预制实心剪力墙，由外叶、内叶和中间层三部分组成。内叶是预制混凝土实心剪力墙，中间层为保温隔热层，外叶为保温隔热层的保护层。保温隔热层与内外叶之间采用拉结件连接。拉结件可以采用玻璃纤维筋或不锈钢拉结件。预制混凝土夹心保温剪力墙通常作为建筑物的承重外墙，如图 3-6 所示。

图 3-5　预制实心剪力墙　　　　　　　图 3-6　预制混凝土夹心保温剪力墙

（2）预制叠合剪力墙

预制叠合剪力墙是指一侧或两侧均为预制混凝土墙板，在另一侧或中间部位现浇混凝土从而形成共同受力的剪力墙结构，如图 3-7 所示，预制叠合剪力墙结构在德国有着广泛的运用，在上海和合肥等地已有所应用。它具有制作简单、施工方便等优势。

4. 预制混凝土楼面板

预制混凝土楼面板按照制造工艺不同可分为预制混凝土叠合板、预制混凝土实心板、预制混凝土空心板、预制混凝土双 T 板等。

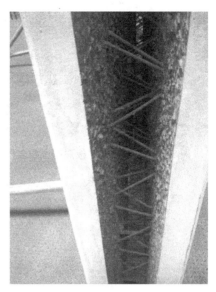

预制混凝土叠合板最常见的主要有两种，一种是桁架钢筋混凝土叠合板，另一种是预制带肋底板混凝土叠合楼板。桁架钢筋混凝土叠合板属于半预制构件，下部为预制混凝土板，外露部分为桁架钢筋，如图 3-8 和图 3-9 所示。预制混凝土叠合板的预制部分厚度通常为 60mm，叠合楼板在工地安装到位后要进行二次浇筑，从而成为整体实心楼板。桁架钢筋的主要作用是将后浇筑的混凝土层与预制底板形成整体，并在制作和安装过程中提供刚度。伸出预制混凝土层的桁架钢筋和粗糙的混凝土表面保证了叠合楼板预制部分与现浇部分能有效结合成整体。

图 3-7　预制叠合剪力墙

图 3-8　桁架钢筋混凝土叠合板　　　　图 3-9　桁架钢筋混凝土叠合板安装

预制带肋底板混凝土叠合楼板是一种预应力带肋混凝土叠合楼板（PK 板），如图3-10和图 3-11 所示。

PK 预应力混凝土叠合板具有的优点是：国际上最薄、最轻的叠合板之一；用钢量省；承载能力强；抗裂性能好；新旧混凝土结合好；可形成双向板，且顶理管线方便。

预制混凝土实心板制作较为简单，预制混凝土实心板的连接设计也根据抗震构造等级的不同而有所不同，如图 3-12 所示。

图 3-10　预制带肋底板混凝土叠合楼板　　　　图 3-11　预制带肋底板混凝土叠合楼板安装

图 3-12　预制混凝土实心楼板

预制混凝土空心板和预制混凝土双 T 板通常适用于较大的跨度的多层建筑，如图3-13和图 3-14 所示，预应力双 T 板跨度可达 20m 以上，如用高强轻质混凝土则可达 30m以上。

图 3-13　预制混凝土空心板　　　　　　　　图 3-14　预制混凝土双 T 板

5. 预制混凝土楼梯

预制混凝土楼梯外观更加美观，避免在现场支模，节约工期。预制简支楼梯受力明确，安装后可做施工通道，解决垂直运输问题，保证了逃生通道的安全，如图 3-15所示。

6. 预制混凝土阳台、空调板、女儿墙

（1）预制混凝土阳台

预制混凝土阳台通常包括预制实心阳台和预制叠合阳台，如图 3-16 和图 3-17 所示，预制阳台板能够克服现浇阳台的缺点，解决了阳台支模复杂、现场高空作业费时费力的问题。

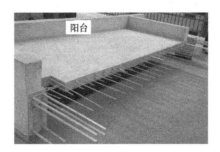

图 3-16　预制实心阳台

图 3-15　预制楼梯

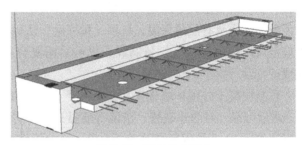

图 3-17　预制叠合阳台

（2）预制混凝土空调板

预制混凝土空调板通常采用预制混凝土实心板，板侧预留钢筋与主体结构相连，预制空调板通常与外墙板相连。预制混凝土空调板如图 3-18 所示。

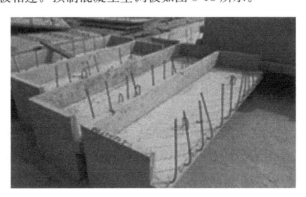

图 3-18　预制混凝土空调板

（3）预制混凝土女儿墙

女儿墙处于屋顶处外墙的延伸部位，通常有立面造型，采用预制混凝土女儿墙的优势是能快速安装，节省工期并提高耐久性。女儿墙可以是单独的预制构件，也可以是顶层的墙板向上延伸，顶层外墙与女儿墙预制为一个构件，如图 3-19 所示。

图 3-19　预制混凝土女儿墙

3.1.2　围护构件

围护构件是指围合、构成建筑空间，抵御环境不利影响的构件，本节中只展开讲解外围护墙和预制内隔墙相关内容。外围护墙用以抵御风雨、温度变化、太阳辐射等，应具有保温、隔热、隔声、防水、防潮、耐火、耐久等性能。内隔墙起分隔室内空间作用，应具有隔声、隔视线以及某些特殊要求的性能。

1. 外围护墙

预制混凝土外围护墙板是指预制商品混凝土外墙构件，包括预制混凝土叠合（夹心）墙板、预制混凝土夹心保温外墙板和预制混凝土外墙挂板。外墙板除应具有隔声与防火的功能外，还应具有隔热保温、抗渗、抗冻融、防碳化等作用和满足建筑艺术装饰的要求，外墙板可用轻集料单一材料制成，也可采用复合材料（结构层、保温隔热层和饰面层）制成。

预制混凝土外围护墙板采用工厂化生产，现场进行安装的施工方法，具有施工周期短、质量可靠（对防止裂缝、渗漏等质量通病十分有效）、节能环保（耗材少，减少扬尘和噪声等）、工业化程度高及劳动力投入量少等优点，在国内外的住宅建筑上得到了广泛运用。

根据制作结构不同，预制外墙结构分为预制混凝土夹心保温外墙板和预制混凝土外墙挂板。

（1）预制混凝土夹心保温外墙板

预制混凝土夹心保温外墙板是集承重、围护、保温、防水、防火等功能为一体的重要装配式预制构件，由内叶墙板、保温材料、外叶墙板三部分组成，如图 3-20 所示。

夹心保温外墙板宜采用平模工艺生产，生产时应先浇筑外叶墙板混凝土层，再安装保温材料和拉结件，最后浇筑内叶墙板混凝土，可以使保温材料与结构同寿命。

（2）预制混凝土外墙挂板

预制混凝土外墙挂板是在预制车间加工的运输到施工现场吊装的钢筋混凝土外墙板，在板底设置预埋铁件通过与楼板上的预埋螺栓连接使底部与楼板固定，再通过连接件使顶部与楼板固定，如图 3-21 所示。在工厂采用工业化生产，具有施工速度快、质量好、费用低的特点。

根据工程需要可设计成集保温、墙体围护于一体的复合保温外墙挂板，也可以作为复合墙体的外装饰挂板。

混凝土外墙挂板可充分体现大型公共建筑外墙独特的表现力。外墙挂板具有防腐蚀、耐高温、抗老化、无辐射、防火、防虫、不变形等基本性能，同时还要求造型美观、施工简便、环保节能等。

图 3-20　预制混凝土夹心保温外墙板构造图

图 3-21　预制混凝土外墙挂板

2. 预制内隔墙

预制内隔墙板按成型方式分为挤压成型墙板和立（或平）模浇筑成型墙板两种。

（1）挤压成型墙板

挤压成型墙板，也称预制条形内墙板，是在预制工厂使用挤压成型机将轻质材料搅拌均匀的料浆通过进入模板（模腔）成型的墙板，如图 3-22 所示。按断面不同分空心板、实心板两类，在保证墙板承载和抗剪前提下可以将墙体断面做成空心，这样可以有效降低墙体的质量，并通过墙体空心处空气的特性提高隔断房间内保温、隔声效果；门边板端部为实心板，实心宽度不得小于 100mm。

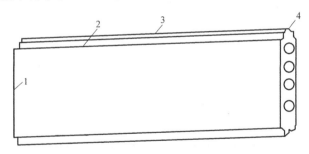

图 3-22　挤压成型墙板（空心）结构图
1—板端；2—板边；3—接缝槽；4—榫头

没有门洞口的墙体，应从墙体一端开始沿墙长方向顺序排板；有门洞口的墙体，应从门洞口开始分别向两边排板。当墙体端部的墙板不足一块板宽时，应设计补空板。

（2）立（或平）模浇筑成型墙板

立（或平）模浇筑成型墙板，也称预制混凝土整体内墙板，是在预制车间按照所需样式使用钢模具拼接成型，浇筑或摊铺混凝土制成的墙体。

根据受力不同，内墙板使用单种材料或者多种材料加工而成。用聚苯乙烯泡沫板材、聚氨酯泡沫塑料、无机墙体保温隔热材料等轻质材料填充到墙体之中，可以减少混凝土用量，绿色环保，减少室内热量与外界的交换，增强墙体的隔声效果，并通过墙体自重的减轻而降低运输和吊装的成本。

3.2　预制混凝土构件工厂生产

预制混凝土构件工厂生产制作（图3-23）前应审核预制构件深化设计图纸，并根据构件深化设计图纸进行模具设计，影响构件性能的变更修改应由原施工图设计单位确认。

预制混凝土构件工厂生产制作前，应根据构件特点编制生产方案，明确各阶段质量控制要点，具体内容包括：生产计划及生产工艺、模具计划及模具方案、技术质量控制措施、成品存放、保护及运输方案等内容。必要时应进行预制构件脱模、吊运、存放、翻转及运输等相关内容的承载力、裂缝和变形验算。

图3-23　预制混凝土构件工厂生产制作

预制混凝土构件生产制作需要根据预制构件形状及数量选择移动式模台或固定式模台。移动式模台生产方式充分利用机械化设备代替人工完成构件生产，如清扫机、喷油机、布料机、码垛机等，最终在立体养护窑里进行养护，所以生产效率比较高。但是立体养护窑受厂房高度限制，而且还要结合生产节拍留有足够多的养护仓位，所以对构件厚度会有限制。在满足上述条件下移动式模台生产的预制构件厚度最大为500mm。固定模台且生产方式与传统预制构件生产没有本质区别，各工序主要依靠人工操作，所以生产效率相对较低。但是固定模台生产方式对产品种类没有限制，可以生产所有类型的产品。

预制混凝土构件按照产品种类有预制外墙板、内墙板、叠合板、楼梯板、阳台板、梁和柱等。无论哪种形式的预制构件生产主流程基本相同，如图3-24所示。

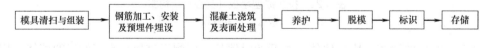

图3-24　构件生产主流程

3.2.1　模具清扫与组装

模具清扫与组装流程为：模具清理→组装模具→涂刷界面剂→涂刷隔离剂→模具固定。

1. 模具清理

模具清理的操作要点如下：

（1）清理模具各基准面边沿，利于抹面时保证厚度要求。

（2）清理下来的混凝土残灰要及时收集到指定的垃圾筒内。

（3）用钢丝球或刮板将内腔残留混凝土及其他杂物清理干净，使用压缩空气将模具内腔吹干净，以用手擦拭手上无浮灰为准。

（4）所有模具拼接处均用刮板清理干净，保证无杂物残留。

2. 组装模具

装配式建筑构件模具组装要点如下：

（1）选择正确型号侧板进行拼装，拼装时不许漏放紧固螺栓或磁盒。在拼接部位要粘贴密封胶条，密封胶条粘贴要平直，无间断、无褶皱，胶条不应在构件转角处搭接。

（2）各部位螺钉校紧，模具拼接部位不得有间隙，确保模具所有尺寸偏差控制在误差范围以内。组模时应仔细检查模板是否有损坏、缺件现象，损坏、缺件的模板应及时维修或者更换。

3. 涂刷界面剂

涂刷界面剂的操作要点如下：

（1）需要涂刷界面剂的模具应在绑扎钢筋笼之前涂刷，严禁将界面剂涂刷到钢筋笼上。

（2）涂刷厚度不少于 2mm，且需涂刷 2 次，2 次涂刷时间的间隔不少于 2min。

（3）涂刷完的模具要求涂刷面水平向上放置，20min 后方可使用。

（4）界面剂涂刷之前，保证模具必须干净。

（5）界面剂必须涂刷均匀，严禁有流淌、堆积的现象。

4. 涂刷隔离剂

涂刷隔离剂如图 3-25 所示。涂刷隔离剂必须采用水性隔离剂，且需时刻保证抹布（或海绵）及隔离剂干净、无污染。用干净抹布蘸取隔离剂，拧至不自然下滴为宜，均匀涂抹在底模和模具内腔，保证无漏涂。

5. 模具固定

模具固定如图 3-26 所示。其操作要点：模具（含门、窗洞口模具）、钢筋骨架对照画线位置微调整，控制模具组装尺寸。模具与底模紧固，下边模和底模用紧固螺栓连接固定，上边模靠花篮螺栓连接固定，左右侧模和窗口模具采用磁盒固定。

图 3-25　涂刷隔离剂

3.2.2　钢筋加工、安装及预埋件埋设

钢筋加工、安装及预埋件埋设的内容包括：钢筋调直、钢筋切断、钢筋网（架）焊接、钢筋网（架）绑扎与安装、预埋件埋设。

图 3-26　模具固定

图 3-27　机械调直

1. 钢筋调直

钢筋调直工艺流程为：调直方法的选择→人工调直或机械调直。

（1）调直方法的选择

钢筋调直分人工调直和机械调直（图 3-27）两类。人工调直可分为绞盘调直（多用于 12mm 以下的钢筋、板柱）、铁柱调直（用于直径较粗的钢筋）、蛇形管调直（用于冷拔低碳钢丝）；机械调直常用的有钢筋调直机调直（用于冷拔低碳钢丝和细钢筋）、卷扬机调直（用于粗、细钢筋）。

（2）人工调直

直径在 12mm 以下的盘条钢筋，在施工现场一般采用人工调直。缺乏调直设备时，粗钢筋可采用弯曲机、平直锤或用卡盘、扳子、锤击调直；细钢筋可用绞盘（磨）拉直或用导轮、蛇形管调直装置调直（图 3-28）。如通过牵引过轮的钢丝还存在局部慢弯，可用小锤敲打平直。

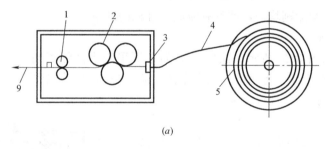

(a)

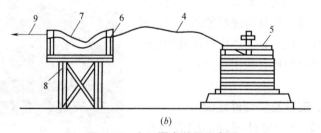

(b)

图 3-28　人工调直装置示意图

（a）俯视图；（b）侧面图

1—导轮；2—辊轮；3—旧拔丝模；4—细钢筋或钢丝；5—盘条架；
6—滚珠轴承；7—蛇形管；8—支架；9—人力牵引

（3）机械调直

钢筋工程中对直径小于 12mm 的线材盘条，要展开调直后才可进行加工制作；对大直径的钢筋，要在其对焊后调直后检验其焊接质量。这些工作一般都要通过冷拉设备完成。工程中，对钢筋的调直也可通过调直机进行。工程中常用的钢筋调直机（图 3-29）型号见表 3-1。

图 3-29　钢筋调直机

常用钢筋调直机的型号　　　　　　　　　　　　　　　　　　表 3-1

型号	钢筋调直直径(mm)	钢筋调直速度(m/min)	电动机功率(kW)
CT$_4$×811	4～8	40	3
CT$_4$×8	4～8	40	3
CT$_4$×10	4～10	40	3

当采用冷拉法调直时，HPB300 光圆钢筋的内冷拉率不宜大于 4%，HRB335、HRB400、HRB500、HRBF335、HRBF400、HRBF500 及 RRB400 带肋钢筋的冷拉率不宜大于 1%。

（4）钢筋调直操作要求与要点

钢筋加工宜在常温状态下进行，加工过程中不应加热钢筋。钢筋调直冷拉温度不宜低于 $-20℃$，预应力钢筋张拉温度不宜低于 $-15℃$。当环境温度低于 $-20℃$ 时，不得对 HRB335、HRB400 钢筋进行冷弯加工。

① 钢筋调直普遍使用慢速卷扬机拉直和用调直机调直。

② 采用钢筋调直机调直冷拔低碳钢丝和细钢筋时，要根据钢筋的直径选用调直模和传送压辊，并要恰当掌握调直模的偏移量和压紧程度。

③ 用卷扬机拉直钢筋时，应注意控制冷拉率：HPB300 级钢筋不宜大于 4%；HRB335、HRB400 级钢筋及不准采用冷拉钢筋的结构，不宜大于 1%。用调直钢丝和锤击法平直粗钢筋时，表面伤痕不应使截面积减少 5% 以上。

④ 调直后的钢筋应平直，无局部曲折；冷拔低碳钢丝表面不得有明显擦伤，应当注意：冷拔低碳钢丝经调直机调直后，其抗拉强度一般要降低 10%～15%，使用前要加强检查，按调直后的抗拉强度选用。

2. 钢筋切断

钢筋切断工艺流程为：切断方法的选择→机具的确定→机具的调整及准备→切断钢筋。

（1）切断方法的选择

钢筋切断分为机械切断和人工切断两种。机械切断常用钢筋切断机，操作时要保证断料正确，钢筋与切断机口要垂直，并严格执行操作规程，确保安全。在切断过程中，如发现钢筋有劈裂、缩头或严重的弯头，必须切除。

（2）机具的确定

目前工程中常用的切断机械的型号有 GJ5-40 型、QJ40-1 型、GJ5Y-32 型三种，施工过程中可根据施工现场的实际情况进行选择。

（3）机具的调整及准备

① 旋开机器前部的吊环螺栓，向机内加入 20 号机械油约 5kg，使油达到油标上线即可，加完油后，拧紧吊环螺栓。

② 检查刀具安装是否正确、牢固，两刀片侧隙是否在 0.1～1.5mm 范围内，必要时可在固定刀片侧面加垫（0.5mm、1mm 钢板）调整。

③ 紧固各松动的螺栓，紧固防护罩，清理机器上和工作场地周围的障碍物。

④ 向针阀式油杯内加足 20 号机械油，调整好滴油次数，使其每分钟滴 3～10 次，并检查油滴是否准确地滴入齿圈和离合器体的结合面凹槽处，空运转前滴油时间不得少于 5min，空运转 10min，踩踏离合器 3～5 次，检查机器运转是否正常。如有异常现象应立即停机，检查原因，排除故障。

（4）切断钢筋

① 开机前要先检查机器各部结构是否正常。刀片是否牢固，电动机、齿轮等传动机构处有无杂物，检查后认为安全、正常才可开机。

② 钢筋必须在刀片的中下部切断，以延长机器的使用寿命。

③ 钢筋只能用锋利的刀具切断。如果产生崩刃或刀口磨钝时，应及时更换或修磨刀片。

④ 机器启动后，应在运转正常后开始切料。

⑤ 机器工作时，应避免在满负荷下连续工作，以防电动机过热。

图 3-30 钢筋现场切断

⑥ 切断多根钢筋时，须将钢筋上下整齐排放（图 3-30），须拧紧定尺卡板的紧固螺栓，并调整固定刀片与冲切刀片间的水平间隙，对冲切刀片做往复水平动作的剪断机，间隙以 0.5～1mm 为宜。再根据钢筋所在部位和剪断误差情况，确定是否可用或返工。

⑦ 切断钢筋时，应使钢筋紧贴挡料块及固定刀片。切粗料时，转动挡料块，使支撑面后移，反之则前移，以达到切料正常。

⑧ 钢筋放入时要和切断机刀门垂直，钢筋要摆正、摆直。

⑨ 随时检查机器轴套和轴承的发热情况。一般正常情况应是手感不热，如感觉烫手时，应及时停机检查，查明原因，排除故障后，再继续使用。切忌超载，不能切断超过刀片硬度的钢材。

3. 钢筋网（架）焊接

钢筋网（架）焊接施工要点如下：

（1）焊接骨架和焊接网的搭接接头不宜位于构件及最大弯矩处，焊接网在非受力方向的搭接长度宜为 100mm；受拉焊接骨架和焊接网在受力钢筋方向的搭接长度应符合设计规定；受压焊接骨架和焊接网在受力钢筋方向的搭接长度，可取受拉焊接骨架和焊接网在受力钢筋方向的搭接长度的 0.7 倍。

（2）在梁中，焊接骨架的搭接长度内应配置箍筋或短的槽形焊接网。箍筋或网中的横向钢筋间距不得大于 5d。对轴心受压或偏心受压构件中的搭接长度内，箍筋或横向钢筋的间距不得大于 10d。

（3）在构件宽度内有若干焊接网或焊接骨架时，其接头位置应错开。在同一截面内搭接的受力钢筋的总截面面积不得超过受力钢筋总截面面积的 50%；在轴心受拉及小偏心受拉构件（板和墙除外）中，不得采用搭接接头。

（4）焊接网和焊接骨架沿受力钢筋方向的搭接接头，宜位于构件受力较小的部位，如承受均布荷载的简支受弯构件，焊接网受力钢筋接头宜放置在跨度两端各 1/4 跨长范围内。

4. 钢筋网（架）绑扎与安装

钢筋网（架）绑扎及安装的工艺流程为：钢筋网片预制绑扎→钢筋骨架预制绑扎→绑扎钢筋网（骨架）安装。

（1）钢筋网片预制绑扎

钢筋网片的预制绑扎（图 3-31）多用于小型构件。此时，钢筋网片的绑扎多在平地上或工作台上进行。一般大型钢筋网片预制绑扎的操作程序为：平地上画线→排放钢筋→绑扎→临时加固钢筋的绑扎。

钢筋网片若为单向主筋时，只需将外围两行钢筋的交叉点逐点绑扎，而中间部位的交叉点可隔点绑扎；若为双向主筋时，应将全部的交叉点绑扎牢固。相邻绑扎点的钢丝扣要呈八字形，以免网片歪斜、变形。

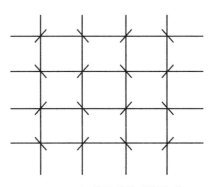

图 3-31　钢筋网片的预制绑扎

（2）钢筋骨架预制绑扎

绑扎轻型骨架（如小型过梁等）时，一般选用单面或双面悬挑的钢筋绑扎架。这种绑扎架的钢筋和钢筋骨架，在绑扎操作时进行穿、取、放、绑扎等操作都比较方便。绑扎重型钢筋骨架时，可用两个三脚架横担一根光面圆钢组成一对，并由几对三脚架组成一组钢筋绑扎架。

（3）绑扎钢筋网（骨架）的安装

① 单片或单个的预制钢筋网（骨架）的安装比较简单，只要在钢筋入模后，按规定的保护层厚度垫好垫块，即可进行下一道工序。但当多片或多个预制的钢筋网（骨架）在一起组合使用时，则要注意节点相交处的交错和搭接。

② 钢筋网与钢筋骨架（图 3-32）应分段（块）安装，其分段（块）的大小和长度应按结构配筋、施工条件、起重运输能力来确定。

一般钢筋网的分块面积为 6～20m²，钢筋骨架的分段长度为 6～12m。

③ 为防止在运输和安装过程中钢筋网与钢筋骨架发生歪斜变形，应采取临时加固措施（图 3-33 和图 3-34）。为保证吊运钢筋骨架时吊点处钩挂的钢筋不变形，在钢筋骨架内

图 3-32   钢筋网与钢筋骨架

的挂吊钩处设置短钢筋，将吊钩挂在短钢筋上，这样可以不用兜吊，既有效地防止了骨架变形，又防止骨架中局部钢筋的变形（图 3-35）。

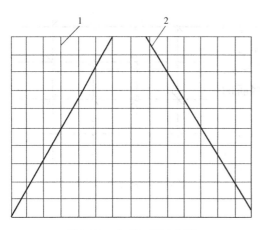

图 3-33   临时加固示意图
1—钢筋网；2—加固钢筋

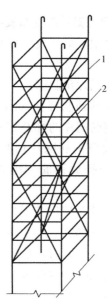

图 3-34   绑扎骨架临时加固示意图
1—钢筋骨架；2—加固筋

④ 钢筋网与钢筋骨架的吊点，应根据其尺寸、重量及刚度而定。宽度大于 1m 的水平钢筋网宜采用四点起吊，跨度小于 6m 的钢筋骨架宜采用两点起吊（图 3-36）。跨度大、刚度差的钢筋骨架宜采用横吊梁（铁扁担）四点起吊（图 3-37）。为了防止吊点处钢筋受力变形，可采取兜底吊运或加短钢筋的措施。

5. 全自动钢筋制作

全自动钢筋加工主要指加工各种箍筋、钢筋网片以及桁架筋，设备通过计算机控制识别输入进来的图样，按照图样要求从钢筋调直、成型、焊接、剪断等全过程实现自动化，大大减少人工作业，提高工作效率，如图 3-38～图 3-43 所示。

加工好的钢筋网片以及桁架筋，通过机械手自动吊入到模具内，实现钢筋加工、入模全过程自动化，如图 3-44 所示。

全自动钢筋加工目前只适合叠合楼板、双层墙板以及钢筋骨架相对简单的板类构件。

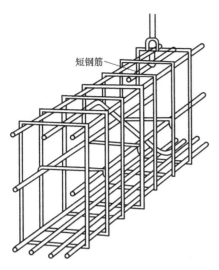

图 3-35　加短钢筋起吊钢筋骨架示意图

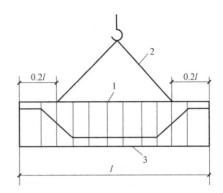

图 3-36　两点起吊示意图
1—梁；2—吊索；3—吊架

图 3-37　四点吊起现场照片

图 3-38　自动钢筋网片加工设备

图 3-39　加工好的钢筋网片

图 3-40　自动箍筋加工设备

图 3-41　加工好的箍筋

图 3-42　加工好的桁架筋

图 3-43　机械手将钢筋吊入模具

图 3-44　自动桁架加工设备

6. 预埋件埋设

预制构件中的预埋件及预留孔洞的形状尺寸和中线定位偏差非常重要，生产时应按要求进行逐个检验。

定位方法应当在模具设计阶段考虑周全，增加固定辅助设施。尤其要注意控制灌浆套筒及连接用钢筋的位置及垂直度。需要在模具上开孔固定预埋件及预埋螺栓的，应由模具厂家按照图样要求使用激光切割机或钻床开孔，严禁工厂使用气焊自行开孔。

预埋件要固定牢固，防止浇筑混凝土振捣过程中松动偏位，质检员要专项检查，固定在模具上的预埋件、预留孔洞中心位置允许偏差见表 3-2。

预留孔洞中心位置的允许偏差　　　　　　　　　　　表 3-2

项次	检查项目及内容	允许偏差(mm)	检验方法
1	预埋件、插筋、吊环预留孔洞中线位置	3	用钢尺量
2	预埋螺栓、螺母中心线位置	2	用钢尺量
3	灌浆套筒中心线位置	1	用钢尺量

预埋螺栓、预埋连接件、预留孔洞固定方式如图 3-45～图 3-47 所示。

图 3-45　预埋螺栓固定方法

图 3-46　预埋连接件固定方法

图 3-47　预留孔洞固定方法

3.2.3　混凝土浇筑及表面处理

混凝土浇筑的工艺流程为：混凝土一次浇筑及振捣→安装连接附件→混凝土二次浇筑及振捣→赶平。

1. 混凝土第一次浇筑及振捣

混凝土第一次浇筑及振捣（图 3-48）操作要点如下：

① 浇筑前检查混凝土的坍落度是否符合要求，过大或过小都不允许使用，且要料时不准超过理论用量的 2%。

② 浇筑振捣时尽量避开埋件处，以免碰偏埋件。

③ 采用人工振捣方式，振捣至混凝土表面无明显气泡溢出，保证混凝土表面水平，

无突出石子。

④ 浇筑时控制混凝土厚度，在达到设计要求时停止下料；工具使用后清理干净，整齐放入指定工具箱内。

2. 安装连接附件

将连接件通过经挤塑板预先加工好的通孔插入混凝土中，确保混凝土对连接件握裹严实，连接件的数量及位置根据图纸工艺要求，保证位置的偏差在要求的范围内。

3. 混凝土二次浇筑及振捣

混凝土二次浇筑及振捣应采用布料机自动布料，振捣时采用振捣棒进行人工振捣至混凝土表面无明显气泡后松开底模，如图 3-48 所示。

图 3-48　混凝土二次浇筑及振捣

4. 赶平

当混凝土二次浇筑及振捣完毕后，应采用振捣棒对混凝土表面进行振捣，如图 3-49 所示。在振捣的同时应对混凝土表面进行刮平，根据表面质量及平整度等状况调整刮平机的相关参数。

图 3-49　预制构件赶平施工

3.2.4　养护

为了使已成型的混凝土构件尽快获得脱模强度，以加速模板周转，提高劳动生产率、增加产量，需要采取加速混凝土硬化的养护措施。常用的构件养护方法及其他加速混凝土硬化的措施为蒸汽养护，其分为常压、高压、无压三类，常压蒸汽养护应用最广。

1. 常压蒸汽养护设施的构造

（1）养护坑（池）

主要用于平模机组流水工艺。由于构造简单、易于管理、对构件的适应性强，因此是主要的加速养护方式。它的缺点是坑内上下温差大、养护周期长、蒸汽耗量大。

（2）立式养护窑

窑内分顶升和下降两行，成型后的制品入窑后，在窑内一侧层层顶升，同时处于顶部的构件通过横移车移至另一侧，层层下降，利用高温蒸汽向上、低温空气向下流动的原理，使窑内自然形成升温、恒温、降温三个区段。立窑具有节省车间面积、便于连续作业、蒸汽耗最少等优点，但设备投资较大，维修不便。

（3）水平隧道窑和平模传送流水工艺配套使用

构件从窑的一端进入，通过升温、恒温、降温三个区段后，从另一端推出。其优点是便于进行连续流水作业，但两个区段不易分隔，温度和湿度不易控制，窑门不易封闭，蒸汽有外溢现象。

2. 热模养护

将底模和侧模做成加热空腔，通入蒸汽或热空气，对构件进行养护。可用于固定或移动的钢模，也可用于长线台座，成组立模也属于热模养护型。

3. 太阳能养护

用于露天作业的养护方法。当构件成型后，用聚氯乙烯薄膜或聚酯玻璃钢等材料制成的养护罩将产品罩上，靠太阳的辐射能对构件进行养护。养护周期比自然养护可缩短 $1/3\sim2/3$，并可节省能源和养护用水，因此已在日照期较长的地区推广使用。

3.2.5 脱模

构件脱模应严格按照顺序拆模，严禁使用振动、敲打方式拆模；构件脱模时应仔细检查确认构件与模具之间的连接部分完全拆除后方可起吊；起吊时，预制构件的混凝土立方体抗压强度应满足设计要求，且不应小于 $15N/mm^2$。

构件起吊应平稳，楼板宜采用专用多点吊架进行起吊，墙板宜先采用模台翻转方式起吊，模台翻转角度不应小于 $75°$，然后再采用多点起吊方式脱模。复杂构件应采用专门的吊架进行起吊。

构件脱模后，不存在影响结构性能、钢筋、预埋件或者连接件锚固的局部破损和构件表面的非受力裂缝时，可用修补浆料进行表面修补后使用，详见表 3-3。

构件表面破损和裂缝处理方法　　　　　　　　　　表 3-3

项目	现　　象	处理方案	检查依据与方法
破损	1. 影响结构性能且不能恢复的破损	废弃	目测
	2. 影响钢筋、连接件、预埋件锚固的破损	废弃	目测
	3. 上述 1 和 2 以外的，破损长度超过 20mm	修补 1	目测，卡尺测量
	4. 上述 1 和 2 以外的，破损长度 20mm 以下	现场修补	目测，卡尺测量
裂缝	1. 影响结构性能且不可恢复的裂缝	废弃	目测
	2. 影响钢筋、连接件、预埋件锚固的裂缝	废弃	目测
	3. 裂缝宽度大于 0.3mm 且裂缝长度超过 300mm	废弃	目测，卡尺测量
	4. 上述 1、2、3 以外的，裂缝宽度超过 0.2mm	修补 2	目测，卡尺测量
	5. 上述 1、2、3 以外的，宽度不足 0.2mm 且在外表面时	修补 3	目测，卡尺测量

注：修补 1：用不低于混凝土设计强度的专用浆料修补；修补 2：用环氧树脂浆料修补；修补 3：用专用防水浆料修补。

3.2.6　标识

预制构件验收合格后应在明显部位标识构件型号、生产日期和质量验收合格标志。预制构件脱模后应在其表面醒目位置，按构件设计制作图规定对每件构件编码。预制构件生产企业应按照有关标准规定或合同要求，对其供应的产品签发产品质量证明书，明确重要参数，有特殊要求的产品还应提供安装说明书。

3.2.7　存储

预制构件堆放储存应符合下列规定：堆放场地应平整、坚实，并应有排水措施；堆放构件的支垫应坚实；预制构件的堆放应将预埋吊件向上，标志向外；垫木或垫块在构件下的位置宜与脱模、吊装时的起吊位置一致；重叠堆放构件时，每层构件间的垫木或垫块应在同一垂直线上；堆垛层数应根据构件与垫木或垫块的承载能力及堆垛的稳定性确定。

3.3　预制构件运输

预制构件的运输（图 3-50）应制定运输计划及方案，包括运输时间、次序、堆放场地、运输线路、固定要求、堆放支垫及成品保护措施等内容。对于超高、超宽、形状特殊的大型构件的运输和堆放应采取专门质量安全保证措施。

图 3-50　预制构件的运输

3.3.1　预制构件运输

1. 运输方法的选择

（1）平运法

平运法适合运输民用建筑的楼板、屋面板等构配件和工业建筑墙板。构件重叠平运时，各层之间必须放方木支垫，垫木应放在吊点位置，与受力主筋垂直，且须在同一垂线上。

（2）立运法

立运法分为外挂式和内插式两种，具体内容见表 3-4。

立运法的具体内容 表 3-4

运输方法	适用范围	固定方法	特　点
外挂（靠放）式	民用建筑的内外墙板、楼板和屋面板，工业建筑墙板	将墙板靠放在车架两侧，用开式索具螺旋扣（花篮螺钉）将墙板构件上的吊环与车架拴牢	（1）起吊高度低，装卸方便； （2）有利于保护外饰面
内插（插放）式	民用建筑的内外墙板	将墙板构件插放在车架内或简易插放在架内，利用车架顶部丝杠或木楔将墙板构件固定	（1）起吊高度较高； （2）采用丝杠顶压固定墙板时，易将外饰面挤坏； （3）能运输小规格的墙板

2. 运输和装卸要点

运输和装卸应注意以下：

（1）运输道路须平整坚实，并有足够的宽度和转弯半径。

（2）根据吊装顺序组织运输，配套供应。

（3）用外挂（靠放）式运输车时，两侧重量应相等。装卸时，车架下部要进行支垫，防止倾斜。用插放式运输车采用压紧装置固定墙板时，要使墙板受力均匀，防止断裂。

（4）装卸外墙板时，所有门窗扇必须扣紧，防止碰坏。

（5）运输墙板时，不宜高速行驶，应根据路面好坏掌握行车速度，起步、停车要稳。夜间装卸和运输墙板时，施工现场要有足够的照明设施。

3. 预制混凝土构件运输与储存的规定

（1）预制混凝土构件运输规定

① 预制混凝土构件运输宜选用低平板车，并采用专用托架，构件与托架绑扎牢固。

② 预制混凝土梁、楼板、阳台板宜采用平放运输；外墙板宜采用竖直立放运输；柱可采用平放运输，当采用立放运输时应防止倾覆。

③ 预制混凝土梁、柱构件运输时平放不宜超过 2 层。

④ 搬运托架、车厢板和预制混凝土构件间应放入柔性材料，构件应用钢丝绳或夹具与托架绑扎，构件边角或锁链接触部位的混凝土应采用柔性垫衬材料保护。

（2）预制混凝土构件储存的规定

① 预制构件应按吊装、存放的受力特征选择卡具、索具、托架等吊装和固定措施，并应符合：构件存放时，最下层应垫实，预埋吊环宜向上，标识向外；每层构件间的垫木或垫块应在同一垂直线上；楼板、阳台板构件存储宜平放，采用专用存放架或木垫块支撑，叠放存储不宜超过 6 层；外墙板、楼梯宜采用托架立放，上部两点支撑。

② 构件脱模后，在吊装、存放、运输过程中应对产品进行保护，并应符合：木垫块表面应覆盖塑料薄膜，防止污染构件；外墙门框、窗框和带外装饰材料的表面宜采用塑料贴膜或者其他防护措施，钢筋连接套管、预埋螺栓孔应采取封堵措施。

3.3.2 预制构件堆放

预制构件运送到施工现场验收合格后要进行存放。所有的构件如果能够满足直接吊装的条件，应避免在现场存放。存放的原则和要点如下所述。

1. 构件堆场的布置原则

（1）构件堆场宜环绕或沿所建构筑物纵向布置，其纵向宜与通行道路平行布置，构件布置宜遵循"先用靠外，后用靠里，分类依次并列放置"的原则。

（2）预制构件应按规格型号、出厂日期、使用部位、吊装顺序分类存放，且应标识清晰。

（3）不同类型构件之间应留有不少于 0.7m 的人行通道，预制构件装卸、吊装工作范围内不应有障碍物，并应有满足预制构件吊装、运输、作业、周转等工作的场地。

（4）预制混凝土构件与刚性搁置点之间应设置柔性垫片，防止损伤成品构件；为便于后期吊运作业，预埋吊环宜向上，标识向外。

（5）对于易损伤、污染的预制构件，应采取合理的防潮、防雨、防边角损伤措施。构件与构件之间应采用垫木支撑，保证构件之间留有不小于 200mm 的间隙，垫木应对称合理放置且表面应覆盖塑料薄膜。外墙门框、窗框和带外装饰材料的构件表面宜采用塑料贴膜或者其他防护措施；钢筋连接套管和预埋螺栓孔应采取封堵措施。

2. 堆放场地

在预制构件进场前，经过策划绘制预制构件平面布置图，如图 3-51 所示。堆放场地应平整、坚实，并应有排水措施；构件存放位置应在起吊设备覆盖范围内，避免二次搬运；存放时应按吊装顺序、规格、品种、所属楼栋号等分区存放，存放构件之间宜设宽度为 0.8～1.2m 的通道。

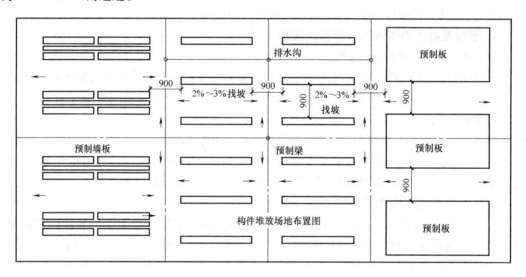

图 3-51　预制构件堆放平面布置示意图

3. 堆放

（1）预制梁、柱构件

梁、柱等构件宜水平堆放，预埋吊装孔的表面朝上，且采用不少于两条垫木支撑，构件底层支垫高度不低于 100mm，且应采取有效的防护措施，如图 3-52 所示。

图 3-52　预制梁、柱构件堆放图

（2）预制墙板

预制墙板根据受力特点和构件特点，宜采用专用支架对称插放或靠放堆放，支架应有足够的刚度，并支垫稳固。预制墙板宜对称靠放、饰面朝外，与地面之间的倾斜角不宜小于80°，构件与刚性搁置点之间应设置柔性垫片，防止损伤成品构件，如图3-53所示。

图 3-53　预制墙板堆放图

（3）预制板类构件

预制板类构件可采用叠放方式堆放，其叠放高度应按构件强度、地面耐压力、垫木强度以及垛堆的稳定性来确定，构件层与层之间应垫平、垫实，各层支垫应上下对齐，最下面一层支垫应通长设置，楼板、阳台板预制构件储存宜平放，采用专用存放架支撑，叠放储存不宜超过6层，如图3-54所示。预应力混凝土叠合板的预制带肋底板应采用板肋朝上叠放的堆放方式，严禁倒置，各层预制带肋底板下部应设置垫木，垫木应上下对齐，不得脱空，堆放层数不应大于7层，并应有稳固措施。吊环向上，标识向外。

图 3-54　预制板类构件堆放图

3.4　施工现场生产

装配式混凝土结构现场生产主要包括预制混凝土构件的吊装、连接、质量验收与控制及生产安全问题等。

3.4.1　预制混凝土构件的连接基本知识

装配式结构中，构件与接缝处的纵向钢筋应根据接头受力、施工工艺等情况的不同，选用钢筋套筒灌浆连接、焊接连接、浆锚搭接连接、机械连接、螺栓连接、栓焊混合连接、绑扎连接、混凝土连接等连接方式。

1. 钢筋套筒灌浆连接

钢筋套筒灌浆连接是在预制混凝土构件内预埋的金属套筒中插入钢筋并灌注水泥基灌浆料而实现的钢筋连接方式。

钢筋套筒灌浆连接是一种因工程实践的需要和技术发展而产生的新型的连接方式。该连接方式弥补了传统连接方式（焊接、机械连接、螺栓连接等）的不足，得到了迅速的发展和应用。

（1）分类

按照钢筋与套筒的连接方式不同，该接头分为全灌浆接头、半灌浆接头两种，如图3-55 所示。

全灌浆接头是传统的灌浆连接接头形式，套筒两端的钢筋均采用灌浆连接，两端钢筋均是带肋钢筋。半灌浆接头是一端钢筋用灌浆连接，另一端采用非灌浆方法（例如螺纹连接）连接的接头。

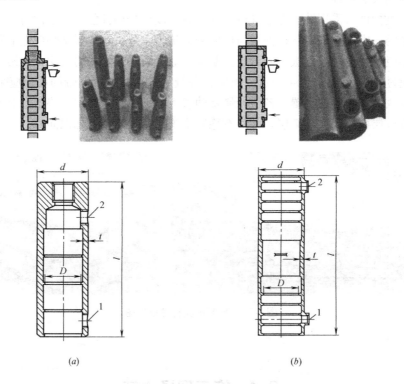

(a)   *(b)*

图 3-55   灌浆套筒剖面图
(*a*) 半灌浆接头；(*b*) 全灌浆接头
1—灌浆孔；2—排浆孔；*l*—套筒总长；*d*—套筒外径；*D*—套筒锚固段环形突起部分的内径

（2）应用

钢筋套筒灌浆连接主要适用于装配整体式混凝土结构的预制剪力墙、预制柱等预制构件的纵向钢筋连接，也可用于叠合梁等后浇部位的纵向钢筋连接，如图 3-56 和图 3-57 所示。

图 3-56　剪力墙内墙钢筋套筒布设透视图

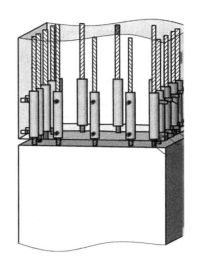

图 3-57　柱内钢筋套筒布设透视图

（3）对接头性能、套筒、灌浆料的要求

钢筋套筒灌浆连接接头在同截面布置时，接头性能应达到钢筋机械连接接头的最高性能等级，国内建筑工程的接头应满足国家行业标准《钢筋机械连接技术规程》JGJ 107—2016 中的 I 级性能指标。套筒的各项指标应符合《钢筋连接用灌浆套筒》JG/T 398—2012 的要求。灌浆料的各项指标应符合《钢筋连接用套筒灌浆料》JG/T 408—2013 的要求。

2. 焊接连接

焊接是指通过加热（必要时加压），使两根钢筋达到原子间结合的一种加工方法，将原来分开的钢筋构成了一个整体。

常用的焊接方法分为以下 3 种。

（1）熔焊

在焊接过程中，将焊件加热至融熔状态不加压力完成的焊接方法通称为熔焊。常见的有等离子弧焊、气焊、气体（二氧化碳）保护焊、电弧焊、电渣焊。

（2）压焊

在焊接过程中必须对焊件施加压力（加热或不加热）完成的焊接方法称为压焊，如图 3-58 所示。

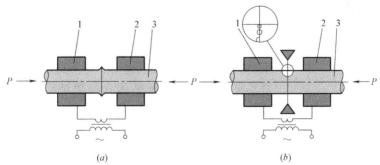

图 3-58　压焊

（a）电阻对焊；（b）闪光对焊

1—固定电极；2—可移动电极；3—焊件；P—压力

（3）钎焊

把各种材料加热到适当的温度，通过使用具有液相温度高于 450℃，但低于母材固相线温度的钎料完成材料的连接称为钎焊，如图 3-59 所示。

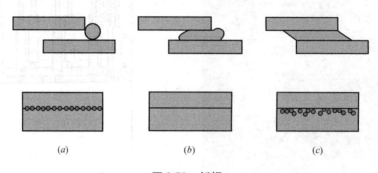

（a）　　　　　　　　　　（b）　　　　　　　　　　（c）

图 3-59　钎焊

（a）钎料的填缝过程；（b）钎料成分向母材中扩散；（c）母材向钎料中溶解

装配整体式混凝土结构中应用的主要是热熔焊接。根据焊接长度的不同，分为单面焊和双面焊。根据作业方式的不同，分为平焊和立焊。

焊接连接应用于装配整体式框架结构、装配整体式剪力墙结构中后浇混凝土内的钢筋的连接以及用于钢结构构件连接。

3. 钢筋浆锚搭接连接

钢筋浆锚搭接连接是在预制混凝土构件中预留孔道，在孔道中插入需搭接的钢筋，并灌注水泥基灌浆料而实现的钢筋搭接连接方式。

钢筋浆锚搭接连接（图 3-60）是基于粘结锚固原理进行连接的方法，在竖向结构部分下段范围内预留出竖向孔洞，孔洞内壁表面留有螺纹状粗糙面，周围配有横向约束螺旋箍筋。装配式构件将下部钢筋插入孔洞内，通过灌浆孔注入灌浆料，直至排气孔溢出停止灌浆；当灌浆料凝结后将此部分连接成一体。

浆锚搭接连接时，要对预留孔成孔工艺、孔道形状和长度、构造要求、灌浆料和被连接钢筋，进行力学性能以及适用性的试验验证。

其中，直径大于 20mm 的钢筋不宜采用浆锚搭接连接，直接承受动力荷载构件的纵向钢筋不应采用浆锚搭接连接。

浆锚搭接连接成本低、操作简单，但因结构受力的局限性，浆锚搭接连接只适用于房屋高度不大于 12m 或者层数不超过 3 层的装配整体式框架结构的预制柱纵向钢筋连接。

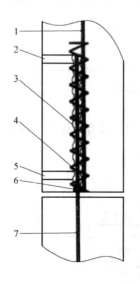

图 3-60　钢筋浆锚搭接示意图

1—预埋钢筋；2—排气孔；
3—波纹状孔洞；4—螺旋加
强筋；5—灌浆孔；6—弹性橡
胶密封圈；7—被连接钢筋

4. 机械连接

钢筋机械连接是指通过连接件的机械咬合作用或钢筋端面的承压作用，将一根钢筋中的力传递至另一根钢筋的连接方法，如图 3-61 所示。

钢筋机械连接主要有以下两种类型：钢筋套筒挤压连

图 3-61　机械连接

接、钢筋滚压直螺纹连接。

（1）钢筋套筒挤压连接

通过挤压力使连接件钢套筒塑性变形与带肋钢筋紧密咬合形成的接头。有两种形式，径向挤压连接和轴向挤压连接。由于轴向挤压连接，现场施工不方便及接头质量不够稳定，没有得到推广，如图 3-62 所示。

（2）钢筋滚压直螺纹连接

通过钢筋端头直接滚压或挤（碾）肋滚压或剥肋后滚压制作的直螺纹和连接件螺纹咬合形成的接头，如图 3-63 所示。其基本原理是利用了金属材料塑性变形后冷作硬化增强金属材料强度的特性，而仅在金属表层发生塑变、冷作硬化，金属内部仍保持原金属的性能，因而使钢筋接头与母材达到等强。

图 3-62　钢筋套筒挤压连接　　　　　　　　图 3-63　钢筋滚压直螺纹连接

钢筋滚压直螺纹连接主要应用于装配整体式框架结构、装配整体式剪力墙结构、装配整体式框-剪结构中的后浇混凝土内纵向钢筋的连接。

5. 螺栓连接

螺栓连接即连接节点以普通螺栓或高强螺栓现场连接，以传递轴力、弯矩与剪力的连接形式。

螺栓连接分为全螺栓连接、栓焊混合连接两种连接方式，如图 3-64～图 3-66 所示。

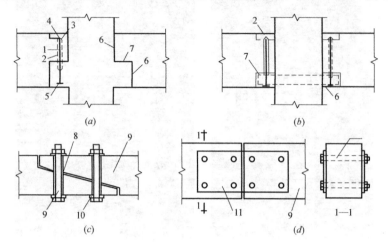

图 3-64　螺栓连接

(a) 螺栓连接的牛腿；(b) 螺栓连接的预制梁；(c) 螺栓连接的企口接头；(d) 螺栓连接的梁
1—螺栓；2—灌浆；3—垫板；4—螺母；5—浇入的螺杆和螺套；6—灌浆；7—可调的支座；
8—预留孔；9—预制梁；10—垫圈；11—钢板

图 3-65　全螺栓连接

图 3-66　栓焊混合连接

螺栓连接主要适用于装配整体式框架结构中的柱、梁的连接；装配整体式剪力墙结构中预制楼梯的安装连接（牛腿），如图 3-67 所示。

栓焊混合连接是目前多层、高层钢框架结构工程中最为常见的梁柱连接节点形式，即梁的上、下翼缘采用全熔透坡口对接焊缝，而梁腹板采用普通螺栓或高强螺

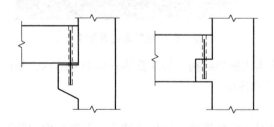

图 3-67　牛腿连接

栓与柱连接的形式。

6. 绑扎连接

钢筋绑扎连接是指将两根钢筋通过细钢丝（一般采用 20～22 号镀锌钢丝或绑扎钢筋专用火烧丝）绑扎在一起的连接方式，如图 3-68 所示。钢筋绑扎连接的机理是钢筋的锚固，两段相互搭接的钢筋各自都锚固在混凝土里，拼接长度应满足现行国家规范的要求。

7. 混凝土连接

混凝土连接主要是预制构件与后浇混凝土的连接。为加强预制构件与后浇混凝土间的连接，预制构件与后浇混凝土的结合面要设置相应粗糙和抗剪键槽。

图 3-68　绑扎连接

（1）粗糙面处理

粗糙面处理即通过外力使预制构件与后浇混凝土结合处变得粗糙、露出碎石等骨料。通常有 3 种方法：人工凿毛法、机械凿毛法、缓凝水冲法。

人工凿毛法是指工人使用铁锤和凿子剔除预制部件结合面的表皮，露出碎石骨料，增加结合面的粘结粗糙度。此方法的优点是简单、易于操作。缺点是费工费时、效率低。

机械凿毛法是使用专门的小型凿岩机配置梅花平头钻，剔除结合面混凝土的表皮，增加结合面的粘结粗糙度。此方法的优点是方便快捷，机械小巧易于操作。缺点是操作人员的作业环境差，粉尘污染。

缓凝水冲法是混凝土结合面粗糙度处理的一种新工艺，是指在预制构件混凝土浇筑前，将含有缓凝剂的浆液涂刷在模板壁上。浇筑混凝土后，利用已浸润缓凝剂的表面混凝土与内部混凝土的缓凝时间差，用高压水冲洗未凝固的表层混凝土，冲掉表面浮浆，露出骨料，形成粗糙的表面，如图 3-69 所示，此方法的优点是成本低、效果佳、功效高且易于操作。

图 3-69　缓凝水冲法效果图

（2）键槽设置

装配整体式结构的预制梁、预制柱及预制剪力墙断面处须设置抗剪键槽。键槽设置尺寸及位置应符合装配整体式结构的设计及规范要求。

8. 其他连接

装配整体式框架、装配整体式剪力墙等结构中的顶层、端缘部的现浇节点中的钢筋无法连接，或者连接难度大，不方便施工。在上述情况下，将受力钢筋采用直线锚固、弯折锚固、机械锚固（如锚固板）等连接方式，锚固在后浇节点内以达到连接的要求。以此来增加装配整体式结构的刚度和整体性能。

3.4.2 装配式混凝土结构施工工艺流程

1. 装配整体式框架结构的施工工艺流程

装配整体式混凝土框架结构是全部或部分框架梁、柱采用预制构件构建成的装配整体式混凝土结构。简称装配整体式框架结构。

装配整体式混凝土框架结构是以预制柱（或现浇柱）、叠合板、叠合梁为主要预制构件，并通过叠合板的现浇以及节点部位的后浇混凝土而形成的混凝土结构，其承载力和变形满足现行国家规范的应用要求，如图 3-70 所示。

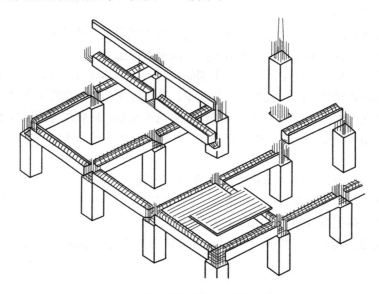

图 3-70　装配式整体框架结构示意图

装配整体式框架结构的施工工艺流程如图 3-71 所示。如混凝土柱采用现浇，其施工工艺流程如图 3-72 所示。

图 3-71　装配整体式框架结构施工工艺流程

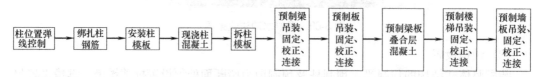

图 3-72　装配整体式框架结构施工工艺流程（现浇柱）

2. 装配整体式剪力墙结构的施工工艺流程

装配整体式剪力墙结构由水平受力构件和竖向受力构件组成，构件采用工厂化生产（或现浇剪力墙），运至施工现场后经过装配及后浇叠合形成整体，其连接节点通过后浇混凝土结合，水平向钢筋通过机械连接或其他方式连接，竖向钢筋通过钢筋灌浆套筒连接或其他方式连接。

装配整体式剪力墙结构的施工工艺流程如图 3-73 所示。如采用现浇剪力墙，其施工工艺流程如图 3-74 所示。

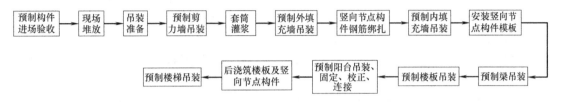

图 3-73　装配整体式剪力墙结构施工工艺流程

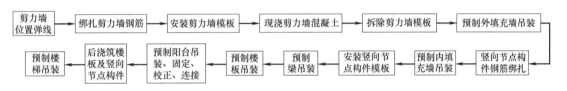

图 3-74　装配整体式剪力墙结构施工工艺流程（现浇剪力墙）

3. 装配整体式框架-剪力墙结构的施工工艺流程

关于装配整体式框架-剪力墙结构的施工工艺流程，可参照上面装配整体式框架结构和现浇剪力墙结构施工工艺流程。

3.4.3　装配式混凝土结构施工

1. 装配式结构施工一般规定

（1）装配式结构施工前应制定施工组织设计、施工方案；施工组织设计的内容应符合现行国家标准《建筑施工组织设计规范》GB/T 50502—2009 的规定；施工方案的内容应包括构件安装及节点施工方案、构件安装的质量管理及安全措施等。

（2）装配式结构的后浇混凝土部位在浇筑前应进行隐蔽工程验收。验收项目应包括的内容：钢筋的牌号、规格、数量、位置、间距等；纵向受力钢筋的连接方式、接头位置、接头数量、接头面积百分率、搭接长度等；纵向受力钢筋的锚固方式及长度；箍筋、横向钢筋的牌号、规格、数量、位置、间距，箍筋弯钩的弯折角度及平直段长度；预埋件的规格、数量、位置；混凝土粗糙面的质量，键槽的规格、数量、位置；预留管线、线盒等的规格、数量、位置及固定措施。

（3）预制构件、安装用材料及配件等应符合设计要求及国家现行有关标准的规定。

（4）吊装用吊具应按国家现行有关标准的规定进行设计、验算或试验检验。吊具应根据预制构件形状、尺寸及重量等参数进行配置，吊索水平夹角不宜小于 60°，且不应小于 45°；对尺寸较大或形状复杂的预制构件，宜采用有分配梁或分配桁架的吊具。

（5）钢筋套筒灌浆前，应在现场模拟构件连接接头的灌浆方式，每种规格钢筋应制作不少于 3 个套筒灌浆连接接头，进行灌注质量以及接头抗拉强度的检验；经检验合格后，方可进行灌浆作业。

（6）在装配式结构的施工全过程中，应采取防止预制构件及预制构件上的建筑附件、预埋件、预埋吊件等损伤或污染的保护措施。

（7）未经设计允许不得对预制构件进行切割、开洞。

（8）装配式结构施工过程中应采取安全措施，并应符合现行行业标准《建筑施工高处作业安全技术规范》JGJ 80—2016、《建筑机械使用安全技术规程》JGJ 33—2012 和《施工现场临时用电安全技术规范》JGJ 46—2005 等的有关规定。

2. 预制构件进场验收

预制构件是在工厂预先制作，现场进行组装，组装时需要较高的精度，同时每个预制构件具有唯一性，一旦某个预制构件有缺陷，势必会对整个安装工程质量、进度、成本造成影响。因此，必须对预制构件进行严格的进场检查。预制构件进场时必须有预制构件厂的出厂检查记录。

预制构件进场前，应检查构件出厂质量合格证明文件或质量检验记录，所有检查记录和检验合格单必须签字齐全、日期准确。预制构件的外观质量不应有严重缺陷。预制构件用钢筋连接套筒应有质量证明文件和抗拉强度检验报告，并应符合《钢筋套筒灌浆连接应用技术规程》JGJ 355—2015 第 3.2.2 条的相关规定。

预制构件的外观质量不应有严重缺陷，且不宜有一般缺陷。对已出现的一般缺陷，应按技术方案进行处理，并应重新检验。

预制构件尺寸的允许偏差及检验方法应符合表 3-5 的规定。预制构件有粗糙面时，与粗糙面相关的尺寸允许偏差可适当放松。

预制构件尺寸允许偏差及检验方法　　　　　　　　　　表 3-5

项　目			允许偏差（mm）	检验方法
长度	楼板、梁、柱、桁架	＜12m	±5	尺量
		≥12m 且＜18m	±10	
		≥18	±20	
	墙板		±4	
宽度、高（厚）度	楼板、梁、柱、桁架截面尺寸		±5	钢尺量一端及中部，取其中偏差绝对值较大处
	墙板		±4	
表面平整度	楼板、梁、柱、墙板内表面		5	2m 靠尺和塞尺量测
	墙板外表面		3	
侧向弯曲	楼板、梁、柱		L/750 且≤20	拉线、钢尺量最大侧向弯曲处
	墙板、桁架		L/1000 且≤20	
翘曲	楼板		L/750	调平尺在两端量测
	墙板		L/1000	
对角线	楼板		10	尺量两个对角线
	墙板		5	
预留孔	中心线位置		5	尺量
	孔尺寸		±5	

项　目		允许偏差(mm)	检验方法
预留洞	中心线位置	10	尺量
	洞口尺寸、深度	±10	
门窗口	中心线位置	5	尺量
	宽度、高度	±3	
预埋件	预埋件锚板中心线位置	5	尺量
	预埋件锚板与混凝土面平面高差	0，－5	
	预埋螺栓中心线位置	2	
	预埋螺栓外露长度	＋10，－5	
	预埋套筒、螺母中心线位置	2	
	预埋套筒、螺母与混凝土面平面高差	±5	
预留插筋	中心线位置	5	尺量
	外露长度	＋10，－5	
键糟	中心线位置	5	尺量
	长度、宽度	±5	
	深度	±10	

注：1. L 为构件最长边的长度（mm）；

　　2. 检查中心线、螺栓和孔道位置偏差时，应沿纵横两个方向量测，并取其中偏差较大值。

预制构件的具体检查方式以装配式剪力墙结构预制构件为例，如下所述。

（1）预制剪力墙构件高、宽、厚、对角线差值

使用钢卷尺分别对预制剪力端构件的上部、下部进行测量，测量的位置分别为从构件顶部下 500mm，底部以上 800mm；取两者较大值作为该构件的偏差值，与预制构件厂的出厂检查记录对比，允许偏差为±5mm。如图 3-75 所示。

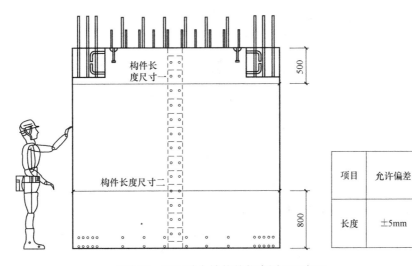

项目	允许偏差
长度	±5mm

图 3-75　预制剪力墙构件长度测量示意图

同样使用钢卷尺对构件的高度、厚度、对角线差进行测量。高度、厚度测量方法采用钢尺量一端及中部，取其中偏差绝对值较大处，对角线差测量方法采用钢尺量两个对角线。高度允许偏差为±4mm，对角线允许偏差为 5mm，厚度允许偏差为±3mm。如图 3-76和图 3-77 所示。

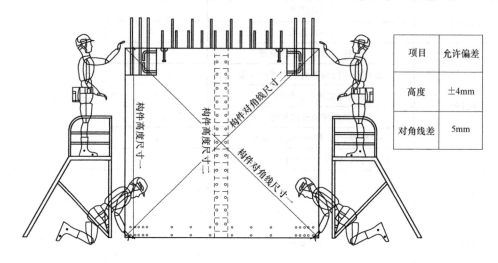

图 3-76 预制剪力墙构件高度、对角线尺寸测量示意图

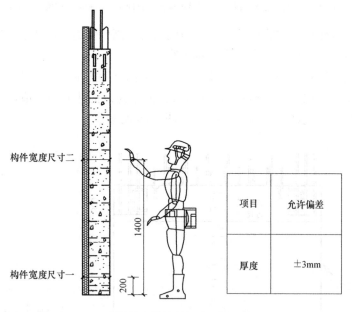

图 3-77 预制剪力墙构件厚度尺寸测量示意图

（2）预制剪力墙构件侧向弯曲、表面平整度偏差

使用拉线、钢尺对预制剪力墙构件最大侧向弯曲处进行测量，允许偏差为 $L/1000$，且≤10mm，如图 3-78 所示。与预制构件厂的出厂检查记录对比。

使用 2m 靠尺和金属塞尺对构件内外的平整度进行测量。墙板抹平面（内表面）允许误差为 5mm，模具面（外表面）允许误差为 3mm。如图 3-79 所示。

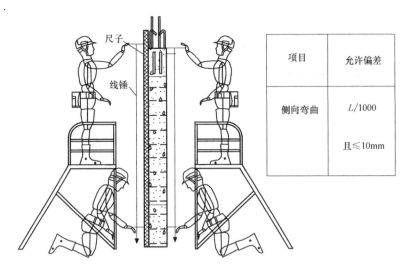

图 3-78　预制剪力墙构件侧向弯曲测量示意图

项目	允许偏差
侧向弯曲	$L/1000$ 且≤10mm

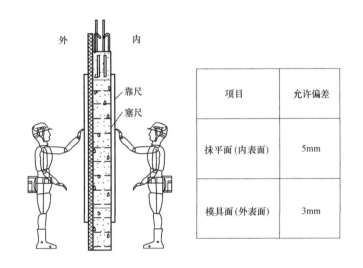

图 3-79　预制剪力墙构件墙内、外平整测量示意图

项目	允许偏差
抹平面(内表面)	5mm
模具面(外表面)	3mm

（3）预制剪力墙构件预埋件检查

使用量尺检查，如图 3-80 所示。预埋件安装用吊环中心线位置允许误差为 10mm、外露长度为＋10mm，0。预埋内螺母中心线位置允许误差为 10mm、与混凝土平面高差为 0，－5mm。预埋木砖中心线位置允许误差为 10mm。预埋钢板中心线位置允许误差为 5mm、与混凝土平面高差为 0，－5mm，预留孔洞中心线位置允许误差为 5mm、洞口尺寸允许误差为＋10mm，0。图 3-80 为预制剪力墙构件预埋套筒、支撑支模预埋件检查示意图，依据预制构件制作图确认甩出钢筋的长度是否正确，支模（支撑）用预埋件是否漏埋、堵塞。预留钢筋中心线位置、外露长度等都要用尺量检查，预埋套筒的中心线位置、与混凝土表面高差等都要用尺量检查，并且与预制构件厂的出厂检查记录对比。预留插筋中心线位置允许误差为±5mm，主筋外留长度的允许误差，竖向主筋（套筒连接用）为＋10mm、非套筒连接用为＋10mm，－5mm。预埋套筒与混凝土平面高差 0，－5mm，

支撑、支模用预埋螺栓以及预埋套筒中心线位置允许误差为 2mm。

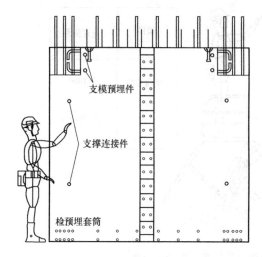

项目	允许偏差
支模、支撑用预埋螺栓 预埋套筒中心位置	2mm
预埋套筒与混凝土平面高差	0，-5mm

图 3-80   预制剪力端构件预埋件检查示意图

（4）预制剪力墙构件灌浆孔检查

依据预制构件制作图，检查灌浆孔是否畅通，检查方法如下：使用细钢丝从上部灌浆孔伸入套筒，如从底部可伸出，并且从下部灌浆孔可看见细钢丝，即畅通。并且与预制构件厂的出厂检查记录对比。预制剪力墙构件套筒灌浆孔是否畅通必须全数检查。如图3-81所示。

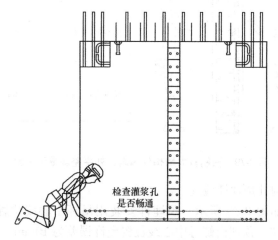

图 3-81   预制剪力墙构件灌浆孔检查示意图

（5）预制梁、叠合板构件检查

预制梁、叠合板构件的检查方法同上预制剪力墙构件的方法。所有检查项目可参考《装配式混凝土结构技术规程》JGJ 1—2014 中的要求。

（6）裂缝、破损处理

预制构件在进场检查过程中如果发现裂缝、破损情况应当按照表 3-3 处理。

3. 预制构件吊装准备工作

（1）预制构件吊装准备要求

① 吊装施工前，应进行测量放线、设置构件安装定位标识。

② 吊装施工前，应复核构件装配位置、节点连接构造及临时支撑方案等。

③ 吊装施工前，应检查复核吊装设备及吊具处于安全操作状态。

④ 吊装施工前，应核实现场环境、天气、道路状况等满足吊装施工要求。

⑤ 装配式结构施工前，宜选择有代表性的单元进行预制构件试安装，并应根据试安装结果及时调整完善施工方案和施工工艺。

（2）预制构件吊装准备

装配式结构的特点之一就是有大量的现场吊装工作。因此，在正式吊装前必须做好吊装准备工作。吊装前准备工作包括构件上弹线、定位放线、预埋螺栓或垫片高度调整、吊具检查、预埋件位置确认以及钢筋位置确认等。

① 预制构件弹线

预制构件检查合格后，安装前在预制构件上弹出中心线与控制线等，以作为预制构件安装、对位、校正的依据。如预制剪力墙构件弹线，先在预制剪力墙构件上弹出建筑标高1000mm控制线以及预制构件的中线，如图3-82所示，以方便吊装时对构件的调整。

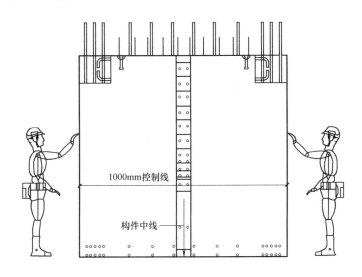

图3-82　预制剪力墙构件弹线示意图

② 工作面测量放线

依据施工图放出轴线以及构件外边线。如装配式剪力墙结构施工中，依据施工图放出轴线以及预制剪力墙构件外边线，工作面测量放线如图3-83所示，轴线误差不能超过5mm。需要注意的是，弹出的墨线要清晰，应避免过粗的现象，便于预制剪力墙满足安装的同时有利于提高安装精度。

③ 预制剪力墙构件螺栓（垫片）水平调整

预制剪力墙板下部20mm的灌浆缝可以使用预埋螺栓或者垫片来实现，通常情况下，预制剪力墙长度小于2m的设置两个螺栓或者垫片，位置设置在距离预制剪力墙两端部500～800mm处。如果预制剪力墙长度大于2m，适当增加螺栓或者垫片数量。长度3m可设置3个螺栓或者垫片；长度4m可设置4个螺栓或者垫片。无论使用哪种形式，都需要使用水准仪将预埋螺栓抄平，预制剪力墙构件螺栓（垫片）水平调整如图3-84所示。

图 3-83　工作面测量放线示意图

螺栓高度误差不能超过 2mm。

④ 吊具检查

每次吊装预制构件前，都要对吊具进行检查，如图 3-85 所示。包括钢丝绳、吊环、钢梁。如钢丝绳是否有磨损，吊环安全装置是否锁死。初次使用时还需检查钢梁的螺栓是否合格等。

⑤ 确认钢筋位置

由于预制剪力墙构件的竖向连接是通过套筒灌浆连接，套筒内壁与钢筋距离约为 6mm，因此，为了便于安装，在吊装预制剪力墙构件前，要先确认工作面上甩出钢筋的位置是否准确，依据图纸使用钢筋或者角钢制作便捷的钢筋位置确认工具，将所有钢筋调整到准确的位置。为了确保钢筋位置的准确，在浇筑前一层混凝土时，可安装钢筋定位板，如图 3-86 所示，定位板用角钢和钢管焊接而成。放置定位板能够有效地控制钢筋位置的准确性。

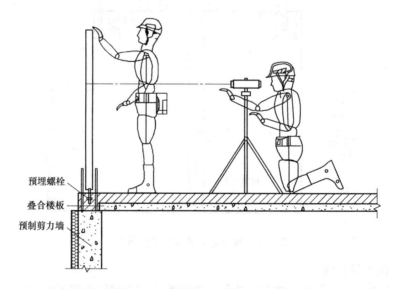

预埋螺栓
叠合楼板
预制剪力墙

图 3-84　预制剪力墙构件螺栓（垫片）水平调整示意图

4. 预制构件安装

（1）预制柱安装

预制框架柱吊装施工工艺流程如图 3-87 所示。预制框架柱吊装如图 3-88 所示。施工要点如下：

① 根据预制柱平面各轴的控制线和柱框线校核预埋套管位置的偏移情况，并做好记录。若预制柱有小距离的偏移，需借助协助就位设备进行调整。

② 检查预制柱进场的尺寸、规格，混凝土的强度是否符合设计和规范要求，检查柱上预留套管及预留钢筋是否满足图纸要求，套管内是否有杂物；同时做好记录，并与现场

预留套管的检查记录进行核对，无问题方可进行吊装。

③ 吊装前在柱四角放置金属垫块，以利于预制柱的垂直度校正，按照设计标高，结合柱子长度对偏差进行确认。用经纬仪控制垂直度，若有少许偏差运用千斤顶等进行调整。

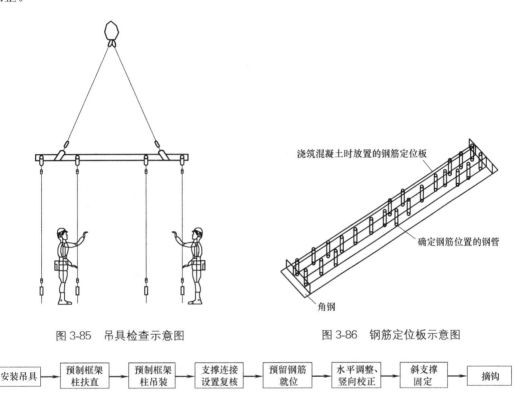

图 3-85　吊具检查示意图　　　　　　图 3-86　钢筋定位板示意图

安装吊具 → 预制框架柱扶直 → 预制框架柱吊装 → 支撑连接设置复核 → 预留钢筋就位 → 水平调整、竖向校正 → 斜支撑固定 → 摘钩

图 3-87　预制框架柱吊装施工工艺流图

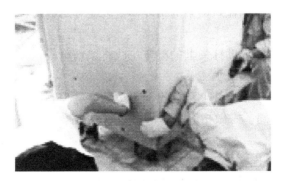

图 3-88　预制框架柱吊装

④ 柱初步就位时应将预制柱钢筋与下层预制柱的预留钢筋初步试对，无问题后准备进行固定。

⑤ 预制柱接头连接采用套筒灌浆连接技术。柱脚四周采用坐浆材料封边，形成密闭灌浆腔，保证在最大灌浆压力（约 1MPa）下密封有效；如所有连接接头的灌浆口都未被封堵，当灌浆口漏出浆液时，应立即用胶塞进行封堵牢固；如排浆孔事先封堵胶塞，摘除

其上的封堵胶塞，直至所有灌浆孔都流出浆液并已封堵后，等待排浆孔出浆；一个灌浆单元只能从一个灌浆口注入，不得同时从多个灌浆口注浆。

（2）预制梁安装

预制梁吊装施工工艺流程如图 3-89 所示。预制梁吊装如图 3-90 所示。

图 3-89 预制梁吊装施工工艺流程图

图 3-90 预制梁吊装

施工要点如下：

① 测出柱顶与梁底标高误差，在柱上弹出梁边控制线。

② 在构件上标明每个构件所属的吊装顺序和编号，便于吊装工人辨认。

③ 梁底支撑采用立杆支撑＋可调顶托＋100mm×100mm 的木方，预制梁的标高通过支撑体系的顶丝来调节。

④ 梁起吊时，用吊索钩住扁担梁的吊环，吊索应有足够的长度以保证吊索和扁担梁之间的角度≥60°。

⑤ 当梁初步就位后，借助柱头上的梁定位线将梁精确校正，在调平的同时将下部可调支撑上紧，这时方可松去吊钩。

⑥ 主梁吊装结束后，根据柱上已放出的梁边和梁端控制线，检查主梁上的次梁缺口位置是否正确，如不正确，需做相应处理后方可吊装次梁，梁在吊装过程中要按柱对称吊装。

⑦ 预制梁板柱接头连接。键槽混凝土浇筑前应将键槽内的杂物清理干净，并提前24h 浇水湿润；键槽钢筋绑扎时，为确保钢筋位置的准确，键槽预留 U 形开口箍，待梁柱钢筋绑扎完成后，在键槽上安装门形开口箍与原预留 U 形开口箍双面焊接 5d（d 为钢筋直径）。

（3）预制剪力墙安装

预制剪力墙吊装施工工艺流程如图 3-91 所示。

图 3-91 预制剪力墙吊装施工工艺流程图

施工要点如下：

① 挂钩

将专用吊具连接到塔式起重机吊钩，缓慢移动到被吊物上方。将吊环安装在剪力墙上部预埋螺栓内，将钢丝绳上的吊钩卡稳吊环。吊具挂钩如图 3-92 所示，确认连接紧固后，将剪力墙板从堆放架上吊起竖直放置，在剪力墙板的下端放置两块 1000mm×1000mm×100mm 的海绵胶垫，以预防剪力墙板起吊离开堆放架时板的边角被撞坏。并应注意起吊过程中，板面不得与堆放架发生碰撞。

② 装围护外架

起吊前可以提前通过螺杆穿过预留在剪力墙的预留孔固定。预制剪力墙围护架安装如图 3-93 所示。

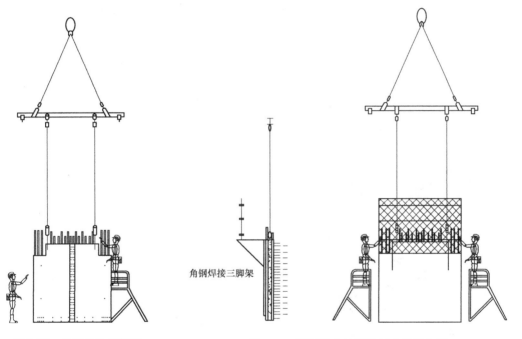

角钢焊接三脚架

图 3-92　吊具挂钩示意图　　　　　图 3-93　预制剪力墙围护架安装示意图

③ 起吊

起吊时下方需要配备 3 人，其中一人负责调度，用对讲机跟塔式起重机司机联系，其他两人负责确保构件不发生磕碰。构件起吊要严格执行"三三三制"，即先将预制剪力墙构件吊起距离地面 300mm 的位置后停稳 30s，地面人员要确认构件是否水平，如果发现构件倾斜，要停止吊装，放回原来位置，重新调整以确保构件能够水平起吊。除了确保水平，还要确认吊具连接是否牢固，钢丝绳有无交错，构件上有无其他易掉落物品，剪力墙板面有无破损等。确认无误后，调度员通知塔式起重机司机可以起吊，所有人员远离预制剪力墙构件的距离 3m 以上，如图 3-94 所示，预起吊完成。

④ 组装

起吊后的构件通过塔式起重机吊到预定位置附近后，将构件缓缓下放，在距离作业层上方 500mm 左右的位置停止，预制剪力墙构件组装如图 3-95 所示。上方需要施工人员 3

人，其中一人负责调度，用对讲机跟塔式起重机司机联系，其他两人负责安装构件。安装人员检查构件安装位置垫片是否放置好，有无垃圾杂物，构件边线是否清晰可见，下层构件钢筋是否就位（吊装准备工作中的工作）。确认无误后，安装人员用手扶预制剪力墙板，配合塔式起重机司机将构件水平移动到构件安装位置。就位后，将构件缓慢下放，安装人员一左一右，确保构件不发生碰撞。下降至下层构件钢筋附近停止，调度员用反光镜确认钢筋是否在套筒正下方，如果没有，应当进行微调，微调钢筋在套筒正下方后，指挥塔式起重机继续下放。下降到离地面50mm左右位置时停止，两侧安装人员确认地面上的控制线，将构件尽量控制在边线上，然后告诉调度员就位，调度员指挥塔式起重机下放构件直到接触垫片，这样构件基本到达正确位置。如果此时偏差较大，调度员通知塔式起重机司机将构件重新吊起至距地面50mm左右的位置，安装员重新调整后，再次下放，直到基本到达正确位置为止。为确保就位精准，可以采用如下方法，如在构件轮廓线位置设置木方，再使用钉子将木方固定在地面上，构件下落时会沿着木方下降，这样位置的准确性更高。组装结束后，塔式起重机卸力，同时将斜支撑连接到构件上。

图3-94　预制剪力墙构件起吊

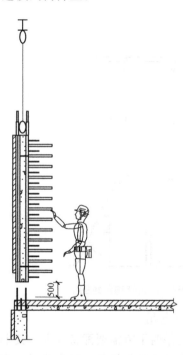

图3-95　预制剪力墙构件组装示意图

⑤ 临时固定

塔式起重机卸力的同时，需要采用可调节斜支撑螺杆将墙板进行固定。每一个剪力墙构件需要2长2短共计4个斜支撑。长螺杆2060mm，按照此长度进行安装，可调节长度为±300mm；短螺杆940mm，按照此长度进行安装，可调节长度为±300mm。剪力墙上斜支撑用预埋件距离底部分别为2000mm，800mm；距构件边缘为300mm。如图3-96所示。临时固定完成后，可以进行下一步的调整。

⑥ 调整

构件就位后，需要进行测量确认，测量指标主要有高度、位置、倾斜。调整顺序建议

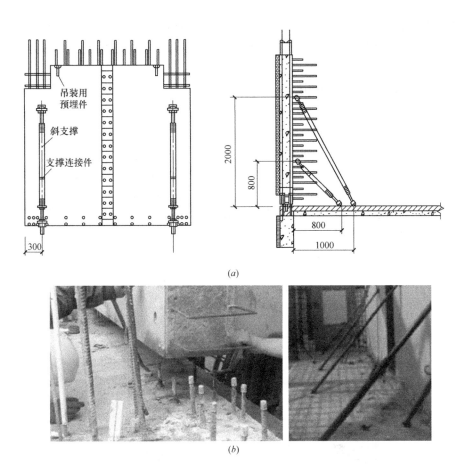

图 3-96　预制剪力墙构件临时固定

（a）示意图；（b）现场图

是按高度、位置、倾斜来进行。因为高度有问题必须要重新起吊，高度确认后位置和倾斜可以不用重新起吊就可以进行。

　　高度调整：可以通过构件上所弹出的 1000mm 线，以及水准仪来测量。每个构件需要测量两个点，左右各一个。两个点的误差必须都要控制在 ±3mm 之内。如果超过标准，说明有可能存在以下几个问题：第一，垫片抄平时存在操作失误，水准仪读数或者水准仪本身有问题；第二，垫片被人为移动，可能是其他施工人员碰到垫片或者移动垫片；第三，某根钢筋过长，使构件不能完全下落；第四，构件区域内存在杂物或者混凝土面有个别突起，使构件不能完全下落。重新起吊构件，检查以上可能的原因，然后重新测量，直到控制在误差范围内为止。

　　左右位置调整：高度调整完毕后，进行左右位置调整。左右位置偏差有整体偏差和旋转偏差之分。如果是整体偏差，说明构件整体位置发生偏差，可以让塔式起重机加 80%荷载重量，然后人工用撬棍或者手推方式将构件整体移位；如果是旋转偏差，可以通过斜支撑进行调整。斜支撑不只是起到固定的作用，还可以通过螺杆进行拉伸，起到调整构件位置的作用。

　　前后位置调整：左右位置调整完毕后，进行前后位置的调整。前后位置调整方法为在塔式起重机加 80％荷载重量的前提下，用斜支撑伸缩来调整。斜支撑螺杆收缩，构件就向内移动，反之构件就向外移动。前后位置调整完毕后，塔式起重机完全卸力，位置调整步骤完成。

左右倾斜调整：用倾斜度测试仪或者 2m 靠尺加线坠做成一个倾斜度测试仪，放在构件侧面平坦处，待线坠平稳后，测量线坠偏离距离测得偏差。通常情况下，如果高度调整时左右两边的高度都在误差允许范围内，就不会出现左右倾斜超过 5mm（倾斜允许误差）的情况。如果倾斜超过 5mm，可能是以下几个原因：第一，是构件本身有问题，侧面不平整有凹凸，可以重新换一个位置再测量；第二，是垫片高度有问题造成左右倾斜，必须重新起吊后确认。前后出现倾斜可以用较长的斜支撑进行调整。调整方法为固定下方较短的斜支撑，拉伸上部较长的斜支撑调整，全部调整工程完毕后，锁好安全锁，塔式起重机摘钩，预制剪力墙构件调整如图 3-97 所示。

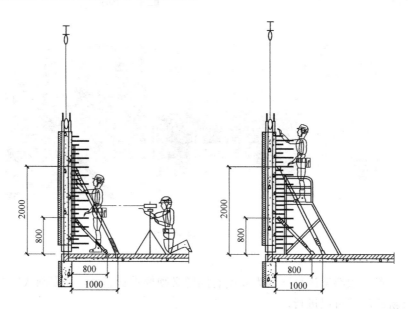

图 3-97　预制剪力墙构件调整示意图

预制剪力墙安装除了预制剪力墙吊装外，还有复测工程。预制剪力墙构件安装完毕后应当实测墙体之间间距，记录在平面布置图上，通过该方法可以掌握每层预制构件的安装误差，以便为后期调整误差提供数据支持。

预制剪力墙钢筋竖向接头连接采用套筒灌浆连接，具体要求：灌浆前应制定灌浆操作的专项质量保证措施；应按产品使用要求计量灌浆料和水的用量并搅拌均匀，灌浆料拌合物的流动度应满足现行国家相关标准和设计要求；将预制墙板底的灌浆连接腔用高强度水泥基坐浆材料进行密封（防止灌浆前异物进入腔内），墙板底部采用坐浆材料封边，形成密封灌浆腔，保证在最大灌浆压力（1MPa）下密封有效；灌浆料拌合物应在制备后 0.5h 内用完，灌浆作业应采取压浆法从下口灌注，有浆料从上口流出时应及时封闭；宜采用专用堵头封闭，封闭后灌浆料不应任何外漏；灌浆施工时宜控制环境温度，必要时，应对连接处采取保温加热措施；灌浆作业完成后 12h 内，构件和灌浆连接接头不应受到振动或冲击。

（4）预制楼（屋）面板安装

预制楼（屋）面板吊装施工工艺流程如图 3-98 所示。

| 搭设板底支撑 | → | 预制板吊装 | → | 预制板就位 | → | 预制板微调就位 | → | 摘钩 |

图 3-98　预制楼（屋）面板吊装施工工艺流程图

施工要点（以预制带肋底板为例，钢筋桁架板参照执行）如下：

① 在每条吊装完成的梁或墙上测量并弹出相应预制板四周控制线，并在构件上标明每个构件所属的吊装顺序和编号，便于吊装工人辨认。

② 在叠合板两端部位设置临时可调节支撑杆，预制楼板的支撑设置应符合要求：支撑架体应具有足够的承载能力、刚度和稳定性，应能可靠地承受混凝土构件的自重和施工过程中所产生的荷载及风荷载；确保支撑系统的间距及距离墙、柱、梁边的净距，符合系统验算要求，上下层支撑应在同一直线上。板下支撑间距不大于 3.3m；当支撑间距大于 3.3m 且板面施工荷载较大时，跨中需在预制板中间加设支撑，如图 3-99 所示。

③ 在可调节顶撑上架设木方，调节木方顶面至板底设计标高，开始吊装预制楼板，如图 3-100 所示。

图 3-99　叠合板跨中加设支撑示意图

图 3-100　叠合板吊装示意图

预制带肋底板的吊点位置应合理设置，起吊就位应垂直平稳，两点起吊或多点起吊时吊索与板水平面所成夹角不宜小于 $60°$，不应小于 $45°$。

④ 吊装应按顺序连续进行，板吊至柱上方 3～6cm 后，调整板位置使锚固筋与梁箍筋错开便于就位，板边线基本与控制线吻合。将预制楼板坐落在木方顶面，及时检查板底与预制叠合梁的接缝是否到位，预制楼板钢筋入墙长度是否符合要求，直至吊装完成。如图 3-101 所示。

安装预制带肋底板时，其搁置长度应满足设计要求。预制带肋底板与梁或墙间宜设置不大于 20mm 的坐浆或垫片。实心平板侧边的拼缝构造形式可采用直平边、双齿边、斜平边、部分斜平边等。实心平板端部伸出的纵向受力钢筋即胡子筋，当胡子筋影响预制带肋底板铺板施工时，可在一端不预留胡子筋，并在不预留胡子筋一端的实心平板上方设置

图 3-101　叠合板吊装顺序示意图

端部连接钢筋代替胡子筋，端部连接钢筋应沿板端交错布置，端部连接钢筋支座锚固长度不应小于 $10d$、深入板内长度不应小于 150mm。

⑤ 当一跨板吊装结束后，要根据板四周边线及板柱上弹出的标高控制线对板标高及位置进行精确调整，误差控制在 2mm 以内。

（5）预制楼梯安装

预制楼梯吊装施工工艺流程如图 3-102 所示。

施工要点如下：

① 楼梯间周边梁板叠合后，测量并弹出相应楼梯构件端部和预制楼梯进场、验收侧边的控制线。

② 调整索具铁链长度，使楼梯段休息平台处于水平位置，试吊预制楼梯板，检查吊点位置是否准确，吊索受力是否均匀等；试起吊高度不应超过 1m。

图 3-102　预制楼梯吊
装施工工艺流程图

图 3-103　楼梯运到现场后的产品保护

③ 楼梯吊至梁上方 30～50cm 后，调整楼梯位置使上下平台锚固筋与梁箍筋错开，板边线基本与控制线吻合。

④ 根据已放出的楼梯控制线，用就位协助设备等将构件根据控制线精确就位，先保证楼梯两侧准确就位，再使用水平尺和倒链调节楼梯水平。

⑤ 调节支撑板就位后调节支撑立杆，确保所有立杆全部受力，如图 3-103 和图 3-104 所示。

（6）预制阳台、空调板安装

图 3-104　楼梯吊装

预制阳台、空调板吊装施工工艺流程，如图 3-105 所示。

图 3-105　预制阳台、空调板吊装施工工艺流程图

施工要点如下：

① 每块预制构件吊装前测量并弹出相应周边（隔板、梁、柱）控制线。

② 板底支撑采用钢管脚手架＋可调顶托＋100mm×100mm 木方，板吊装前应检查是否有可调支撑高出设计标高，校对预制梁及隔板之间的尺寸是否有偏差，并做相应调整。

③ 预制构件吊至设计位置上方 30～50cm 后，调整位置使锚固筋与已完成结构预留筋错开便于就位，构件边线基本与控制线吻合。

④ 当一跨板吊装结束后，要根据板周边线、隔板上弹出的标高控制线对板标高及位置进行精确调整，误差控制在 2mm 以内。

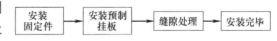

图 3-106　外围护墙安吊装施工工艺流程图

（7）预制外墙挂板安装

外围护墙安吊装施工工艺流程，如图 3-106 所示。

施工要点如下：

① 外墙挂板施工前

结构每层楼面轴线垂直控制点不应少于 4 个，楼层上的控制轴线应使用经纬仪由底层原始点直接向上引测；每个楼层应设置 1 个高程控制点；预制构件控制线应由轴线引出，每块预制构件应有纵横控制线 2 条；预制外墙挂板安装前应在墙板内侧弹出竖向与水平线，安装时应与楼层上该墙板控制线相对应。当采用饰面砖外装饰时，饰面砖竖向、横向砖缝应引测。贯通到外墙内侧来控制相邻板与板之间，层与层之间饰面砖砖缝对直；预制外墙板垂直度测量，4 个角留设的测点为预制外墙板转换控制点，用靠尺以此 4 个点在内侧进行垂直度校核和测量；应在预制外墙板顶部设置水平标高点，在上层预制外墙板吊装时，应先垫垫块或在构件上预埋标高控制调节件。

② 外墙挂板的吊装

预制构件应按照施工方案吊装顺序预先编号，严格按照编号顺序起吊；吊装应采用慢起、稳升、缓放的操作方式，应系好缆风绳控制构件转动；在吊装过程中，应保持稳定，不得偏斜、摇摆和扭转。预制外墙板的校核与偏差调整应按以下要求进行：预制外墙挂板侧面中线及板面垂直度的校核，应以中线为主调整；预制外墙板上下校正时，应以竖缝为主调整；墙板接缝应以满足外墙面平整为主，内墙面不平或翘曲时，可在内装饰或内保温层内调整；预制外墙板山墙阳角与相邻板的校正，以阳角为基准调整；预制外墙板拼缝平整的校核，应以楼地面水平线为准调整。

③ 外墙挂板底部固定、外侧封堵

外墙挂板底部坐浆材料的强度等级不应小于被连接构件的强度，坐浆层的厚度不应大于 20mm，底部坐浆强度检验以每层为一个检验批，每工作班组应制作一组且每层不应少于 3 组边长为 70.7mm 的立方体试件，标准养护 28d 后进行抗压强度试验。为了防止外墙挂板外侧坐浆料外漏，应在外侧保温板部位固定 50mm（宽）×20mm（厚）的具备 A 级保温性能的材料进行封堵。

预制构件吊装到位后应立即进行下部螺栓固定并做好防腐防锈处理。上部预留钢筋与叠合板钢筋或框架梁预埋件焊接。

④ 预制外墙挂板连接接缝施工

预制外墙挂板连接接缝采用防水密封胶施工时应符合规定：预制外墙板连接接缝防水节点基层及空腔排水构造做法应符合设计要求；预制外墙挂板外侧水平、竖直接缝的防水密封胶封堵前，侧壁应清理干净，保持干燥。嵌缝材料应与挂板牢固粘结，不得漏嵌和虚粘；外侧竖缝及水平缝防水密封胶的注胶宽度、厚度应符合设计要求，防水密封胶应在预制外墙挂板校核固定后嵌填，先安放填充材料，然后注胶。防水密封胶应均匀顺直，饱满密实，表面光滑连续；外墙挂板"十"字拼缝处的防水密封胶注胶连续完成。

（8）预制内隔墙安装

预制内隔墙吊装施工工艺流程如图 3-107 所示。

图 3-107   预制内隔墙吊装施工工艺流程图

施工要点如下：

① 对照图纸在现场弹出轴线，并按排版设计标明每块板的位置，放线后需经技术员校核认可。

② 预制构件应按照施工方案吊装顺序预先编号，严格按照编号顺序起吊；吊装应采用慢起、稳升、缓放的操作方式，应系好缆风绳控制构件转动；在吊装过程中，应保持稳定，不得偏斜、摇摆和扭转。

吊装前在底板上测量、放线（也可提前在墙板上安装定位角码）。将安装位置洒水阴湿，地面上、墙板下放好垫块，垫块保证墙板底标高的正确。垫板造成的空隙可用坐浆方式填补，坐浆的具体技术要求同外墙板的坐浆。

起吊内墙板，沿着所弹墨线缓缓下放，直至坐浆密实，复测墙板水平位置是否有偏差，确定无偏差后，利用预制墙板上的预埋螺栓和地面后置膨胀螺栓（将膨胀螺栓在环氧树脂内蘸一下，立即打入地面）安装斜支撑杆，复测墙板顶标高后方可松开吊钩。

利用斜撑杆调节墙板垂直度（注：在利用斜撑杆调节墙板垂直度时必须两名工人同时

间、同方向，分别调节两根斜撑杆）；刮平并补齐底部缝隙的坐浆。复核墙体的水平位置和标高、垂直度以及相邻墙体的平整度。

检查工具：经纬仪、水准仪、靠尺、水平尺（或软管）、铅锤、拉线。

填写预制构件安装验收表，施工现场负责人及甲方代表、项目管理、监理单位签字后进入下道工序（注：留存完成前后的影像资料）。

③ 内填充墙底部坐浆、墙体临时支撑

内填充墙底部坐浆材料的强度等级不应小于被连接构件的强度，坐浆层的厚度不应大于20mm，底部坐浆强度检验以每层为一个检验批，每工作班组应制作一组且每层不应少于3组边长为70.7mm的立方体试件，标准养护28d后进行抗压强度试验。预制构件吊装到位后，应立即进行墙体的临时支撑工作，每个预制构件的临时支撑不宜少于2道，其支撑点距离板底的距离不宜小于构件高度的2/3，且不应小于构件高度的1/2，安装好斜支撑后，通过微调临时斜支撑使预制构件的位置和垂直度满足规范要求，最后拆除吊钩，进行下一块墙板的吊装工作。

5. 套筒灌浆

套筒灌浆是装配式施工中的重要环节。套筒灌浆施工是确保竖向结构可靠连接的过程，施工品质的好坏决定了建筑物的结构安全。因此，施工时必须特别重视。应符合《钢筋套筒灌浆连接应用技术规程》JGJ 355—2015 的规定。

套筒灌浆的施工步骤如图 3-108 所示。

图 3-108　套筒灌浆的施工工序

（1）灌浆孔检查

检查灌浆孔的目的是为了确保灌浆套筒内畅通，没有异物。套筒内不畅通会导致灌浆料不能填充满套筒，造成钢筋连接不符合要求。检查方法如下，使用细钢丝从上部灌浆孔伸入套筒，如从底部可伸出，并且从下部灌浆孔可看见细钢丝，即畅通。如果钢丝无法从底部伸出，说明里面有异物，需要清除异物直到畅通为止。

（2）接缝四周用模板进行封堵

为了提高封堵效率，采用预埋定位螺栓加模板封堵的方法。假设预制剪力墙板采用墙板＋保温的两层构造，其中接缝部位保温板断开，方便接缝封堵，接缝采用四周模板封堵方法，外侧模板通过预埋在上下两层墙板内的螺栓进行固定，内侧模板通过预埋在混凝土楼板内的螺栓和木方、木楔进行调整和固定，内墙板封堵均采用木楔和木方模板。预制剪力墙底部模板封堵如图 3-109 所示。

（3）灌浆

灌浆前应首先测定灌浆料的流动度，灌浆前流动度测试如图 3-110 所示，使用专用搅拌设备搅拌砂浆，再倒入圆截锥试模，进行振动排出气体，提起圆截锥试模，待砂浆流动扩散停止，测量两方向扩展度，取平均值，要求初始流动度不小于300mm，30min 流动度不小于260mm。

灌浆时需要制作灌浆料抗压强度同条件试块两组，试件尺寸采用 40mm×40mm×

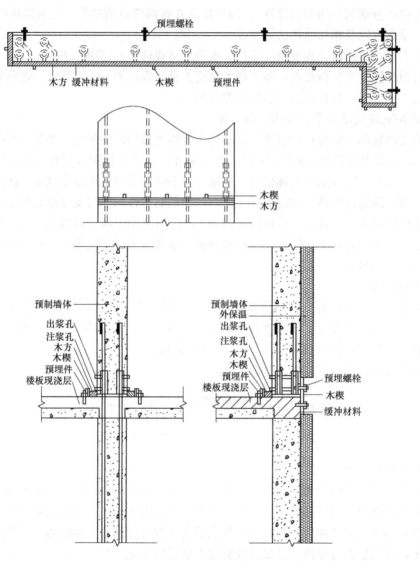

图 3-109　预制剪力墙底部模封堵示意图

160mm 的棱柱体。

灌浆工程采用灌浆泵进行，灌浆料由下端靠中部灌浆孔注入，随着其余套筒出浆孔有均匀浆液流出，视为灌浆完成。

（4）封堵

注浆完成后，通知监理进行检查，合格后进行注浆孔的封堵，封堵要求与原墙面平整，并及时清理墙面上、地面上的余浆，用配套橡胶塞封堵。灌浆结束后 24h 内不得对墙板施加振动冲击等影响，待灌浆料达到强度后拆模。拆模后灌浆孔和螺栓孔用砂浆进行填堵。外墙板灌浆完成后，外保温板水平缝隙部位按防火隔离带标准进行二次施工。灌浆与封堵如图 3-111 所示。

套筒灌浆施工人员灌浆前必须经过专业灌浆培训，经过培训并且考试合格后方可进行灌浆作业工作。套筒灌浆前灌浆人员必须填写套筒灌浆施工报告书，见表 3-6。灌浆作业

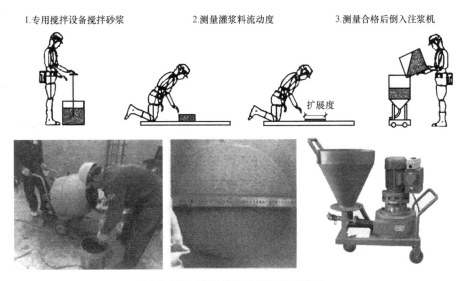

图 3-110　灌浆前流动度测试示意图

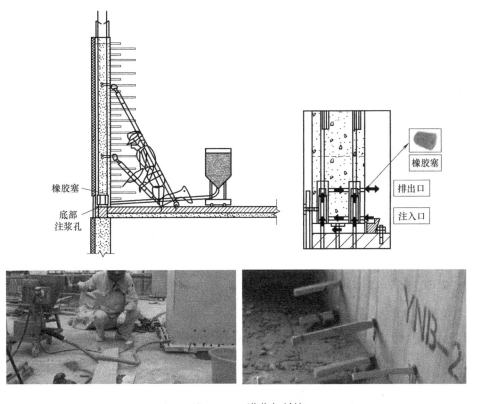

图 3-111　灌浆与封堵

的全过程要求监理人员必须进行现场旁站。

6. 后浇混凝土

现浇部分分为预制外墙板与内墙连接的暗柱部分和预制剪力墙与连梁连接部分，如图 3-112 所示。还包括叠合板上层现浇部分等。

套筒灌浆施工报告书　　　　　　　　　　　　　　　　　　　　　　　　　表 3-6

项目名称：			施工日期：	施工部位（构件编号）：
灌浆开始时间： 灌浆结束时间：			灌浆责任人：	监理责任人：
砂浆注入管理记录	室外温度：__℃		水量：__℃	砂浆批号；
	水温：__℃		流动值：__ mm	备注：
	灌浆时浆体温度：__℃			

（1）现浇部分钢筋绑扎

① 暗柱节点

先将现浇暗柱部分插筋略微向中间调整，以确保预制剪力墙暗柱部分箍筋很容易地将插筋套住。暗柱节点示意图如图 3-113 所示。待预制剪力墙构件安装完毕后，再绑扎暗柱竖向受力钢筋，之后绑扎箍筋。

② 连梁节点

待预制梁吊装完成后，再绑扎现浇段 U 形箍筋。如图 3-114 所示。

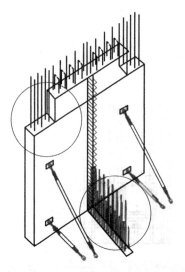

图 3-112　现浇部分示意图

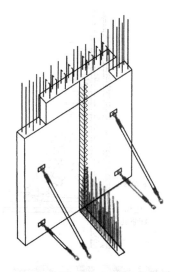

图 3-113　暗柱节点示意图

③ 叠合板现浇部分

叠合板现浇部分示意如图 3-115 所示，叠合板现浇部钢筋绑扎、管线预埋等需要注意事项：叠合层钢筋为双向单层钢筋。在叠合板与叠合板的拼缝处存在附加钢筋；预埋水电管线前应当深化预埋图纸，尽量避免管线重叠，当无法避免管线重叠，且高度大于现浇层时，经施工技术人员认可后，可以局部切割桁架筋；预埋预制剪力墙、连梁支撑预埋件定位应准确；为防止预制板拼缝处漏浆，需要将预制楼板板底封堵，预制楼板底采用挂玻纤网抹素水泥浆的方式进行封堵。

（2）现浇部分模板安装

现浇部分模板分为暗柱部分模板和连梁节点部分模板，现浇部分模板如图 3-116 中阴影部分所示。

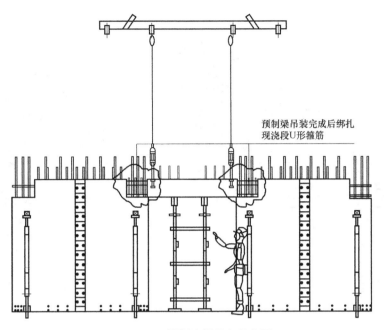

图 3-114　预制连梁节点示意图

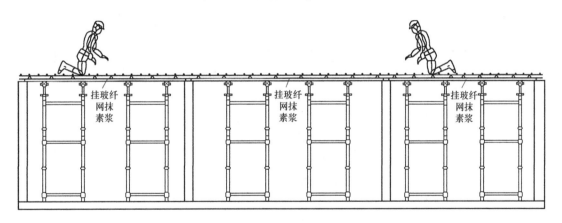

图 3-115　叠合板现浇部分示意图

① 暗柱部分模板

施工方法同传统现浇施工，采用厚度不小于 15mm 的竹夹板制作，墙柱模板设置六道水平对拉螺杆，最底道对拉螺杆距地不大于 200mm，最上道对拉螺杆距顶不大于 300mm，其他几道均匀设置。为了防止预制叠合板与剪力墙模板交接处漏浆，应在剪力墙模板板底标高处设置木方并粘结海绵条，暗柱部分模板如图 3-117 所示。为防止漏浆污染 PC 墙板，模板接缝处均应粘贴海绵条。

② 连梁部分模板

由于连梁部分尺寸相同，所以采用钢模或木模板可以多次重复利用，连梁部分模板如图 3-118 所示，采用两道水平对拉螺杆，距离连梁底部、顶部不大于 100mm。对拉螺杆的预留位置应当在构件制作图中准确反映。

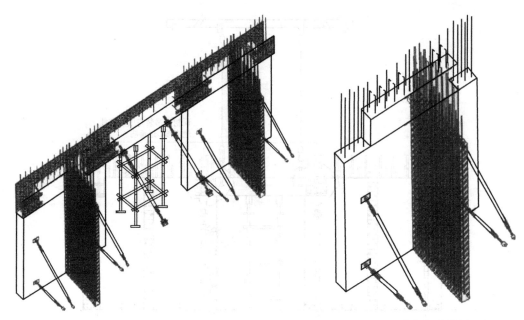

图 3-116　现浇部分模板示意图　　　　　　图 3-117　暗柱部分模板示意图

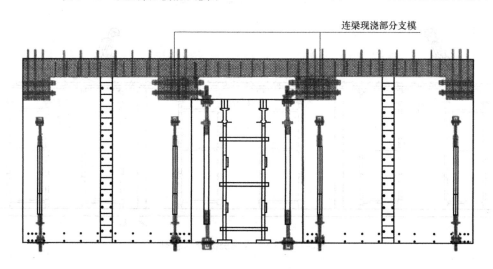

图 3-118　连梁部分模板示意图

（3）混凝土浇筑

① 为使叠合层与叠合板良好结合，要认真清扫板面，并浇水湿润，对有油污的部位，应将表面凿去一层（深度约 5mm）。在浇灌前要用有压力的水管冲洗湿润，注意不要使浮灰聚集在压痕内。

② 叠合层混凝土浇筑，由于叠合层厚度较薄，所以应当使用平板振捣器振捣，要尽量使混凝土中的气泡逸出，以保证振捣密实。混凝土坍落度控制在 160～180mm，叠合板混凝土浇筑应考虑叠合板受力均匀，可按照先内后外的浇筑顺序。

③ 浇水养护，要求保持混凝土湿润养护 7d 以上。

3.4.4　水、电、暖等预留与预埋

1. 水暖安装洞口预留

（1）当水暖系统中的一些穿楼板（墙）套管不易安装时，可采用直接预埋套管的方法，埋设于楼（屋）面、空调板、阳台板上，包括地漏、雨水斗等，需要顶先埋设套管。有预埋管道附件的预制构件在工厂加工时，应做好保洁工作，避免附件被混凝土等材料污染、堵塞。

（2）由于预制混凝土构件是在工厂生产现场组装，和主体结构间靠金属件或现浇处理进行连接的。因此，所有预埋件的定位除了要满足距墙面、穿越楼板和穿梁的结构要求外，还应给金属件和墙体留有安装空间，一般距两侧构件边缘不小于 40mm。

（3）装配式建筑宜采用同层排水。当采用同层排水时，下部楼板应严格按照建筑、结构、给水排水专业的图纸，预留足够的施工安装距离。并且应严格按照给水排水专业的图纸，预留好排水管道的预留孔洞。

2. 电气安装预留预埋

（1）预留孔洞

预制构件一般不得再进行打孔、开洞，特别是预制墙应按设计要求标高预留好过墙的孔洞，重点注意预留的位置、尺寸、数量等应符合设计要求。

（2）预埋管线及预埋件

电气人员对预制墙构件进行检查，检查需要预埋的箱盒、线管、套管、大型支架埋件等是否漏设，规格、数量、位置等是否符合要求。

预制墙构件中主要埋设：配电箱、等电位联结箱、开关盒、插座盒、弱电系统接线盒（消防显示器、控制器、按钮、电话、电视、对讲等）及其管线。

预埋管线应畅通，金属管线内外壁应按规定做除锈和防腐处理，清除管口毛刺。埋入楼板及墙内管线的保护层不小于 15mm，消防管路保护层不小于 30mm。

（3）防雷、等电位联结点的预埋

装配式建筑的预制柱是在工厂加工制作的，两段柱体对接时，较多采用的是套筒连接方式：一段柱体端部为套筒，另一段为钢筋，钢筋插入套筒后注浆。如用柱结构钢筋作为防雷引下线，就要将两段柱体钢筋用等截面钢筋焊接起来，达到电气贯通的目的。选择柱体内的两根钢筋作为引下线和设置预埋件时，应尽量选择预制墙、柱的内侧，以便于后期焊接操作。

预制构件生产时应注意避雷引下线的预留预埋，在柱子的两个端部均需要焊接与柱筋同截面的扁钢作为引下线埋件。应在设有引下线的柱子室外地面 500mm 处，设置接地电阻测试盒，测试盒内测试端子与引下线焊接。此处应在工厂加工预制柱时做好预留，预制构件进场时现场管理人员进行检查验收。

预制构件应在金属管道入户处做等电位联结，卫生间内的金属构件应进行等电位联结，应在预制构件中预留好等电位联结点。整体卫浴内的金属构件应在构件内完成等电位联结，并标明和外部联结的接口位置。

为防止侧击雷，应按照设计图纸的要求，将建筑物内的各种竖向金属管道与钢筋连接，部分外墙上的栏杆、金属门窗等较大金属物要与防雷装置相连，结构内的钢筋连成闭合回路作为防侧击雷接闪带。均压环及防侧击雷接闪带均须与引下线做可靠连接，预制构

件处需要按照具体设计图纸要求预埋连接点。

3. 整体卫浴安装预留预埋

（1）施工测量卫生间截面进深、开间、净高、管道井尺寸、窗高、地漏、排水管口的尺寸、预留的冷热水接头、电气线盒、管线、开关、插座的位置等，此外应提前确认楼梯间、电梯的通行高度、宽度以及进户门的高度、宽度等，以便于整体卫浴部件的运输。

（2）卫生间地面找平，给水排水预留管口检查，确认排水管道及地漏是否畅通无堵塞现象，检查洗脸面盆排水孔是否可以正常排水，给水预留管口进行打压检查，确认管道无渗漏水问题。

（3）按照整体卫浴说明书进行防水底盘加强筋的布置，加强筋布置时应考虑底盘的排水方向，同时应根据图纸设计要求在防水底盘上安装地漏等附件。

3.4.5 质量验收与控制

1. 质量验收一般规定

（1）装配式结构连接部位及叠合构件浇筑混凝土之前，应进行隐蔽工程验收。隐蔽工程验收应包括的主要内容：混凝土粗糙面的质量，键槽的尺寸、数量、位置；钢筋的牌号、规格、数量、位置、间距，箍筋弯钩的弯折角度及平直段长度；钢筋的连接方式、接头位置、接头数量、接头面积百分率、搭接长度、锚固方式及锚固长度；预埋件、预留管线的规格、数量、位置。

（2）装配式结构的接缝施工质量及防水性能应符合设计要求和国家现行有关标准的规定。

2. 预制构件质量验收

（1）主控项目

① 预制构件的质量应符合规范、国家现行有关标准的规定和设计的要求。

检查数量：全数检查。

检验方法：检查质量证明文件或质量验收记录。

② 专业企业生产的预制构件进场时，预制构件结构性能检验应符合下列规定：

梁板类简支受弯预制构件进场时应进行结构性能检验，并应符合规定：结构性能检验应符合国家现行有关标准的有关规定及设计的要求，检验要求和试验方法应符合《混凝土结构工程施工质量验收规范》GB 50204—2015 附录 B 的规定；钢筋混凝土构件和允许出现裂缝的预应力混凝土构件应进行承载力、挠度和裂缝宽度检验，不允许出现裂缝的预应力混凝土构件应进行承载力、挠度和抗裂检验；对大型构件及有可靠应用经验的构件，可只进行裂缝宽度、抗裂和挠度检验；对使用数量较少的构件，当能提供可靠依据时，可不进行结构性能检验。

对其他预制构件，除设计有专门要求外，进场时可不做结构性能检验。

对进场时不做结构性能检验的预制构件，应采取措施：施工单位或监理单位代表应驻厂监督生产过程；当无驻厂监督时，预制构件进场时应对其主要受力钢筋数量、规格、间距、保护层厚度及混凝土强度等进行实体检验。检验数量：同一类型预制构件不超过1000 个为一批，每批随机抽取 1 个构件进行结构性能检验。检验方法：检查结构性能检验报告或实体检验报告。"同类型"是指同一钢种、同一混凝土强度等级、同一生产工艺和同一结构形式。抽取预制构件时，宜从设计荷载最大、受力最不利或生产数量最多的预制构件中抽取。

③ 预制构件的外观质量不应有严重缺陷，且不应有影响结构性能和安装、使用功能的尺寸偏差。

检查数量：全数检查。

检验方法：观察，尺量；检查处理记录。

④ 预制构件上的预埋件、预留插筋、预埋管线等的规格和数量以及预留孔、预留洞的数量应符合设计要求。

检查数量：全数检查。

检验方法：观察。

（2）一般项目

① 预制构件应有标识。

检查数量：全数检查。

检验方法：观察。

② 预制构件的外观质量不应有一般缺陷。

检查数量：全数检查。

检验方法：观察，检查处理记录。

③ 预制构件尺寸偏差及检验方法应符合表 3-7 的规定；设计有专门规定时，尚应符合设计要求。施工过程中临时使用的预埋件，其中心线位置允许偏差可取表 3-7 中规定数值的 2 倍。

装配式结构构件位置和尺寸允许偏差及检验方法　　　　表 3-7

项　　目			允许偏差（mm）	检验方法
构件轴线位置	竖向构件（柱、墙、桁架）		8	经纬仪及尺量
	水平构件（梁、楼板）		5	
构件标高	梁、柱、墙板、板底面或顶面		±5	水准仪或拉线、尺量
构件垂直度	柱、墙板安装后的高度	≤6m	5	经纬仪或吊线、尺量
		>6m	10	
构件倾斜度	梁、桁架		5	经纬仪或吊线、尺量
相邻构件平整度	梁、楼板底面	外露	3	2m 靠尺和塞尺量测
		不外露	5	
	柱、墙板	外露	5	
		不外露	8	
构件搁置长度	梁、板		±10	尺量
支座、支垫中心位置	板、梁、柱、墙板、桁架		10	尺量
墙板接缝宽度			±5	尺量

检查数量：同一类型的构件，不超过 100 个为一批，每批应抽查构件数量的 5%，且不应少于 3 个。

④ 预制构件的粗糙面的质量及键槽的数量应符合设计要求。

检查数量：全数检查。

检验方法：观察。

3. 安装与连接质量验收

（1）主控项目

① 预制构件临时固定措施应符合施工方案的要求。

检查数量：全数检查。

检验方法：观察。

② 钢筋采用套筒灌浆连接时，灌浆应饱满、密实，其材料及连接质量应符合国家现行行业标准《钢筋套筒灌浆连接应用技术规程》JGJ 355—2015 的规定。

检查数量：按国家现行行业标准《钢筋套筒灌浆连接应用技术规程》JGJ 355—2015 的规定确定。

检验方法：检查质量证明文件、灌浆记录及相关检验报告。

③ 钢筋采用焊接连接时，其接头质量应符合现行行业标准《钢筋焊接及验收规程》JGJ 18—2012 的规定。

检查数量：按现行行业标准《钢筋焊接及验收规程》JGJ 18—2012 的有关规定确定。

检验方法：检查质量证明文件及平行加工试件的检验报告。

④ 钢筋采用机械连接时，其接头质量应符合现行行业标准《钢筋机械连接技术规程》JGJ 107—2016 的规定。

检查数量：按现行行业标准《钢筋机械连接技术规程》JGJ 107—2016 的规定确定。

检验方法：检查质量证明文件、施工记录及平行加工试件的检验报告。

⑤ 预制构件采用焊接、螺栓连接等连接方式时，其材料性能及施工质量应符合国家现行标准《钢结构工程施工质量验收规范》GB 50205—2001 和《钢筋焊接及验收规程》JGJ 18—2012 的相关规定。

检查数量：按国家现行标准《钢结构工程施工质量验收规范》GB 50205—2001 和《钢筋焊接及验收规程》JGJ 18—2012 的规定确定。

检验方法：检查施工记录及平行加工试件的检验报告。

⑥ 装配式结构采用现浇混凝土连接构件时，构件连接处后浇混凝土的强度应符合设计要求。

检查数量：按《混凝土结构工程施工质量验收规范》GB 50204—2015 第 7.4.1 条的规定确定。

检验方法：检查混凝土强度试验报告。

⑦ 装配式结构施工后，其外观质量不应有严重缺陷，且不应有影响结构性能和安装、使用功能的尺寸偏差。

检查数量：全数检查。

检验方法：观察，量测；检查处理记录。

（2）一般项目

① 装配式结构施工后，其外观质量不应有一般缺陷。

检查数量：全数检查。

检验方法：观察，检查处理记录。

② 装配式结构施工后，预制构件位置、尺寸偏差及检验方法应符合设计要求；当设计无具体要求时，应符合表 3-7 的规定。预制构件与现浇结构连接部位的表面平整度也应符合表 3-7 的规定。

检查数量：按楼层、结构缝或施工段划分检验批。在同一检验批内，对梁、柱和独立基础，应抽查构件数量的 10%，且不应少于 3 件；对墙和板，应按有代表性的自然间抽查 10%，且不应少于 3 间；对大空间结构，墙可按相邻轴线间高度 5m 左右划分检查面，板可按纵、横轴线划分检查面，抽查 10%，且均不应少于 3 面。

4. 质量控制

（1）预制构件质量控制

① 预制构件厂在生产构件前必须编制《预制构件制作要领书》，其内容应包括质量管理组织架构、构件生产流程各个阶段质量控制方法、安全管理、检查表等内容。

② 安排监理驻场，依据制作要领书进行检查，定期将检查结果反馈给总包及甲方。

③ 预制构件进场，使用方应重点检查结构性能、预制构件粗糙面的质量及键槽的数量等是否符合设计要求，并按质量验收要求进行进场验收，检查供货方所提供的材料。预制构件的质量、标识应符合设计要求和现行国家相关标准规定。

（2）预制构件安装质量控制

① 不得对预制构件进行切割、开洞。

② 在装配式结构施工中，对预制构件上的预埋件应采取保护措施。

③ 在工作面上应进行测量放线、设置构件安装定位标志。

④ 安装施工前必须检查符合吊装设备及吊具处于安全操作状态。

⑤ 装配式结构施工前，选择有代表性的单元板块进行预制构件试安装，并根据试安装结果及时调整完善施工方案和施工工艺。

⑥ 多层装配式混凝土结构其预制剪力墙安装时，底部可采取坐浆处理，坐浆厚度不宜大于 20mm，坐浆材料的强度应大于所连接预制构件的设计强度，如图 3-119 所示。

墙板坐浆先将墙板下面的现浇板面清理干净，不得有混凝土残渣、油污、灰尘等，以防止构件注浆后产生隔离层影响结构性能，将安装部位洒水阴湿，地面上端板下放好垫块（垫块材质为高强度砂浆垫块或垫铁），垫块保证墙板底标高的正确。垫板造成的空隙可用坐浆方式填补（注：坐浆料通常在 1h 内初凝，所以吊装必须连续作业，相邻墙板的调整工作必须在坐浆料初凝前完成）。

坐浆料须满足技术要求：坐浆料坍落度不宜过高，一般使用灌浆料加适当的水

图 3-119　板下坐浆示意图

搅拌而成，不宜调制过稀，必须保证坐浆完成后成中间高两端低的形状；坐浆料质量要求：粗骨料最大粒径在 5mm 之内，且坐浆料必须具有微膨胀性；坐浆料的强度等级应比

相应的预制墙板混凝土的设计强度提高一个等级。

⑦ 装配式结构尺寸的允许偏差及校验方法应符合表 3-7 的规定。

⑧ 连接节点的防腐、防锈、防火和防水构造措施应满足设计要求。

⑨ 承受内力的接头和拼缝，当其混凝土强度未达到设计要求时，不得吊装上一层结构构件；当设计无具体要求时，应在混凝土强度不小于 10MPa 或具有足够的支撑时，方可吊装上一层结构构件。已安装完毕的装配整体式混凝土结构，应在混凝土强度达到设计要求后，方可承受全部设计荷载。

⑩ 预制构件连接接缝处防水材料应符合设计要求，并具有合格证、厂家检测报告及进场复试报告。

（3）套筒灌浆质量控制

① 预制柱接头连接、预制剪力墙钢筋竖向接头连接采用套筒灌浆连接技术，套筒灌浆连接技术也可用于叠合梁等后浇部位的纵向钢筋连接。采用套筒灌浆连接技术，灌浆端未进行连接的套筒灌浆连接接头，同一规格钢筋、同一规格套筒按照每 1000 个灌浆套筒连接接头，采用预制构件厂提供的与现场预制构件同一批次采购的套筒中随机抽取 3 个在灌浆施工过程中，制作 3 个相同灌浆工艺的钢筋套筒试件，且不超过 3 个自然层范围。试件应在标准养护条件下养护 28d，并进行抗拉强度检验，检验结果应符合《钢筋套筒灌浆连接应用技术规程》JGJ 355—2015 第 3.2.2 条的相关规定。经检验合格后，方可进行灌浆作业。

② 预制剪力端墙底部灌浆缝，其厚度不应大于 20mm。

③ 灌浆施工时环境温度不应低于 5℃；当连接部位养护温度低于 10℃时，应采取加热保温措施。

④ 灌浆操作全过程有专职检验人员负责旁站监督并及时形成施工质量检查记录。

⑤ 灌浆料和水的用水量必须严格按照产品使用说明书，每次拌制的灌浆料拌合物应进行流动度的检测，且流动度应满足《钢筋套筒灌浆连接应用技术规程》JGJ 355—2015 的规定。

⑥ 灌浆作业应采取压浆法从下口灌注，当浆料从上口均匀流出后及时封堵。

⑦ 构件连接部位后浇混凝土及灌浆料的强度达到设计要求后，方可拆除临时固定措施。

⑧ 灌浆料拌合物应在制备后 30min（合理时间内）使用完毕。

⑨ 灌浆料每层为一个检验批；每工作班应制作一组且每层不应少于三组 40mm×40mm×160mm 长方体试件，标准养护 28d 后进行抗压强度试验。

⑩ 以往灌浆施工过程中存在灌浆料收缩问题，为解决灌浆料收缩问题，可以在预制剪力墙构件中设置灌浆收缩补偿管，如图 3-120 所示。

⑪ 外墙板水平拼缝防水构造要严格按照图纸要求施工，双重防水构造如图 3-121 所示。

⑫ 套筒灌浆检查应按照连接部位灌浆检验批质量验收记录表检查并记录。

3.4.6 常见质量问题处理

根据装配式结构工程的特点，可发生的问题有预制构件破损变形无法达到安装要求、预制剪力墙吊装完毕套筒钢筋误差大无法满足灌浆要求等。

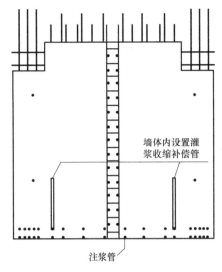

图 3-120 预制剪力墙构件
中设置灌浆收缩补偿管

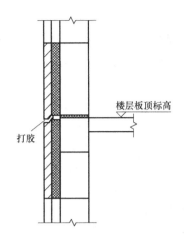

图 3-121 双重防水构造

1. 发生预制构件破损变形无法达到安装要求的措施

（1）在预制构件制作前，依据构件种类预制剪力墙、预制梁、预制叠合板，要求预制构件工厂按照相应种类构件提前备份。由于预制叠合板数量多、易破碎变形，这里以预制叠合板为例，每层进场的配筋、尺寸完全相同预制叠合板构件数量超过 10 块的，必须提供 1 块备份，以免发生破损变形无法安装影响施工。

（2）预制剪力墙、预制梁构件的备份数量依据具体项目而定。

2. 发生预制剪力墙吊装完毕，套筒钢筋误差大无法满足灌浆要求的措施

（1）当预制剪力墙吊装完毕，发现竖向套筒连接钢筋过长（大于 5mm），无法安装下层预制剪力墙，可以使用无齿锯进行切割。

（2）当预制剪力墙吊装完毕，发现竖向套筒连接钢筋过短（小于 5mm），无法满足规范要求，可以进行焊接或植筋，具体方案视情况而定。

（3）个别钢筋偏位过大，无法插入套筒，可采用深钻孔对钢筋纠偏，当偏位无法纠偏时，对局部钢筋采用切割，重新校正位置进行植筋。

3. 部分灌浆孔在灌浆过程中不出浆的处理措施

（1）加强事前检查，对每一个套筒进行通透性检查，避免此类事件发生。

（2）对于前几个套筒不出浆，应立即停止灌浆，墙板重新起吊到存放场地，立即进行冲洗处理，检查原因并返厂修理。

（3）对于最后 1~2 个套筒不出浆，可持续灌浆，灌浆完成后对局部 1~2 根钢筋位置进行钢筋焊接或其他方式处理。

4. 部分墙板构件安装误差过大，水平构件支撑标高不统一

（1）调整支撑系统的标高，但是误差最大不超过 10mm。

（2）在下一层水平拼缝 20mm 进行调解处理，水平拼缝一般不小于 15mm，不应小于 10mm，此时应保证水平灌浆部位的灌浆质量。

3.4.7 安全措施

装配式结构施工，构件质量大，高空作业多，必须注意施工安全。

1. 编制起重吊装安全专项方案

装配整体式混凝土结构的起重吊装作业是一项技术性强、危险性大、需要多工种互相配合、互相协调、精心组织、统一指挥的特种作业，为了科学的施工，优质高效的完成吊装任务，根据《建筑施工组织设计规范》GB/T 50502—2009、《危险性较大的分部分项工程安全管理办法》（建质〔2009〕87 号文），应编制起重吊装施工方案，保证起重吊装安全施工。

起重吊装专项施工方案的编制一般包括准备、编写、审批 3 个阶段。

（1）准备阶段

由施工单位专业技术人员收集与装配整体式混凝土结构起重作业有关的资料，确定施工方法和工艺，必要时还应召开专题会议对施工方法和工艺进行讨论。

（2）编写阶段

专项施工方案由施工单位组织专人或小组，根据确定的施工方法和工艺编制，编制人员应具有专业中级以上技术职称。

（3）审核阶段

专项施工方案应由施工单位技术部门组织本单位施工技术、安全、质量等部门的专业技术人员进行审核。经审核合格后，由施工单位技术负责人签字。实行总承包的，专项施工方案应当由总承包单位技术负责人及相关专业承包单位技术负责人签字。经施工单位审核合格后报监理单位，由项目总监理工程师审核签字。

2. 吊装过程的安全措施

（1）吊装前的准备

根据《建筑施工起重吊装工程安全技术规范》JGJ 276—2012，施工单位应对从事预制构件安装作业人员，进行装配式建筑工程安全生产培训教育方可上岗，同时要做好培训教育记录。安装作业前应对全体施工人员进行详细的安全技术交底。明确预制构件、吊装、就位各环节的作业风险，并制定防止危险情况的措施。安装作业开始前，应对安装作业区做出明显的标识，划定危险区域，拉警戒线将吊装作业区封闭，并派专人看管，加强安全警戒，严禁与安装作业无关的人员进入吊装危险区。应定期对预制构件吊装作业所用的安装工器具进行检查，发现有可能存在的使用风险，应立即停止使用。吊机吊装区域内，非作业人员严禁进入。

（2）吊装过程中安全注意事项

吊运预制构件时，构件下方严禁站人，应待预制构件降落至地面 1m 以内方准作业人员靠近，就位固定后方可脱钩。构件应采用垂直吊运，严禁采用斜拉、斜吊，杜绝与其他物体的碰撞或钢丝绳被拉断的事故。在吊装回转、俯仰吊臂、起落吊钩等动作前，应鸣声示意。一次宜进行一个动作，待前一动作结束后，再进行下一动作。

吊起的构件不得长时间悬在空中，应采取措施将重物降落到安全位置。吊运过程应平稳，不应有大幅摆动，不应突然制动。回转未停稳前，不得做反向操作。采用抬吊时，应进行合理的负荷分配，构件质量不得超过两机额定起重量总和的 75%，单机载荷不得超过额定起重量的 80%。两机应协调起吊和就位，起吊的速度应平稳缓慢。双机抬吊是特殊的起重吊装作业，要慎重对待，关键是做到载荷的合理分配和双机动作的同步。因此，需要统一指挥。

吊车吊装时应观测吊装安全距离、吊车支腿处地基变化情况及吊具的受力情况。在风速达到 12m/s 及以上或遇到雨、雪、雾等恶劣天气时，应停止露天吊装作业。需要焊接作业，必须进行动火审批。

下列情况下，不得进行吊装作业：

① 工地现场昏暗，无法看清场地、被吊构件和指挥信号时；

② 超载或被吊构件质量不清，吊索具不符合规定时；

③ 吊装施工人员饮酒后；

④ 捆绑、吊挂不牢或不平衡，可能引起滑动时；

⑤ 被吊构件上有人或浮置物时；

⑥ 结构或零部件有影响安全工作的缺陷或损伤时；

⑦ 遇有拉力不清的埋置物件时；

⑧ 被吊构件棱角处与捆绑绳间未加衬垫时。

（3）吊装后的安全措施

对吊装中未形成空间稳定体系的部分，应采取有效的临时固定措施。混凝土构件永久固定的连接，应经过严格检查，并确认构件稳定后，方可拆除临时固定措施。起重设备及其配合作业的相关机具设备在工作时，必须指定专人指挥。对混凝土构件进行移动、吊升、停止、安装时的全过程应用远程通信设备进行指挥，信号不明不得启动。重新作业前，应先试吊，并应确认各种安全装置灵敏可靠后进行作业。装配整体式混凝土结构在绑扎柱、墙钢筋时，应采用专用高凳作业，当高于围挡时，作业人员应佩戴自锁保险带。

3. 高空作业安全注意事项

（1）根据《建筑施工高处作业安全技术规范》JGJ 80—2016 的规定，预制构件吊装前，吊装作业人员应穿防滑鞋、戴安全帽。预制构件吊装过程中，高空作业的各项安全检查不合格时，严禁高空作业。使用的工具和零配件等，应采取防滑落措施，严禁上下抛掷。构件起吊后，构件和起重臂下面，严禁站人。构件应匀速起吊，平稳后方可钩住，然后使用辅助性工具安装。

（2）安装过程中的攀登作业需要使用梯子时，梯脚底部应坚实，不得垫高使用，折梯使用时上部夹角以 35°～45° 为宜，设有可靠的拉撑装置，梯子的制作质量和材质应符合规范要求。安装过程中的悬空作业处应设置防护栏杆或其他可靠的安全措施，悬空作业所使用的索具、吊具、料具等设备应为经过技术鉴定或验证、验收的合格产品。

（3）梁、板吊装前在梁、板上提前将安全立杆和安全维护绳安装到位，为吊装时工人佩戴安全带提供连接点。吊装预制构件时，下方严禁站人和行走。在预制构件的连接、焊接、灌缝、灌浆时，离地 2m 以上的框架、过梁、雨篷和小平台，应设操作平台，不得直接站在模板或支撑件上操作。安装梁和板时，应设置临时支撑架，临时支撑架调整时，需要两人同时进行，防止构件倾覆。

（4）安装楼梯时，作业人员应在构件一侧，并应佩挂安全带，并应严格遵守高挂低用。

（5）外围防护一般采用外挂架，架体高度要高于作业面，作业层脚手板要铺设严密。架体外侧应使用密目式安全网进行封闭，安全网的材质应符合规范要求，现场使用的安全网必须是符合国家标准的合格产品。

（6）在建工程的预留洞口、楼梯口、电梯井口应有防护措施，防护设施应铺设严密，符合规范要求，防护设施应达到定型化、工具化，电梯井内应每隔两层（不大于 10m）设置一道安全平网。

（7）通道口防护应严密、牢固，防护棚两侧应设置防护措施，防护棚宽度应大于通道口宽度，长度应符合规范要求，建筑物高度超过 30m 时，通道口防护顶棚应采用双层防护，防护棚的材质应符合规范要求。

（8）存放辅助性工具或者零配件需要搭设物料平台时，应有相应的设计计算，并按设计要求进行搭设，支撑系统必须与建筑结构进行可靠连接，材质应符合规范及设计要求，并应在平台上设置荷载限定标牌。

（9）预制梁、楼板及叠合受弯构件的安装需要搭设临时支撑时，所需钢管等需要悬挑式钢平台来存放，悬挑式钢平台应有相应的设计计算，并按设计要求进行搭设，搁置点与上部拉结点，必须位于建筑结构上，斜拉杆或钢丝绳应按要求两边各设置前后两道，钢平台两侧必须安装固定的防护栏杆，并应在平台上设置荷载限定标牌，钢平台台面、钢平台与建筑结构间铺板应严密、牢固。

（10）安装管道时必须有已完结构或操作平台作为立足点，严禁在安装中的管道上站立和行走。移动式操作平台的面积不应超过 10m²，高度不应超过 5m，移动式操作平台轮子与平台连接应牢固、可靠，立柱底端距地面高度不得大于 80mm，操作平台应按规范要求进行组装，铺板应严密，操作平台四周应按规范要求设置防护栏杆，并设置登高扶梯，操作平台的材质应符合规范要求。

（11）安装门、窗，油漆及安装玻璃时，严禁操作人员站在樘子、阳台栏板上操作。门、窗临时固定，封填材料未达到强度，以及电焊时，严禁手拉门、窗进行攀登。在高处墙安装门、窗，无外脚手时，应张挂安全网。无安全网时，操作人员应系好安全带，其保险钩应挂在操作人员上方的可靠物件上。进行各项窗口作业时，操作人员的重心应位于室内，不得在窗台上站立，必要时应系好安全带进行操作。

4. 支撑与防护架安全措施

（1）支撑架

支撑架包括内支撑架、独立支撑、剪力墙临时支撑。装配式结构中预制柱、预制剪力墙临时固定一般用斜钢支撑；叠合楼板、阳台等水平构件一般用独立钢支撑或钢管脚手架支撑。

① 内支撑架

装配整体式混凝土结构的模板与支撑应根据施工过程中的各种工况进行设计，应具有足够的承载力、刚度，并应保证其整体稳固性，如图 3-122 所示。

图 3-122　装配整体式混凝
土结构的模板与支撑

　　模板与支撑安装应保证工程结构构件各部分的形状、尺寸和位置的准确，模板安装应牢固、严密、不漏浆，且应便于钢筋敷设和混凝土浇筑、养护。

　　② 独立支撑

　　叠合楼板施工（图 3-123）应符合规定：叠合楼板的预制底板安装时，可采用钢支柱及配套支撑，钢支柱及配套支撑应进行设计计算；宜选用可调整标高的定型独立钢支柱作为支撑，钢支柱的顶面标高应符合设计要求；应准确控制预制底板搁置面的标高；浇筑叠合层混凝土时，预制底板上部应避免集中堆载。

图 3-123　叠合楼板施工

　　叠合梁施工（图 3-124）应符合规定：预制梁下部的竖向支撑可采用钢支撑，支撑位置与间距应根据施工验算确定；预制梁竖向支撑宜选用可调标高的定型独立钢支撑；预制梁的搁置长度及搁置面的标高应符合设计要求（注：叠合梁下部支撑设置应综合考虑构件施工过程各工况确认与验算）。

　　预制梁柱节点区域后浇筑混凝土部分采用定型模板支模时，宜采用螺栓与预制构件可靠连接固定，模板与预制构件之间应采取可靠的密封防漏浆措施。

图 3-124　叠合梁施工

　　③ 预制柱、预制剪力墙临时支撑

　　安装预制墙板、预制柱等竖向构件时，应采用可调斜支撑临时固定，如图 3-125 所示；斜支撑的位置应避免与模板支架、相邻支撑冲突。

　　夹心保温外剪力墙板竖缝采用后浇混凝土连接时，宜采用工具式定型模板支撑，并应

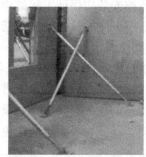

图 3-125　可调斜支撑临时固定

符合规定：定型模板应通过螺栓或预留孔洞拉结的方式与预制构件可靠连接；定型模板安装应避免遮挡预制墙板下部灌浆预留孔洞；夹心墙板的外叶板应采用螺栓拉结或夹板等加强固定；墙板接缝部位及与定型模板连接处均应采取可靠的密封防漏浆措施。

采用预制保温板作为免拆除外墙模板进行支模时，预制外墙模板的尺寸参数及与相邻外墙板之间拼缝宽度应符合设计要求。安装时与内侧模板或相邻构件应连接牢固并采取可靠的密封防漏浆措施。

采用预制外墙模板时，应符合建筑与结构设计的要求，以保证预制外墙板符合外墙装饰要求，并在使用过程中结构安全可靠。预制外墙模板与相邻预制构件安装定位后，为防止浇筑混凝土时漏浆，需要采取有效的密封措施。

（2）外防护架

装配式混凝土结构外防护架为新兴配套产品，充分体现了节能、降耗、环保、灵活等特点，目前常用的外墙防护架为悬挂在外剪力墙上，主要解决了房建结构中平立面的防护以及立面垂直方向操作不易等问题。装配式混凝土结构在施工过程中所需要的外防护架与现浇结构的外墙脚手架相比，架体灵巧、拆分简便、整体拼装牢固，根据现场实际情况便于操作，可多次重复使用。外防护架如图 3-126 所示。

① 外防护架施工安全操作工序

外防护架施工安全操作工序如图 3-127 所示。

图 3-126　外防护架

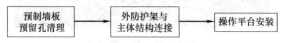

图 3-127　外防护架施工

预制墙板预留孔清理：在搭设外防护架前，先对照图纸对墙体预制构件的预留孔洞进行清理，保证其通顺、位置正确；检查无误后方可进行外防护架搭设。

外防护架与主体结构连接：三角挂架靠墙处采用螺母与预制墙体进行连接。三角挂架靠墙处下部直接支顶在结构外墙上。安装时首先将外防护架用螺母与预制墙体进行连接，使用钢板垫片与螺帽进行连接并拧紧。

操作平台安装：铺设木制多层板，用 12 号铁镀锌钢丝与钢筋骨架绑扎牢固。与墙之间不应有缝隙。脚手板应对接铺设，对接接头处设置钢筋骨架加强，两步架体水平间距不大于 5cm。两步架体外防护处应用钢管进行封闭。

挂架分组安装完毕后，应检查每个挂架连接件是否锁紧，检查组与组相交处连接钢管是否交叉，确认无误后方可进行下步施工。操作人员在安拆过程中安全带要挂在上部固定点处。

② 外防护架提升

操作人员在穿钢绳挂钩过程中需要系好安全带，在提升过程中外防护架上严禁站人。外防护架提升时应在地上组装好外架（按图纸长度组装好），检查外架是否与图纸有偏差、吊点和外架焊接是否牢固。如发现有问题及时处理，处理好后再进行提升外架作业。挂架提升时，外墙上预留洞口必须先清理完毕。必须先挂好吊钩，然后提升架体，提升时设一道"安全绳"，确保操作人员安全，当架体吊到相应外墙预留穿墙孔洞时，停稳后，再用穿墙螺杆拧紧，然后再摘取挂钩钢绳。坠落范围内设警戒区专人看护。严格控制各组挂架的同步性，不能同步时必须在外防护架楼层设置防护栏杆、挂钢丝密口网进行封闭。外防护架提升前必须进行安全交底。

习　　题

1. 简述预制构件制作的生产工艺流程。

2. 简述模具清扫与组装流程。

3. 钢筋加工、安装及预埋件埋设的内容是什么？

4. 简述装配式预制混凝土构件的浇筑及表面处理。

5. 装配式预制混凝土构件如何养护？

6. 如何进行预制构件的运输？

7. 预制混凝土构件堆场的布置原则是什么？

8. 预制混凝土构件的连接方式有哪些？

9. 简述装配整体式框架结构和装配整体式剪力墙结构的施工工艺流程。

10. 预制构件检查验收的内容是什么？

11. 预制构件吊装应做好哪些准备工作？

12. 发生预制剪力墙吊装完后套筒钢筋误差大无法满足灌浆要求怎么办？

13. 套筒灌浆连接中，出现部分灌浆孔在灌浆过程中不出浆怎么办？

▶ 设备吊装技术

【主要内容】

1. 整体液压同步提升技术；

2. 自行式起重机吊装工艺；

3. 塔式起重机吊装工艺；

4. 桅杆式起重机吊装工艺；

5. 吊装方案编制。

【学习要点】

1. 掌握整体液压同步提升工艺、自行式起重机吊装工艺和塔式起重机吊装工艺；

2. 了解桅杆式起重机吊装工艺；

3. 了解吊装方案编制的意义，熟悉吊装方案主要内容及编制要求。

4.1 整体液压同步提升技术简介

重型结构（设备）整体液压同步提升技术的应用始于 20 世纪 80 年代初。该方法利用建、构筑物或专门的门式塔架作为支承，以柔性钢绞线作为吊装提升索具，穿芯式构造的液压提升机作为提升施力设备，利用计算机控制液压提升机集群同步工作。采用整体液压同步提升技术，可以先将建筑构件或设备部件在地面拼装成长宽尺寸数十米，甚至上百米；重量上千吨，甚至数千吨的大、重型构件，然后整体提升到预定高度安装就位。在提升过程中，可以让构件在空中获得较长时间的滞留和进行微动调节，控制提升构件的应力分布，还可以实现空中拼接，完成其他方法难以完成的吊装施工任务。该项技术在石油化工领域的大、重型设备起重吊装中也经常使用，安装过程既简便快捷，又安全可靠。

4.1.1 液压同步提升系统

液压同步提升系统由液压提升机集群，高、低压液压泵站，电气控制柜及测量控制系统组成。液压提升机是提升施力设备，根据被提升构件（或设备）的重量、吊点数和液压提升机的起重能力确定液压提升机数量，形成液压提升机集群。高、低压液压泵站是液压提升机的动力源。电气控制柜可同时集成安装包括计算机在内的强弱电系统，如图 4-1 所示。

图 4-1　电气控制柜实物图

1. 钢绞线

钢绞线是吊装提升索具。与钢丝绳相比，钢绞线采用较粗的钢丝绕制，在结构上与钢丝绳的股相似。根据生产工艺，钢绞线可分为标准型钢绞线、刻痕钢绞线（由刻痕钢丝捻制成型）和模拔型钢绞线。模拔型预应力钢绞线在绞合后经过一次模具压缩过程，结构更加密实。液压提升机使用模拔低松弛预应力钢绞线。根据《预应力混凝土用钢绞线》GB/T 5224—2014的规定，预应力钢绞线标记示例如下：

公称直径为 15.20mm，强度级别为 1860MPa 的 7 根钢丝经捻制和模拔的钢绞线，标记为：预应力钢绞线（1×7）C-15.20-1860-GB/T 5224。标示中的字母"C"表示模拔。

国内生产的液压提升机使用的钢绞线直径多为 15.20mm。图 4-2 显示了不同直径的 3

图 4-2 钢绞线及端面构造图

丝和 7 丝钢绞线端面。

2. 液压提升机

图 4-3 分别是液压提升机结构示意图和产品实图。液压提升机采用穿芯式油缸，钢绞线可从油缸内孔及上下锚具孔中穿过。在图 4-3（b）可见下锚具有多个钢绞线孔。液压提升机各锚具由下往上依次为下锚具、上锚具和上安全锚具，有的吊装工程中也会采用安装在液压提升机下方的分离式下安全锚具。一般还需要在液压提升机下方安装疏导板，下部疏导板也需与液压提升机分离，并能沿钢绞线束向下移动。

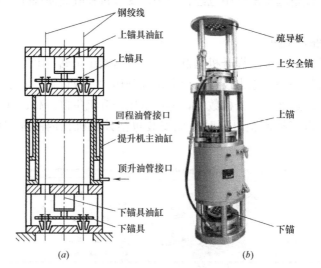

图 4-3 液压提升机结构图
（a）液压提升机结构示意图；（b）液压提升机产品实图

液压提升机群稳固安装在专门的吊装承重塔架或建筑结构上，图 4-4 是安装于厂房柱顶，准备整体提升厂房钢屋架的液压提升机集群。钢绞线从油缸和锚具孔中穿过，上下锚具卡住钢绞线，液压提升机的吊环与钢绞线下端用吊点锚具连接，吊环再与被吊结构或设

图 4-4 安装在厂房柱顶的液压提升机集群

备吊点可靠相连。液压提升系统工作时,下锚具松开,上锚具在上锚具油缸作用下卡紧钢绞线,主油缸顶升。一个行程完成后,下锚具在下锚具油缸作用下卡紧钢绞线,上锚具松开,主油缸向下回程复位,依次重复,间歇提升。下锚具松开,上锚具卡紧钢绞线时,油缸活塞可带载上升或下降;当下锚具卡紧钢绞线时,上锚具松开,液压提升机活塞可作空载上升或下降,重物保持不动。

钢绞线卡爪是液压提升机的关键承力部件。卡爪为内侧带细锯齿形,外侧为斜面的活块,按圆周可分为 2 瓣、3 瓣或 4 瓣为一组,如图 4-5 所示。钢绞线液压提升机卡爪多为 3 瓣。卡爪座和液压提升机活塞刚性连结,座上有内锥面,可以和卡爪上的外斜面相配合。当锚具油缸对卡爪盘轴向施力时,三瓣活块可以收紧,将提升钢绞线抱紧;外力消失后,钢绞线与内锥面反向运动时卡爪座内三瓣卡爪放松。卡爪表面可注涂二硫化钼锂基润滑脂防腐。

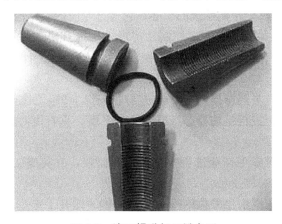

图 4-5　液压提升机 3 瓣卡爪

3. 高、低压泵站

高、低压液压泵站是向液压提升机供油的动力源,泵站内分别安装有高压泵和低压泵。高压泵采用柱塞泵,用于向液压提升机主油缸提供高压油,以满足液压提升机的工作需要;低压泵采用齿轮泵,用于向液压提升机锚具油缸提供低压油,以满足液压提升机锚具卡爪的动作需要。一般同一系统的若干液压提升机由同一液压泵站控制;当液压提升机的数量过多或者吊点分布范围大时,可将液压提升机分为若干组,用数台液压泵站分别对应各组液压提升机进行控制。液压泵站主要部件还有电磁换向阀、电液比例调节阀、液控单向阀、截止阀、安全阀、压力表等。液压泵站根据控制系统发出的指令,控制电磁换向阀对油路驱动液压提升机主油缸和夹持锚具进行动作。在提升同步控制过程中,液压泵站可以通过改变各提升点电液比例阀的开度,调节流量来改变提升速度,缩小各提升点间的高差,如图 4-6 所示。

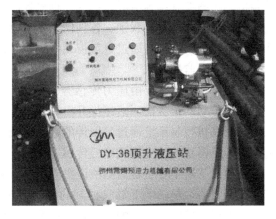

图 4-6　液压泵站设备图

4. 控制系统

整个液压提升机群的控制由计算机控制系统、电气控制系统、传感监控系统三部分组成。控制系统指挥整个液压提升系统协调动作，能够实现液压提升机集群全自动联动、液压提升机集群单周期联动、单点单动微调和手动控制等作业要求。计算机将各种传感器采集到的液压提升机的油压信号、位置信号、上下锚具的状态信号、各提升点的高差信号等，根据一定的控制程序和算法，控制各个泵站上的电磁阀完成相应的动作；同时控制各比例阀开口的大小，实现各提升点的同步控制。同步提升控制需在提升体系中设定一个或数个主令提升吊点，其他提升吊点均以主令吊点的位置作参考比对。

（1）计算机控制系统

计算机控制系统是整个控制系统的核心，它通过专门的顺序控制软件及可编程控制器PLC模块对液压提升机集群进行顺序控制，实现液压提升机的一系列动作和提升作业流程，例如：出缸、回缸、锁锚、开锚、提升、悬停、同步等。计算机控制系统具有以下功能：

1）工作程序控制：对液压提升机集群进行动作控制和施工作业流程控制；

2）状态调节控制：进行结构姿态（高度、水平度、垂直度）偏差控制和施工负载均衡控制；

3）操作台控制：对施工作业进行人工操作和监控，并完成工作数据的采集、存储、打印输出等；

4）自适应控制：依据信息采集传感器不断采集的提升工作过程信息，分析被控对象（吊装系统）实际工作状态中的不确定因素，根据一定的控制准则实时地调整控制参数，保证系统工作在最优状态。对系统进行故障检测和诊断并实施自动保护。

计算机控制系统拥有强大的数据分析处理功能，对各种传感器采集的数据进行过滤筛选和分析处理，并自动实现循环控制，直至提升全过程结束。配备数字影像设备后，在整体提升施工过程中，主控技术人员可以通过显示屏监视施工现场工况。

（2）电气控制系统

电气控制系统主要由总控台、总电气柜、液压系统驱动电路、信号显示装置、作业点控制柜、泵站控制箱等组成，接受计算机控制系统传输的指令，主要负责完成整个提升系统的启动、停车、安全联锁、各种信息显示以及系统的供配电管理的等工作。液压系统工作状态的部分数据也是通过电气控制系统采集回传至计算机控制系统。

（3）传感监控系统

传感监控系统主要由压力传感器、位置传感器、高差传感器、摄像系统等部分组成。

压力传感器负责监测液压提升机及液压泵站的油压信号，并将数据传送至计算机控制系统，计算机控制系统通过其回传的数据完成负载均衡控制及超载紧急停机动作。常使用的压力传感器是差动变压式电磁传感器。

位置传感器主要负责监测液压提升机油缸和锚具的位置信号，每台提升油缸上安装1套位置传感器，包括上下锚具油缸的锚具传感器。主油缸上传感器检测主油缸的位置情况、上下锚具传感器检测的锚具松紧情况，并反馈给主控计算机。主控计算机根据传感器回传的数据，并根据用户的控制要求（例如手动、顺控、自动等）决定液压提升机的下一步动作。目前较常用的位置传感器是非接触式磁敏传感器。

高差传感器主要负责监测被提升结构的提升高度及各提升点不同步的位移差,计算机控制系统通过这些数据进行提升同步控制,目前国内使用的高差传感器主要有短距离拉线传感器、长距离拉线传感器和激光测距仪三种。

4.1.2 液压提升系统设计基本方法

重型结构(设备)整体提升工程涉及结构、液压、电气和自动控制等专业知识,具有相对难度和技术复杂性,因此必须编制详细的专项施工技术方案。施工技术方案包括支撑体系承载力分析与加强措施、被提升结构受力分析与计算、整体提升工艺过程设计、液压提升系统设计及设备选型、电气及测控系统设计及设备选型、安全保证措施与应急预案等子方案或实施细则。

1. 结构承载能力

重型结构(设备)整体提升工程的结构指支撑结构和被提升结构。承载能力计算包括强度、稳定性和变形(刚度)计算。对采用门式塔架支撑结构的成套提升工程装备,支撑结构承载能力分析与计算由厂家完成。

重型结构(设备)整体提升工程的结构在施工期间各种工况下应具有足够的可靠度。结构可靠度应按现行国家标准《建筑结构可靠性设计统一标准》GB 50068—2018 的原则,采用以概率理论为基础的极限状态设计方法,用分项系数表达式进行计算。

2. 支承结构的施工荷载

施工荷载应按支承结构的安装、工作、加固、拆除四个不同施工阶段分别确定。对利用原建筑结构或使用门式塔架作支承结构的不同情况,应根据工程实际确定施工计算载荷。

(1)安装阶段:荷载宜取处于安装过程中的支承结构自重及 8 级风荷载。对支承结构的安装阶段,应分析和分别计算安装加载过程中不同时间节点的最不利工况。

(2)工作阶段:宜以 6 级风(含 6 级风)以内可以提升,8 级风以内原结构不加固为原则确定荷载。荷载包括支承结构自重、被提升结构重量、活荷载、8 级风荷载。对应的结构为完整的支承结构。

(3)加固阶段:在超过 8 级风时,应按紧急预案对被提升结构及支承结构作加固。荷载包括支承结构自重、被提升结构自重、大风风载(按气象预报,在设计阶段一般按 10 年一遇大风设计加固预案)、加固结构自重及作用力(如缆风绳拉力等)。对应的结构为经加固的支承结构。

(4)拆除阶段:应按现场施工条件制定拆除工艺,并对每一步骤的结构状态按自重及 6 级风荷载做验算。拆除周期超过一周应按 8 级风荷载验算,应分析和分别计算拆除过程中不同时间节点的最不利工况。

3. 被提升结构的力学计算

重型建筑结构的整体提升应对被提升结构作施工阶段的力学分析与结构验算。重型建筑结构与设备的整体提升施工力学分析与结构验算可使用 ANSYS、MidasGEN 等结构软件。被提升结构在施工阶段的受力宜与最终使用状态接近,宜选择原有结构支承点的相应位置作为提升点。

被提升结构的验算分析应包括各提升点的不同步效应、支承系统分步卸载拆除阶段的效应。对于多提升点吊装的结构，宜依次逐一设各提升点失效，分析其余提升点的最大提升反力和被提升结构体系安全度。

被提升结构提升点的确定、结构的调整和吊点连接构造的设计，应由被提升结构的设计单位确认。施工阶段的结构验算，应由设计单位审核。

4. 提升支承系统的力学计算

重型建筑结构整体提升时，宜利用原有结构的竖向支承系统作为提升支承系统或作为提升支承系统的一部分。提升支承系统包括基础及上部结构，并按安装、工作、加固和卸载拆除4阶段进行受力分析与验算。利用原有结构作为提升支承系统进行重型建筑结构整体提升时，提升支承系统结构受力分析与验算应计入提升不同步的附加效应、各提升点失效及分步卸载效应。受力分析与验算应由原建筑结构设计单位确认。

对使用专门塔架的成套液压提升设备，塔架的设计、制造由生产厂商负责完成，生产厂商应提供完整的设备安装使用技术文件和相关质量检试验合格报告。

5. 液压提升系统设计及设备选型

被提升结构（设备）的提升吊点和提升反力是选择钢绞线和提升机油缸参数的依据。提升机油缸中心可穿过多根钢绞线，因此被提升结构的一个提升吊点也可以使用多根钢绞线，且提升机与提升吊点应一一对应。根据被提升结构（设备）提升反力来确定提升机油缸额定载荷，兼顾选择钢绞线数。选择液压提升系统设计应符合以下要求：

（1）通过提升机油缸中心的钢绞线数可少于锚具索孔数，但钢绞线数应满足在油缸中心圆截面的均匀对称分布，提升机油缸不应承受轴向偏心受压载荷。

（2）提升油缸中单根钢绞线的拉力设计值不得超过其破断拉力的50%。锚具卡爪规格应与钢绞线的规格相一致。

（3）各吊点提升能力（吊点液压提升油缸额定载荷）应不小于对应吊点载荷标准值的1.25倍。

（4）总提升能力（所有液压提升油缸总额定载荷）应不小于总提升荷载标准值的1.25倍，且不宜大于2倍。

（5）对多提升吊点的结构，可以根据不同位置的不同提升反力，选用不同规格的提升机（油缸）。提升油缸应装有液压锁。

（6）根据液压系统控制要求和工作参数选用配套阀件。提升泵站宜用比例（变频）液压系统，通过比例（变频）控制实现多点同步控制。

（7）液压提升系统设计选型完成后，根据提升过程的工艺流程、提升检测监控项目、同步控制过程等技术要求进行测控和计算机系统选型与设计。

4.1.3 液压提升设备的安装

液压提升系统设备安装应组织专门的施工作业班组并编制专项施工子方案（或实施细则），由有丰富经验的技术人员负责指挥。系统中有关电气、测控和液压装置的安装与调试，均应由相关专业的技术人员负责实施。施工子方案或实施细则需要明确安装质量的控制点和检验点，在安装过程中由专门人员进行检查、验收。

1. 提升支撑系统

利用建筑结构作为支撑体系时，建筑结构可能会承受非常特殊的附加载荷，图 4-7 是大楼高层廊桥整体提升时，附着在大楼外侧的提升机平台。因此，对相应建筑结构必须有专门的结构分析论证报告。液压提升机台架在结构上的安装锚固和对结构的补强应有专门设计方案，并验算提升过程对原有结构的影响。利用原有结构作为提升支承系统进行重型建筑结构整体提升时，设计方案必须由原结构设计单位确认。

对采用专用门式支撑塔架的液压提升成套设备，基础、地锚施工和塔架安装必须符合设备技术文件的规定。严格控制塔架安装垂直度和缆风绳的空间形态。当场地布置与原设备配套的地锚和缆风绳布置图不能相符时，应由施工单位会同原设备设计制造单位重新设计缆风绳的布置及缆风绳地锚基础。

提升支承系统的加固、补强、安装和验收应根据现场施工条件及提升支承结构的类型和构造编制专项施工子方案。

2. 液压提升机

液压提升机平台或横梁的安装，要求支承座平面水平度偏差不大于 1/1000。提升机安装位置应通过放线或采用其他测量方法调整与被提升物吊点（也称吊点地锚）垂直对正，放线至吊点地锚中心点的水平偏离值宜控制在提升高度的 1/1000 以内，且不大于 30mm。定位后按照液压提升机的安装技术文件规定将其稳固固定在平台或横梁上。

在液压提升器提升工作过程中，顶部会不断伸出钢绞线，如果伸出的钢绞线过多，对于提升或下降过程中钢绞线的运行及液压提升器天锚、上锚的锁定和打开均会产生不利影响。所以每台液压提升器必须事先配置好导向架，以便使顶部钢绞线能顺畅导出，多余的钢绞线可沿导向架自由地向后下方疏导。导向架安装于液压提升器疏导板上方，导向架的导出方向应以方便安装液压油管、传感器和不影响钢绞线自由下坠为原则。如图 4-8 所示是提升机导向架。

图 4-7　大楼侧提升机安装平台

图 4-8　提升机导向架

3. 钢绞线的配制与安装

穿钢绞线是指钢绞线穿进液压提升机中心孔和上下锚具卡爪的过程，其方法视施工工况而定，可以在地面穿好钢绞线后将液压提升机连同钢绞线吊装到高处支撑平台上固定；但多数是先将液压提升机安装固定于高处支撑平台，再逐次对液压提升机穿挂钢绞线。这里介绍后一种方法。

整体液压提升吊装可能会选不同额定荷载的液压提升机组合使用，钢绞线配制时应核查型号与规格。一般要求穿入液压提升机的同组钢绞线，应左、右捻向各半，可防止同组钢绞线的吊具在悬挂中发生扭转。钢绞线表面应无严重锈蚀和飞皮等缺陷。钢绞线不同于起重用的钢丝绳，不允许通过滑轮转向或在任何弯曲状态下受力，自然状态下有弯折的钢绞线禁止使用。钢绞线在吊装载荷作用下，被液压缸锚具卡爪锁定时会在表面产生"咬痕"，重复使用的钢绞线应检查表面，若无严重"咬伤"还可继续使用，但一般不应超过5次。

切割前应装好钢绞线展放轴架。钢绞线从卷盘展直后平放地面，按所需长度下料，在每个切口处用白粉笔划印，在距切口两侧10mm处用细铁丝捆扎以防止切断时松散。切割可采用砂轮切割机和专用钢绞线切断机，不得采用电弧切割或气割。截断后应除去飞边毛刺，以便于穿索。钢绞线切割计算长度为被提升结构（或设备）吊点到液压提升机上方钢绞线导向架加上1m的长度。

钢绞线由下至上，从液压提升机底部的下疏导板穿入至顶部疏导板穿出，穿好的钢绞线上端通过天锚卡爪固定。待液压提升机钢绞线安装完毕后，再将下疏导板从上向下理顺钢绞线束，使钢绞线束下端穿入正下方对应的下吊点地锚结构内，调整好后锁定。每台液压提升机顶部预留的钢绞线应沿导向架朝预定方向疏导，如图4-8所示。

同一组钢绞线束应在液压提升机锚具各孔中均匀、对称分布，液压提升机不得承受轴向偏心力。

为了使每根钢绞线受力一致，钢绞线安装后必须进行预紧。预紧在系统试运行调试合格后进行。通过上锚具或专用卡具，将每根钢绞线拉至设定的预拉力。预紧时应先内后外，对角操作。

4. 液压系统安装

液压系统安装需要将液压泵、液压提升机和压力变送器、控制阀组等用油管连接组成液压工作系统。液压系统中的所有元件、部件安装前必须经过严格的检测，合格后才能进场使用。检测应保存所有的试验原始记录。连接油管应根据主油缸油路、锚具油缸油路的要求使用设备技术文件规定的高压胶管。高压胶管两端都带有螺纹连接接头，装拆方便，密封型好。液压泵站与液压提升机间油管应编号对应，接完后进行全面复查。

5. 电源及控制系统安装

电源及控制系统配电箱、控制柜及各类传感器按提升工艺设计规定的位置安装固定后，连接由计算机控制柜引出至液压泵站的信号通信线、油缸信号通信线、液压阀件通信线、激光信号通信线、工作电源线等。通过比例阀通信线、电磁阀通信线将所有泵站联网；通过油缸信号通信线将所有油缸信号盒通信模块联网；通过激光信号通信线将所有激光信号通信模块、A/D通信模块联网；通过电源线将所有的模块电源线连接。形成由计算机控制的现场实时网络控制系统。

电源及控制系统安装与配线应执行相关国家和行业技术标准的规定，应由专业技术人员负责安装、检测和调试，并应符合以下要求：

（1）所有电气装置和元件安装前应通过质量合格检查与验收。传感器安装前应经过标定，各种传感器应与对应通信模块正确连接。

（2）在易受机械损伤或有液压油滴落的部位，电线或电缆应装于钢管、线槽或保护罩内。强电与弱电应分开敷设。

（3）现场的通信线、信号线应采取防护、屏蔽措施，应有可靠的接地点。电源应采取抗干扰措施。

（4）系统应有可靠的防雷措施，防雷装置应安装正确、牢固。

4.1.4　液压提升系统试运行调试

液压提升系统在现场安装完毕后应进行全面的系统调试与试运行。调试试验主要有电气（强电）系统检查调试、液压泵站试运行试验、液压油缸（提升机）试运行试验、检测控制系统试验等。《重型结构和设备整体提升技术规范》GB 51162—2016 对此制定了相关规定。调试前对现场和系统进行全面检查，应符合试运行调试的要求。提升系统试运行调试应编制试运行调试子方案，依据方案制定的工艺流程进行操作。

1. 液压提升系统调试

对电气系统检查及通电试验合格后，应对液压提升系统进行以下试运行调试的动作试验。

（1）系统送电，检查液压泵主轴转动方向是否正确。

（2）在液压泵站不启动的情况下，手动操作控制柜中相应按钮，检查电磁阀和截止阀的动作是否正常，截止阀编号和液压提升机编号是否对应。

（3）启动液压泵站，调节一定的压力，伸缩液压提升机主油缸，检查换向阀、比例阀、截止阀能否控制对应的油缸。

（4）检查提升机主油缸行程传感器动作是否正确、灵敏（用就地控制盒中相应的信号灯反映动作情况）。

（5）检查锚具油缸、锚具的动作情况，以及锚具状态传感器的动作是否正确、灵敏。

2. 系统空载试车

液压调试系统通过调试后，应进行空载试车，目的是验证全系统能否按照设计程序和操作指令实现全系统正确、协调工作的技术状况，主要有：

（1）控制系统操作的方向应符合设计要求。

（2）各传感器反馈的信号应正确、正常。

（3）各安全保护装置的动作应正确可靠，安全连锁自锁功能等均已校验合格。

（4）控制柜等电气设备应工作正常、可靠。

（5）顺序控制的动作符合设计要求。

（6）偏差控制的动作可靠有效。

需要指出的是：针对不同的被提升结构（或设备），吊装的工艺流程和技术要求不会完全一样，因此对系统的调试与空载试车的检测调试项目也会有所不同。一些元件、装置（如安全连锁互锁装置等）需要现场校验。特别应注意有关顺序控制、偏差控制、测控参数设定，以及安全保护装置的动作和连锁等重要环节的检验和试验。

3. 系统验收

在液压提升系统调试和系统空载试车的过程中，对每一项质量检验点，均应绘制专门的检查验收记录表格，详细记录检查参数和技术状况。系统调试和空载试车记录资料是判断全系统能否正常工作的最主要根据；系统验收合格是进入下一结构（设备）整体提升实施阶段的基本条件。系统验收要求系统调试和空载试车记录资料完整，所有预设质量检查点的最后验收结论均为合格。验收的技术资料还应包括：液压系统图、电气与控制电路图、传感器标定、比例阀标定记录及主要电气设备文件（包括产品合格证书、产品说明书、安装图纸）等。此外，系统验收还应进行现场实体检查验收，同时排除提升过程中可能产生影响的障碍物和不安全因素，为正式提升做好准备。

4.2　自行式起重机

4.2.1　自行式起重机的技术使用

1. 自行式起重机的选择

正确合理的选择起重机，是保证吊装工程安全、快捷、低成本的关键环节之一。起重机的选择必须根据其特性曲线进行，同时进行仔细分析、计算吊装过程中的每一个工艺细节对起重机的要求。其选择步骤主要由：

（1）根据被吊装设备或构件的就位位置、现场具体情况等确定起重机的站车位置，站车位置一旦确定，其幅度就已确定。

在考虑站车位置时，首先，应保证尽可能靠近设备就位位置，以减小幅度，同时考虑承载能力和起重机驾驶员的视线；其次，还要考虑起重机的进、退场线路和设备的卸车位置；再次，应保证整个吊装过程中起重臂的仰角尽可能不改变，如果改变则只能起臂，而不能落臂；最后，要充分考虑地面和空中的障碍，尤其是空中高压线的安全距离。

（2）根据被吊装设备或构件的就位高度、设备几何尺寸、吊索高度等和在步骤（1）中已确定的幅度，查起重机的起升高度特性曲线，确定需要起重机的臂长。

在计算起升高度时，需要注意计算设备的高度应按设备底部至设备吊耳之间的高度计算；同时，要考虑吊装过程需要越过的障碍，如果障碍物的高度大于基础高度，应以该障碍高度为准定位就位高度；另外，还应考虑设备底部与基础高度或障碍物高度之间的安全距离，即腾空高度，一般不小于300mm。

（3）根据上述已确定的幅度、臂长，查起重机的"起重量特性曲线"确定起重机能够吊装的载荷。

（4）如果起重机能够吊装的载荷大于被吊装设备或构件的重量，则起重机选择合格，否则应重选。

（5）校核通过性能。"通过性能"指的是设备在被吊装到要求高度时，设备的边缘是否与起重臂相碰，如果基础高度较高或者障碍物较高时，也有可能与起重臂发生碰撞，因此要留有安全距离，一般要求保持300mm的距离。

2. 通过性能的计算

所谓通过性能，指的是被吊装设备或结构被吊装到指定高度时，被吊装设备或结构是否与起重机的臂架相碰，如图4-9所示。

设备的通过性能与设备的几何尺寸、吊装高度、起重机幅度、最大起升高度、吊索高度、臂架头部高度、臂架横截面尺寸等有关。计算时应正确确定上述各项参数。

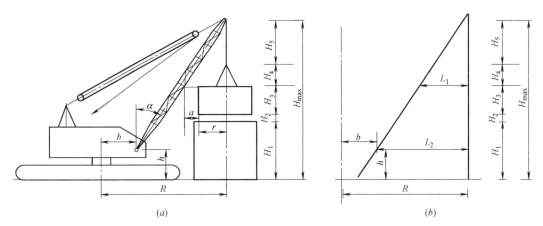

图 4-9　设备通过性能计算简图

图中各参数意义及确定：

R——幅度，按站车位置确定；

H_{max}——臂头高度，可按最大起升高度加滑轮组最短极限距离近似确定；

b——起重机旋转中心至臂脚铰链的水平距离；

h——起重机臂脚铰链高度；

a——设备至臂架的安全距离，一般取 30cm。

令起重机臂宽为 C，由图 4-9（b）知：

$$L_1 = r + a + C/2 \tag{4-1}$$

$$L_2 = R - b \tag{4-2}$$

可知幅度 R 为：

$$R \geqslant L_1 \cdot \frac{H_{max} - h}{H_{max} - (H_1 + H_2 + H_3)} + b \tag{4-3}$$

$$a \geqslant \frac{H_{max} - (H_1 + H_2 + H_3)}{H_{max} - h} \cdot L_2 - r - \frac{c}{2} \tag{4-4}$$

通过性校核必须在起重机选出之后进行，否则参数 b、h 和臂宽未知。值得注意的是，上式是按设备吊耳在设备的上平面，设备与起重机臂发生干涉进行推导的，所以通过高度是设备的上平面高度。

如果实际情况与设定条件不符，上式必须调整。

（1）设备吊耳不在设备的上平面。式中的通过高度应是：$H_1 + H_2 + H_3 +$ 吊耳至设备上平面的高度。

（2）基础（或障碍）较宽、较高，起重机臂可能与基础（或障碍）发生干涉。式中的通过高度应是：基础（或障碍）的高度，即为 H_1。计算通过性时应根据具体情况进行分析。

例题：

某现场需吊装一台设备至一高基础上，已知基础高 20m，设备重 25kN（包括索吊具），设备的就位中心距基础外沿为 12m，（现场条件要求一次吊装到位）设备外形几何尺寸为：长×宽×高＝6m×2.5m×3m，吊装时，设备方位如图 4-10 所示。由于现场情况限制，只能在图示方向吊装，环境条件规定起重机的幅度不得小于 35m。请据上述条件选择起重机。

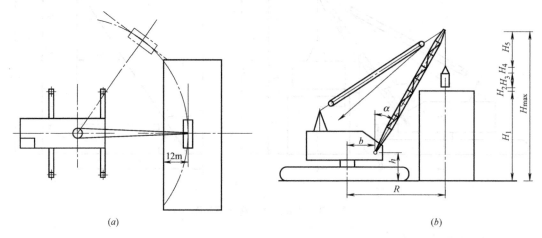

图 4-10   吊装布置

解：

（1）起重机幅度的确定

按现场条件要求，初步确定起重机的幅度为：$R=35m$。

（2）确定起重机必须具有的吊装高度

设计吊索栓接方式如图 4-11 所示。由图知，吊索高度 H_4 为 1.5m。则吊装高度为：

$$H=H_1+H_2+H_3+H_4=20+0.3+3+1.5=24.8m$$

即起重机所具有的吊装高度不得小于 24.8m。

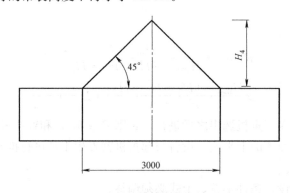

图 4-11   栓接方法设计

（3）起重机的选择

查自行式起重机特性曲线，能达到 35m 以上幅度、24.8m 起升高度的起重机，至少为 P&H790 型汽车式起重机。当 R 为 35m 时，采用 42.67m 臂长，最大起升高度为 29.5m，大于 24.8m。

其结构参数为：$b=1.27m$，$h=2.11m$，$c=1.0m$。

查其起重量特性曲线，在幅度为 35m、臂长 42.67m 时，额定载荷为 40kN，大于设备重 25kN。符合要求。

（4）基础通过性的校核

由题可知，起重机臂有可能与设备和基础两处发生碰撞，必须计算基础的通过性和设备的通过性（本例只讲解基础通过性计算，设备通过性计算请参照基础通过性自行计算）。

由于计算基础的通过性，通过高度取基础高度 $H_1 = 20m$。

$$a = \frac{H_{max} - H_1}{H_{max} - h} \cdot L_2 - r - \frac{c}{2} \tag{4-5}$$

按式（4-5），如考虑滑轮组的最短极限距离为 1.5m，则起重机臂头高度为：

$$H_{max} = 29.5 + 1.5 = 31m$$

$$L_2 = R - b = 35 - 1.27 = 33.73m$$

r 取设备就位时中心至基础边缘的距离，故：

$$a = \frac{H_{max} - H_1}{H_{max} - h} \cdot L_2 - r - \frac{c}{2} = \frac{31 - 20}{31 - 2.11} \times 33.73 - 12 - 0.5 = 0.34m$$

大于 300mm，满足要求。

（5）结论

选 P&H790 型汽车式起重机，幅度 R 为 35m，采用 42.67m 臂长，最大起升高度为 29.5m，大于要求的 24.8m，额定载荷 40kN，大于设备重量 25kN，通过性满足要求，所选起重机满足要求。

3. 自行式起重机稳定性验算

起重机稳定性是指整个机身的稳定程度。起重机在正常条件下工作，一般可以保持机身的稳定，但在超负荷吊装或由于施工需要接长起重臂时，需进行稳定性验算，以保证在吊装作业中不发生倾覆事故。

起重机的稳定性分为工作状态稳定性和非工作状态稳定性两大类。其中工作状态稳定性又分为在固定位置吊装时的稳定性和带载行走状态稳定性两类。

（1）在固定位置吊装时的稳定性

起重机在固定位置吊装时的稳定性，通常以稳定力矩 M_W 和倾翻力矩 M_q 的比值表示，这个比值称为稳定安全系数，以 K 表示，要求不小于 1.4，即：

$$K = \frac{M_W}{M_q} \geqslant 1.4 \tag{4-6}$$

稳定力矩指的是保持起重机整体稳定、不倾翻的力矩，由起重机的自重和配重提供；倾翻力矩指的是导致起重机倾翻的力矩，由被吊装的设备重量、起重臂重量及惯性力、风载荷、离心力等产生。计算方法如图 4-12 所示。

$$M_W = G_2 \left(l_2 + \frac{b}{2} \right) + G_3 \left(l_3 + l_2 + \frac{b}{2} \right) + G_4 \left(l_4 + l_2 + \frac{b}{2} \right) \tag{4-7}$$

$$M_q = Q_j \left(R - l_2 - \frac{b}{2} \right) \cos\alpha + Q_j h_3 \sin\alpha + G_1 \left(l_1 - l_2 - \frac{b}{2} \right) + F_1 h_1 + F_2 h_2 \tag{4-8}$$

式中　G_1——起重臂重量；

　　　G_2——起重机下车的重量；

　　　G_3——起重机上车的重量；

　　　G_4——起重机平衡配重的重量；

　　　b——履带式起重机履带宽度。

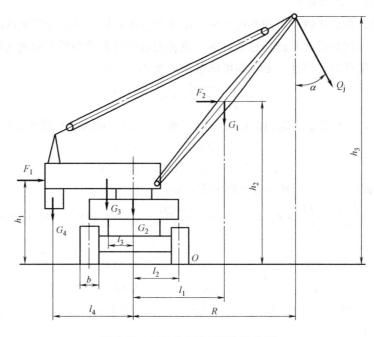

图 4-12 自行式起重机稳定性分析

（2）带载行走状态时的稳定性

在某些特殊吊装工艺中，往往要求起重机带载行走，以调整吊装位置，此时必须校核其运动中的稳定性，要求稳定安全系数不小于 1.15，即：

$$K=\frac{M_W}{M_q}\geqslant 1.15$$

起重机整体状态的稳定性校核中，其稳定力矩与固定位置吊装时的主要区别在于起重机行走而导致各部分结构尺寸的变化，如履带式起重机行走时，其两履带的间距比静止时要小。对于倾翻力矩，除了应考虑吊装设备重量、起重机臂杠重量以及惯性力、风载荷、离心力等外，还应考虑行走、制动时的惯性力的影响和道路坡度的影响等。

（3）非工作状态稳定性

非工作状态稳定性又称为自重稳定性，主要是考虑当起重机的起重臂伸出较高，而又暂时不工作时，在风载荷作用下的稳定性，建议取当地 30 年一遇的大风作为计算依据。

4.2.2 自行式起重机的安全管理

1. 常见事故及其原因

自行式起重机最常见的重大事故主要有"倾翻"、"坠臂"和"折臂"等。

（1）"倾翻"事故产生的常见原因

1）超载；

2）地基沉陷；

3）回转过快；

4）变幅和伸缩臂操作程序错误；

5）汽车式起重机在带有高起重臂时收回支腿；

6）危险角度。

（2）"坠臂"、"折臂"事故产生的常见原因

"坠臂"事故，对于机械式变幅机构，多数是由于变幅绳被拉断造成；对于液压变幅机构，主要是由于平衡阀或油管的故障造成。"坠臂"的产生有操作上的原因，也有机构本身的原因。

"折臂"事故多是由于起重臂的倾角（与铅垂线的夹角）过小，再加上惯性力的作用，使起重臂折断的事故。

防止坠臂、折臂应注意如下安全事项：

1）小幅度时，要注意防止起重机向后折臂，特别是在满荷时松钩，应先把重物放在地上，然后放松钢丝绳再松钩，不准突然松钩。

2）当吊装体积较大的重物或基础较大时，要注意进行设备与基础的"通过性能"验算，避免设备或基础与起重臂相碰撞造成折臂。同时，要防止设备发生摆动与起重臂相碰。

3）防止起重机与建筑物、高压线等相碰。在建筑工地作业的起重机要特别注意起重臂的活动范围，防止起重机变幅或回转时与建筑物相撞，避免损坏起重臂及建筑物。

2. 自行式起重机的安全管理

（1）吊装前的安全管理

1）吊装前必须全面检查车况，特别是安全装置、警报装置、制动装置等必须灵敏、可靠。

2）吊装场地地面及起重臂回转范围内的空中，不应有障碍物，应将起重机的起重臂的回转范围划为危险区域，不准闲人进入，更不准有其他项目施工。指挥人员应有良好的视野。

3）起重机的基础应按规定设计、施工、试验。

4）起重机的就位、安装、拆卸、试验等，应严格按其随机技术文件的要求执行。

5）重型设备的吊装和多台起重机联合吊装设备或构件时，必须制定详细的方案，并应按规定进行申报和审批。多台起重机联合吊装设备或构件，每台起重机承担的实际载荷应不大于其额定载荷的85%。

（2）吊装中的安全注意事项

1）不准"超载"，吊装前必须明确知道设备或构件的实际重量。

2）严格进行"试吊"工序，严格检查起重机在承载状态下各部件的工作状态。

3）不准"歪拉斜吊"，具体应做到下列各项：

① 车体倾斜时，不准吊装；

② 吊钩不在设备的重心垂线上时，不准吊装；

③ 装卸长、大设备或构件时，不准斜拉；

④ 从房屋或车厢中卸货时，不准采用"拉卸"；

⑤ 在输电线路下，不准拉、拽设备或构件。

4）在下放设备或构件，尤其是重型设备或构件时，不允许突然刹车，否则易使起重机倾翻。

5）起重臂的倾角不能超过规定值。

6）吊装时，设备或构件上不允许站人，其下方也不允许站人。

7）汽车式起重机的吊装能力从后面、侧面、前面依次减小，在旋转过程中，应特别注意。

8）风力达到或超过 5 级时，不允许进行吊装。在风力较大时进行吊装，要注意风的方向，切忌"顺风吊装"。

9）液压起重机吊装过程中，不允许改变臂长。如必须改变，则必须放下载荷，且每节臂伸出、缩回必须到位，不允许只伸出或缩回一部分。

10）起升、回转、变幅三种动作应单独进行。

4.2.3 自行式起重机常用吊装工艺

采用自行式起重机吊装设备或构件，以高耸构件（如塔、柱等）为例，工程中常采用旋转法和滑移法这两种方法。

1. 旋转法吊装工艺

采用旋转法吊装柱时，柱的绑扎点、柱脚中心与柱基础中心三者宜位于起重机的同一工作幅度的圆弧上。起吊时，起重臂边升钩边回转，柱顶随起重钩的运动，也边升起边回转，而在柱的旋转过程中柱脚的位置是不移动的。当柱由水平转为直立后，起重机将柱吊离地面，旋转至基础上方，将柱插入杯口。用旋转法吊装时，柱在吊装过程中所受震动较小、生产率较高，但对起重机的机动性能要求较高。

柱的绑扎点、柱脚中心、柱基础中心三者在同一工作幅度圆弧上，称三点共弧。当场地受限制时，也可采取两点共弧，即绑扎点与柱基础中心，或柱脚中心与柱基础中心共弧。

2. 滑移法吊装工艺

采用滑移法吊装时，柱的绑扎点宜靠近基础。起吊时，起重臂不动，仅起重钩上升，柱顶也随之上升，而柱脚则沿地面滑向基础，直至柱身转为直立状态，起重钩将柱提离地面，对准基础中心，将柱脚插入杯口。

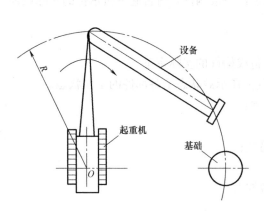

图 4-13 旋转法吊装高耸设备示意图

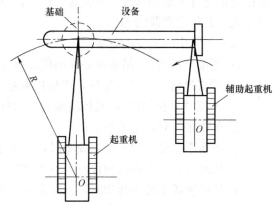

图 4-14 滑移法吊装高耸设备平面布置图

用滑移法吊装时，柱在滑行过程中受到振动，对构件不利，为减少柱脚与地面的摩阻力，可在柱脚下设置托板、滚筒并铺设滑行道，滑移法对起重机械的机动性要求较低，只需要起重钩上升一个动作。其优点是在起吊过程中，起重机不须转动起重臂，即可将柱吊装就位，比较安全。因此，当采用独立拔杆、人字拔杆吊装柱时，常采用此法；另外，对一些长而重的柱，为便于构件布置及吊升，也常采用此法。

3. 双机抬吊高耸设备或构件工艺

该工艺主要针对重型塔型设备和塔架结构的吊装，此类设备重量大、高度高，对起重机械要求较高，而起重机本身受限于设计理论、材料、制造工艺等无法无限增大。因此，用两台或多台额定起重量较小的起重机联合整体吊装一台重型设备或构件可以有效地缩短工期、降低成本。

（1）工艺方法

其基本方法是用两台起重机分别先吊住设备或构件吊点起吊，再用另一台辅助起重机吊起设备或构件尾部，使之脱离地面。当吊点上升时，设备尾部水平前移，设备选择直立从而达到吊住的目的。该类方法吊装工艺复杂，必须编制详细的吊装方案，其工艺如图4-15所示。

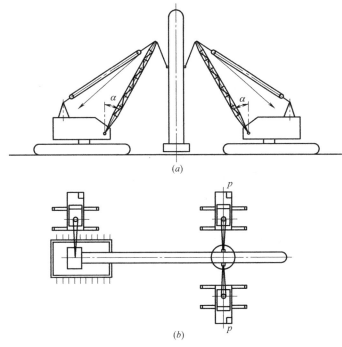

图 4-15 双机滑移抬吊吊装工艺
（a）立面图；（b）平面图

（2）工艺布置

吊装前，根据设备或构件就位的方位，在基础上确定一中心线，通过该中心线的铅垂面为吊装平面，将吊装设备或构件放在地面的枕木上，其轴线与吊装平面垂直，吊耳轴线与吊装平面重合。主吊起重机在基础两边，站立在吊装平面内。被吊装设备尾部布置一台辅助起重机或将尾部放置与拖排上，拖排下放置滚杠，如图4-15所示，辅助起重机可采用汽车式起重机或履带式起重机，将设备尾部向前输送。

（3）工艺分析

在此类吊装工艺中，涉及以下工艺问题：

1）滞后与超前

吊装时，设备构件吊耳在起重机的提升下，垂直上升，尾部水平前移并逐渐直立。在此过程中，假设起重机向上提升的速度不变，则设备尾部的前进速度随着设备轴线与水平面的夹角 α 的增加而改变，如图 4-16 所示。v_x 为设备旋转速度。由图可知：

$$V_b = V_a \tan\alpha \qquad (4\text{-}9)$$

V_a——吊耳上升速度；

V_b——设备尾部速度；

α——设备倾角；

设备尾部速度随着 α 的增加而增加，吊装开始时，α 很小，尾部速度 V_b 趋近于 0；当 α 接近于 90° 时，设备或构件尾部速度趋近于无穷大。

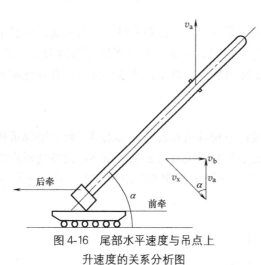

图 4-16 尾部水平速度与吊点上升速度的关系分析图

当开始吊装时，由于惯性力或摩擦力的作用，设备尾部不会移动，V_b 小于 V_a，导致设备或构件吊耳后移，称为"滞后"现象，如图 4-17 所示。该现象会带来诸多危害：

① 导致起重机滑轮组偏离吊装平面，形成歪拉，导致起重机严重超载；

② 起重臂受扭；

③ 旋转机构承受附加荷载，导致操纵不灵活。

上述问题都会带来严重的安全隐患，导致吊起重机装发生事故。其解决措施为：

① 如尾部采用的是拖排，则加前牵引装置，用滑轮组、卷扬机牵引拖排，克服摩擦阻力；

② 如尾部采用的辅助起重机，则应使起重机吊起设备尾部向前移动。

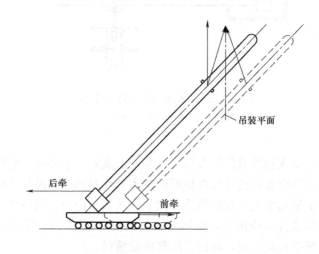

图 4-17 吊装过程中的"滞后"与"超前"示意图

当 α 超过 45°后，尾部移动速度大于上升速度，并且不断增加，一旦起重机上升需要停止或减慢时，设备吊耳在惯性力的作用下，将快速向前冲出吊装平面，称为"超前"现象，如图 4-17 所示。超前会造成剧烈冲击，严重的可能导致起重机倾翻。为了避免超前的发生，应在吊装全过程中，严禁主起重机进行紧急刹车。如果尾部使用的是拖排，还应加装后拖装置，用滑轮组、卷扬机在吊装全过程中牵引设备尾部，来控制强烈冲击的发生。

2）设备直立前的状态分析及处理措施

① 在设备接近直立前，主起重机应逐渐降低上升速度，尽可能缓慢上升；

② 采用后牵装置控制设备尾部的前进速度；

③ 对于设备或构件尾部放置于拖排上的情况，应采用辅助起重机或后拖装置使设备或构件尾部在 α 达到 90°前离开地面，主起重机缓慢上升，设备或构件尾部在控制下缓慢前移，逐渐直立。

3）临界角分析

将设备中心垂线通过尾部支点时，设备的倾角称为"临界角"，用 α_j 表示，如图 4-18 所示。

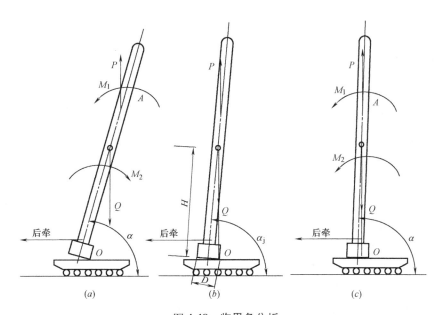

图 4-18　临界角分析

（a）临界角前；（b）临界角时；（c）临界角后

当设备倾角超过临界角时，起重机的牵引力 P 与设备重力 Q 方向相反，设备重力 Q 的垂线通过支点 O，设备处于瞬时自平衡状态，如图 4-18（b）所示；当设备倾角超过临界角时，起重机的牵引力 P 与设备重力 Q 方向相反，并且分布于支点 O 的两侧，对支点产生的力矩方向相同，设备无法平衡，将产生剧烈冲击，导致起重机倾翻，如图 4-18（c）所示。

为了避免上述情况发生，在设备达到临界角前 3°～5°时，应采用辅助起重机吊起设备尾部，使设备绕吊点旋转。

在该吊装方法中，临界角只与设备本身结构相关，从图 4-18（b）中的几何关系可知：

$$\tan\alpha_j = \frac{2H}{D} \tag{4-10}$$

式中　H——设备或构件重心高度；

　　　D——设备或构件尾部直径。

4）同步分析

在吊装过程中，设备两吊耳上升速度不一致，造成设备倾斜、滚动并导致起重机超载的现象，称为"不同步"。

在设备未直立时，不同步会造成两台起重机载荷不均，导致其中一台超载；在设备直立后产生不同步会造成设备顶部倾斜，可能引起起重机臂头、滑轮组与设备构件顶部干涉，造成设备发生破坏、吊装无法继续进行等事故。

因此，为避免在吊装中两台起重机"不同步"的产生，应采取如下措施：

① 尽可能选用性能相同的起重机，使起升速度保持一致；

② 两台起重机的吊装起始点尽可能一致，使起重机的起升卷扬机的钢丝绳的线速相同；

③ 吊装前，两台起重机驾驶员应进行配合训练；

④ 采用监测装置，并协调指挥。

（4）起重机的选择

1）主起升起重机的选择

① 危险工况的确定

确定起重机的额定载荷，必须首先分析吊装过程中的危险工况，危险工况的分析与设备尾部的机具布置有关。如果设备尾部布置的是辅助起重机，尽管辅助起重机滑轮组不可避免地会产生偏角，使主起升自行式起重机承受水平分力，但可以通过主起升自行式起重机的安全裕量解决，所以其危险工况应是在设备被完全吊装到空中，辅助起重机退出工作，这时设备的重力完全由两台主起重机承担的一瞬间；如果采用后拖滑轮组、卷扬机强制设备尾部离排，则后拖力完全由起重机承担，危险工况应在设备尾部离排时，此时两主起重机不仅要完全承担设备重量，还要承担水平后拖力。因此，起重机的载荷是设备重量与水平后拖力的矢量和。

② 主起升起重机工作幅度 R 的确定

确定主起升起重机工作幅度 R 时应注意以下问题：

A. 尽可能地减小起重机幅度 R，可以有效地提高起重机的承载能力。但如太小，则两起重机的间距太小，不便于工人操作。同时，起重臂的仰角（起重臂轴线与水平线的夹角）太大，起重臂的头部易与高耸设备发生干涉。

B. 如果幅度 R 太大，不仅需要增大起重机的额定载荷，同时可能导致起重机滑轮组的偏角增大，易形成"歪拉斜吊"。

C. 合适的幅度 R，应尽可能使用小的起重机，同时又能使起重机滑轮组产生一定的偏角，但该偏角建议不要大于 3°。

③ 起重机起升高度的确定

尽可能减小起重机起升高度，可有效地提高起重机的承载能力，但应注意，起重机的起升高度应大于设备吊耳的最大高度 500mm 以上。

④ 额定起重能力的确定

确定起重机额定起重能力时，应注意每台起重机实际承受的计算载荷不得大于其特性曲线规定的额定载荷的 75%。

2）辅助起重机的选择

选择履带式起重机应注意以下要求：

① 起重机的臂长最好采用基本臂长；

② 起重机的幅度在可能的情况下，应尽可能的小；

③ 起重机实际承担的计算载荷，不得大于其特性曲线规定的额定载荷的 30%；

④ 起重机能带载行走的前提条件是：道路平整、地基承载能力足够以及行走缓慢。

4.3　塔式起重机

4.3.1　塔式起重机的选择与计算

1. 塔式起重机的选择

（1）常规塔式起重机选择一般原则

塔式起重机是建筑施工中必不可少的施工机械之一。因塔式起重机自身的特点及特殊的工作方式，它的选用与其他施工机械有很大的不同，主要原则是需要根据在施工过程中结构和建筑方式的确定来选用不同型号的塔式起重机。此外，运输道路、土质情况、地下结构等周边环境对塔机的选用也有一定的影响。

1）基本参数的确定

塔式起重机的基本参数就是指塔式起重机的高度、臂长及臂端（即塔式起重机大臂的最远端）最大吊重。除极特殊的情况外，塔式起重机的最大吊重一般不需考虑。根据建筑物的长、宽、高尺寸即可初步确定塔式起重机的臂长，臂长以保证能够覆盖全部工程并稍有余量为宜。目前经常见到的塔式起重机，臂长一般为 30m、40m、50m、55m、60m、70m 等，更大臂长的塔式起重机受现场其他条件的限制很少用到，选用时需谨慎。

2）安装方式的确定

塔式起重机是放在地面上使用的设备，其自身重量（10～200t）远远大于一般的工程机械，因此塔式起重机的基础安装方式也是选用时需要考虑的主要问题之一。目前普遍使用的自升式塔式起重机有三种基本安装方式：大混凝土块内安装固定脚、大底盘加压重和行走式。不同的安装方式对基础土壤地面压力要求不同（15～20t/m²），不同类型的塔式起重机对地面的压力也不同，此外工程的基础深度、边坡类型也影响塔式起重机基础的安装方式，进而会影响到塔式起重机的选型。塔机的安装方式需要选者有一定实践经验，并认真阅读拟选用塔式起重机的产品说明书中有关基础的部分。

3）自由高度的确定

常用的自升式塔式起重机可随着建筑物的升高而升高，当塔式起重机高度超过"自由高度"后，如果再升高，则需采用"附墙"措施，就是把塔式起重机与在正在施工中的工程"锚固"在一起。不同类型的塔式起重机第一次附墙的高度不同，每两道"附墙"之间的距离也不同。塔式起重机的附墙会对在施工程有额外的外侧向拉力，这要求已完工的部分工程能达到一定的强度。如果施工速度过快，而附墙部分尚未达到预定的强度，就会影响施工进度，这种情况应考虑选用自由高度较大的塔式起重机类型，这在冬期施工中尤为重要。

4）周边环境的影响

周边环境包括运输道路、地下管线、四周建筑物的高度及有无高压线等。塔式起重机的结构件较长、较重，一般为10m，安装时需要大型运输车辆和大吨位汽车起重机。工程完工后，还需用同样的设备将其拆除，因此周边环境对塔式起重机的选型也有一定的制约作用。有时在施工程只需一台大吨位的塔式起重机即可完成，但由于周围环境的制约，选用两台较小吨位的塔式起重机才可施工。如果想很好地解决这一问题，在塔式起重机选型初步确定后，找专业塔式起重机拆装单位（需有地方建委批准的资质）对现场勘察后方可定型。

5）其他方面因素的考虑

除此之外，还应注意塔式起重机的用电量较大，一般为几十千伏，安装地点尽可能靠近工地的变压器，同时又应避免离高压线太近。

总之塔式起重机的选用原则有很大的不确定性。事实上，具体的工程应确定相应的塔式起重机类型，不能以小代大，也不能以大代小。选用适合于在施工程的塔式起重机，需要从施工、机械、安装三个方面与有实践经验的人员共同协商才有可能得出较为满意的结果。选型如果发生错误，则有可能造成重大的经济损失，甚至发生意外事故。因此，塔式起重机的选用是很重要的。

（2）装配式建筑塔式起重机选择的一些原则

装配式建筑施工时，塔式起重机不仅要承担建筑材料、施工机具的运输，还要负责所有 PC 构件的吊运安装。因此，装配式建筑塔式起重机选型、布置和使用与传统建筑施工相比有自己的特点：塔式起重机起重能力要求高，型号往往比传统施工大；吊装 PC 构件占用时间长，塔式起重机使用更紧张；围护墙体同步施工，塔式起重机定位优先选阳台窗洞。

因此在选用装配式建筑塔式起重机设备时一般从技术参数层面和经济参数层面进行考量。

1）主要技术参数

① 工作幅度：决定了塔式起重机的覆盖范围，根据装配式建筑塔式起重机工作特性，塔式起重机幅度要求要能满足地下室施工和主体施工两大阶段。在地下室施工阶段主要吊装些模板、架管、钢筋、料斗等，对起重能力要求不高，但对覆盖范围要求大；主体施工阶段，吊装 PC 构件是塔式起重机的主要工作，PC 件动辄 5～6t，所以主体施工阶段对塔式起重机起重能力要求高，但只需要覆盖主体。因此，需要综合考虑两个阶段的需求（臂长可阶段变化），选出经济性的方案。

② 起重高度：安装高度需考虑的因素，满足建筑物的高度（安装高度比建筑物高出2～3 节标准节，一般高出 10m 左右），群体建筑中相邻塔式起重机的安全垂直距离（按规范要求错开 2 个标准节高度）。

③ 起重力矩：在不考虑风荷载的情况下，起重力矩＝起重量×工作幅度，一般在吊

装工程中起重力矩应控制在对应额定力矩的 75％以内。在装配式吊装中，起重量＝单个 PC 构件重量＋吊具重量（挂钩、钢丝绳、索具、平衡梁等）；同时因考虑 PC 构件起吊及落位整个过程中幅度变化带来的力矩变化，所以需进行塔式起重机起重力矩验算，并绘制《塔式起重机起重能力验算图》。

2）主要经济参数

从进出场费用、月租金、作业人员薪资等三个方面进行考虑。

3）场地布置方面

① 单台塔式起重机布置在建筑长边中点附近可以获得较小的臂长且覆盖整个建筑和堆场，使用这种方法布置塔式起重机所使用的资金较少，但是效率较低下，可能无法满足施工进度的要求，如图 4-19 所示。

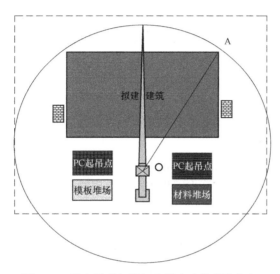

图 4-19　单台塔式起重机布置在建筑长边中点

② 双台塔式起重机可以布置在施工区域内的同侧或异侧，同侧布置易产生盲区，而异侧布置可以有效地避免盲区产生、提高施工效率。两台塔式起重机对向布置还可以在较小臂长、较大起重能力情况下覆盖整个建筑，如图 4-20 所示。

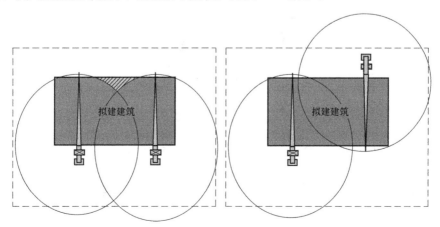

图 4-20　塔式起重机同侧与异侧布置的比较

4）安全作业方面

装配式建筑施工，对塔式起重机依赖大，塔式起重机布置的数量也比传统施工要多，群塔作业为保证安全更需要提前设计；高低塔布置与建筑主体施工进度安排有关，群塔作业方案中应根据主体施工进度及塔式起重机技术要求，确定合理的塔式起重机升节、附墙时间节点。

5）装配式建筑塔式起重机附着特点

① 外挂板、内墙板属于非承重构件，所以不得用作塔式起重机附墙连结，塔式起重机必须与建筑结构主体附墙。

② 分户墙、外围护墙与主体同步施工，因此，塔式起重机附着杆件必须优先选择窗洞、阳台伸进。

③ 塔式起重机附着必须在塔式起重机专项施工方案中体现，明确附着细节，若需要外挂板及在其他预制构件上预留洞口或设置埋件的，开工前应下好构件工艺变更单，工厂提前做好预留、预埋。

6）塔式起重机拆除要求

塔式起重机方案设计中，应该充分考虑塔式起重机拆除时工况，避免拆除时臂摆和建筑主体、相邻塔式起重机、施工电梯、外挂爬架等相碰撞情况。

2. 塔式起重机的计算

塔式起重机的计算大致分为以下步骤：

（1）根据工程吊装类型，计算出工程中可能出现的最大吊装载荷，需要与 PC 构件供应商或钢结构供应商取得联系。

（2）根据工程类型、规模和现场环境等综合因素考量后，确定塔式起重机布局和大致类型，明确工作幅度后联系专业塔式起重机供应商进行塔式起重机选取，或根据塔式起重机生产厂家说明书中的内容进行选取，图 4-21 和图 4-22 为 C7050 型塔式起重机的起重载

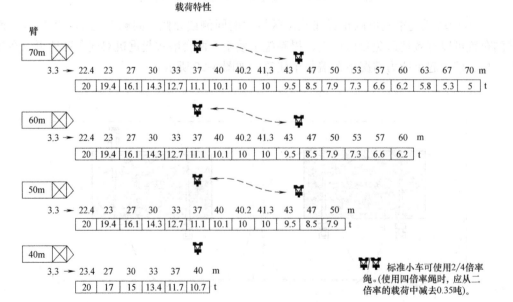

图 4-21 C7050 型塔式起重机起重载荷性能表

荷性能表。

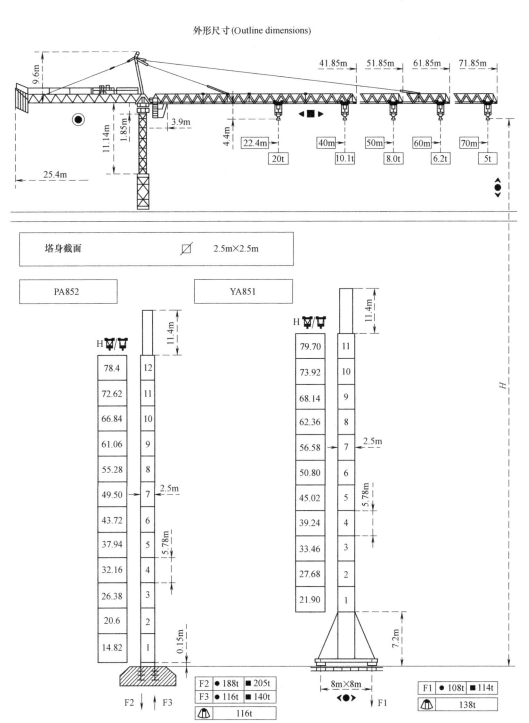

图 4-22　C7050 型塔式起重机外形及塔身截面

动臂式塔式起重机有类似于自行式起重机的起重特性曲线图，在已知工作幅度、起重量和吊装高度后，通过特性曲线来选择合适的塔式起重机，如图 4-23 所示。

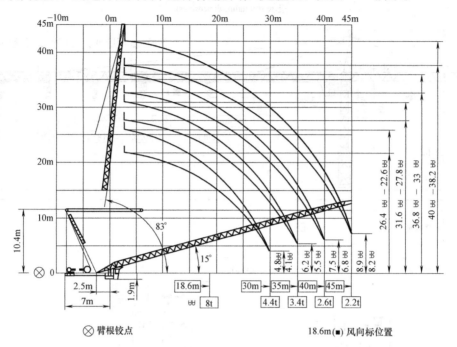

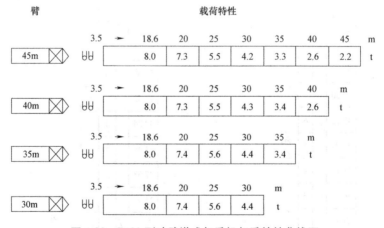

图 4-23　D120 型动臂塔式起重机起重特性曲线图

（3）根据已选出的塔式起重机类型，按照厂家说明书要求修建塔式起重机基础。下面以某工程的 QTZ125 型塔式起重机基础为例：

1）塔式起重机基础混凝土、配筋

① 根据土方开挖情况，挖至满足塔式起重机承载力的中风化泥岩即可。按照生产厂家的塔式起重机说明书要求，基础采用 6.0m×6.0m×1.4m 钢筋混凝土基础，设计混凝土标号为 C30。为加快塔式起重机安装速度，基础混凝土采用 C40。配筋如图 4-24 所示，现场做二组同条件试块和一组标养试块，以确定安装塔式起重机时间。

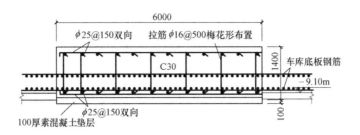

图 4-24 QTZ125 塔式起重机基础配筋图

② 基础施工

防水保护层浇筑完成后，应先绑扎基础下层钢筋网，再用汽车吊固定好塔式起重机的四个脚柱（脚柱埋入混凝土为 800mm），为确保四个脚柱间位置正确首先用一节标准节将四个脚柱连接，用水准仪测量脚柱上口标高，必须水平且误差在 1mm 以内；然后按照施工图纸要求绑扎该部位的裙房基础底板钢筋；最后绑扎基础钢筋上层网片、拉钩钢筋以及预留的钢筋。在混凝土浇筑过程中测量人员应随时跟踪复测塔式起重机脚柱，发现偏差立即调整。

2）塔式起重机基础验算

根据岩土工程公司出具的《某广场岩土勘察报告》显示：塔式起重机基础位置处于 13-13 剖面 70 号点位附近，该处地下 9m 以下为中风化泥岩和中风化石灰岩。最小承载力特征值为 900kN/m²，如图 4-25 所示。

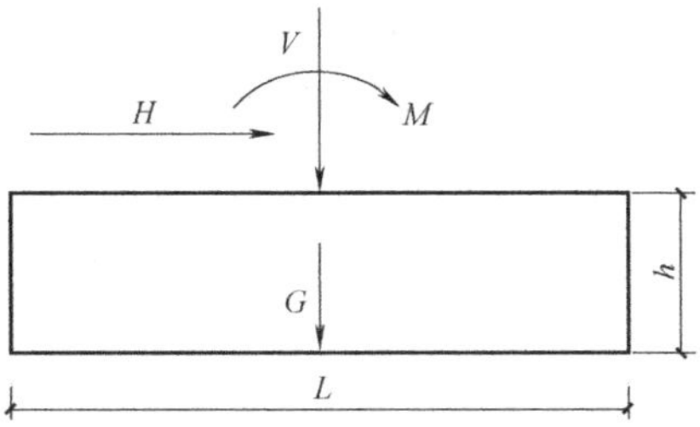

① 抗倾覆计算简图

计算依据为《建筑地基基础设计规范》GB 50007—2011 中 5.2 的规范要求进行计算。

图 4-25 塔式起重机基础计算简图

5.2.1 基础底面的压力，应符合下列规定：

1 当轴心荷载作用时

$$p_k \leqslant f_a \tag{5.2.1-1}$$

式中：p_k——相应于作用的标准组合时，基础底面处的平均压力值（kPa）；

f_a——修正后的地基承载力特征值（kPa）。

2 当偏心荷载作用时，除符合式（5.2.1-1）要求外，尚应符合下式要求：

$$p_{kmax} \leqslant 1.2 f_a$$

式中：p_{kmax}——相应于作用的标准组合时，基础底面边缘的最大压力值（kPa）。

5.2.2 基础底面的压力，可按下列公式确定：

1 当轴心荷载作用时

$$p_k = \frac{F_k + G_k}{A} \tag{5.2.2-1}$$

式中：F_k——相应于作用的标准组合时，上部结构传至基础顶面的竖向力值（kN）；

G_k——基础自重和基础上的土重（kN）；

A——基础底面面积（m²）。

2　当偏心荷载作用时

$$p_{kmax} = \frac{F_k + G_k}{A} + \frac{M_k}{W} \tag{5.2.2-2}$$

$$p_{kmin} = \frac{F_k + G_k}{A} - \frac{M_k}{W} \tag{5.2.2-3}$$

式中：M_k——相应于作用的标准组合时，作用于基础
底面的力矩值（kN·m）；

　　W——基础底面的抵抗矩（m³）；

　　p_{kmin}——相应于荷载效应标准组合时，基础底面
边缘的最小压力值（kPa）。

3　当基础底面形状为矩形且偏心距 $e > b/6$ 时
（图 5.2.2）时，p_{kmax} 应按下式计算：

$$p_{kmax} = \frac{2(F_k + G_k)}{3la} \tag{5.2.2-4}$$

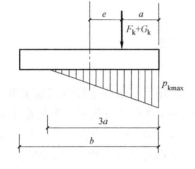

图 5.2.2　偏心荷载（$e > b/6$）
下基底压力计算示意
b—力矩作用方向基础底面边长

式中：l——垂直于力矩作用方向的基础底面边长（m）；
　　a——合力作用点至基础底面最大压力边缘的距
离（m）。

非工作状态及工作状态下，作用基础力的偏心距应满足：

非工作状态时：

$$e = \frac{(M - Hh)}{(V + G)} \leqslant \frac{L}{3} \tag{4-11}$$

$$e = \frac{(130 + 8 \times 1.4)}{[55.8 + (6 \times 6 \times 1.4 \times 2.5)]} = 0.78m \leqslant \frac{L}{3} = \frac{6}{3} = 2m$$

工作状态时偏心距：

$$e = \frac{(M - Hh)}{(V + G)} \leqslant \frac{L}{3} \tag{4-12}$$

$$e = \frac{(150 + 1.5 \times 1.4)}{[65.8 + (6 \times 6 \times 1.4 \times 2.5)]} = 0.79m \leqslant \frac{L}{3} = \frac{6}{3} = 2m$$

式中　e——偏心距（m）；

　　M——作用于塔身底的弯矩（kN·m）；

　　H——作用于塔身底部的水平力（kN）；

　　h——基础厚度（m）；

　　V——塔式起重机自重（kN）；

　　G——混凝土基础自重（kN）；

　　L——混凝土基础边长（m）。

② 对地基的最大压力应满足

依据《建筑地基基础设计规范》GB 50007—2011 中第 5.2.2 条承载力计算。

$$P = \frac{F + G}{A} \left(1 \pm \frac{bc}{l} \right)$$

$$P = \frac{65.8 + 126}{6 \times 6} \left(1 \pm \frac{6 \times 0.79}{6} \right)$$

由上式可知，$P_{max}=9.54<f$、$P_{min}=1.12>0$。故意满足要求。

式中　f——地基允许承载力 $900kN/m^2=90t/m^2$。

（4）塔式起重机附墙的计算

此部分计算应由专业公司进行，并在计算完成后，方案实施前将方案交建筑结构设计进行审核，设计审核同意后才能进行施工。

1）距塔式起重机基础 35m 处开始安装第一个附墙架，以后随主体结构层数的增加，依次隔 24m、21m、21m 安装附墙架一道。

2）附墙与剪力墙的连接

在方案确定附墙位置的剪力墙处采取预埋塑料管，用于穿固定螺栓。用螺栓将特制的钢板固定在剪力墙，附墙撑杆与钢板间采取焊接固定，如图 4-26 所示。

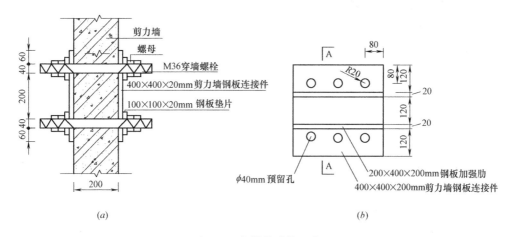

图 4-26　与墙体连接示意图

（a）剪力墙钢板连接方式；（b）剪力墙钢板连接件

3）塔式起重机的附着架是由四个撑杆和一套环梁等组成，它主要是把塔式起重机固定在建筑物的外墙上，起附着作用，使用时环梁套在标准节上，四角用八个调节螺栓通过顶块把标准节顶牢。其撑杆长度可调整，四根撑杆端部有大耳环与建筑物附着处铰链，四根撑杆应保持在同一水平内，调整顶块及撑杆长度使塔身轴线垂直。附着架实际使用时，可适当加长或减短撑杆，撑杆与建筑物的连接方式可以根据实际情况而定。撑杆的大样如图 4-27 所示。

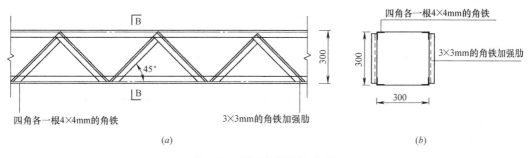

图 4-27　附着架撑杆示意图

（a）附着架撑杆；（b）A—A

4）附着架的安装与使用

① 将环梁包在塔身外，然后用 16 个 M24 的螺栓连接起来，再提升到附着点的位置。

② 调整螺栓，使顶块能顶紧塔身。

③ 吊装 4 根撑杆，并调节调整螺栓，使其符合长度的要求。

④ 用经纬仪检查塔式起重机轴心的垂直度：其垂直度在全高上不得超过 4/1000，垂直度可通过调整 4 根附着用撑杆的长度及顶块来调整。

⑤ 无论附着几次，最上一个附着架处必须用内撑杆，将塔身四根主弦顶死。

⑥ 附着式塔式起重机的拆卸顺序与安装时相反。

4.3.2　塔式起重机的安装

1. 塔式起重机安装前的准备工作

（1）方案的编制

1）设备安装单位

① 安装、拆卸工程专项施工方案。

② 安装、拆卸工程生产安全事故应急救援预案。

③ 附着、顶升专项施工方案。

2）设备使用单位

① 基础施工方案。

② 建筑起重机械生产安全事故应急救援预案。

③ 群塔防碰撞安全措施。

④ 建筑起重机械安全作业方案。

（2）塔式起重机型号和布置位置的确定

塔式起重机型号的选择和位置的选定是施工组织设计的最基本的内容之一，它应考虑三方面的问题。

① 塔式起重机的能力是否能满足生产要求。如最大单件的起重量、回转半径的覆盖区域、起重力矩、塔身最大允许高度是否与建筑物高度匹配等。

② 施工作业周边的环境，主要考虑工地周边的架空输电线，周边已有的建筑物及同时施工的相邻建筑物（包括脚手架等附属物）、相邻的施工用塔式起重机和其他施工机械（塔式起重机的尾部与周围建筑物及其外围施工设施之间的安全距离不得小于 0.6m）。

在有架空输电线的场所，塔式起重机的任何部位与输电线的安全距离应符合表 4-1 的规定，对于不能满足该安全距离的应该搭设防护栏杆，以保证塔式起重机的安全。

塔式起重机的任何部位与输电线的安全距离　　　　　　　　表 4-1

安全距离 （m）	电压（kV）				
	<1	1~15	20~40	60~110	220
沿垂直方向	1.5	3.0	4.0	5.0	6.0
沿水平方向	1.0	1.5	2.0	4.0	6.0

③ 两台塔式起重机之间的最小架设距离应保证处于低位塔式起重机的起重臂端部，并与另一台塔式起重机的塔身之间至少有 2m 的距离，处于高位塔式起重机的最低位置部

件（吊钩升到最高点或平衡重的最低部位）与低位塔式起重机中处于最高位置部件之间的垂直距离不得小于 2m，如图 4-28 所示（但在实际布置塔式起重机时，一般按选择起重臂端部与拉杆的最近点不小于 2m 考虑）。

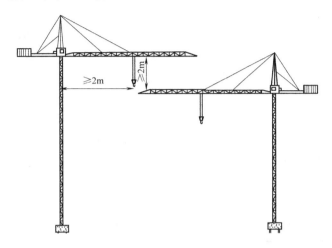

图 4-28　两台塔式起重机之间的最小架设距离

塔式起重机在非工作状态时，应处于自由回转状态，不要强制性地人为阻止其自由回转。

④ 满足塔式起重机的安装与拆卸的条件，在选择塔式起重机的布置位置时，还要考虑是否能顺利地安装与拆卸、是否有足够的安装与拆卸的场地、安装和拆卸用的起重设备的安放位置和进出场线路是否畅通等。

⑤ 需附墙的塔式起重机，还需考虑塔式起重机的附墙位置。

（3）塔式起重机安装单位及其作业人员的要求

塔机的安装单位及作业人员应符合《中华人民共和国特种设备安全法》中的相关规定。

1）塔式起重机安装单位的要求

塔式起重机拆装作业实行许可证制度，对从事塔式起重机装拆作业的企业进行资质管理，从事塔式起重机安装企业必须取得建设部规定的起重设备安装工程专业资质，起重设备安装工程专业承包企业资质分为一级、二级、三级。

① 一级资质可承担各类起重设备的安装与拆卸。

② 二级资质可承担单项合同额不超过企业注册资本金 5 倍的 1000kN·m 及以下塔式起重机等起重设备、120t 及以下起重机和龙门吊的安装与拆卸。

③ 三级资质可承担单项合同额不超过企业注册资本金 5 倍的 800kN·m 及以下塔式起重机等起重设备、60t 及以下起重机和龙门吊的安装与拆卸。

专项方案中企业加盖的公章应为法人章，下级章无效，方案审核人为企业资质中登记的"技术负责人"。

2）作业人员要求

① 塔式起重机拆装作业人员必须取得建设行政主管部门颁发的"建筑施工特种作业操作资格证书"。

② 建筑施工特种作业人员的考核发证工作，由省、自治区、直辖市人民政府建设主管部门或其委托的考核发证机构负责组织实施。

③ 资格证书有效期为 2 年。

（4）塔式起重机的供电容量

塔式起重机的装机容量为塔式起重机上所有用电设备容量的总和，而塔式起重机的供电容量为塔式起重机上同时运行的各用电设备的总和。由于塔式起重机上一般同时运行的设备只有起升、回转、行走三大机构，所有将这三大机构用电量相加即为塔式起重机的总用电量。

由于电源变压器至塔式起重机之间一般都有一定的距离，而塔式起重机的电缆线也有一定的长度，因此存在一定的线路压降。且塔式起重机工作时频繁的起制动，尖峰电流经常出现，因而供电应考虑到尖峰时塔式起重机内外部压降之和为 5～10％，为塔式起重机供电的变压器的容量应大于塔式起重机用电量的一倍以上。

1）供电线路的导线选择见表 4-2。

供电线路的导线选择　　　　　　　　　　　　表 4-2

项目　　　　　　设备型号	TC5610 塔式起重机	C5015 塔式起重机	F023B 塔式起重机
工作电流	60～70A	80～90A	130～140A
铅芯导线	25mm²	35mm²	70mm²
铜芯导线	16mm²	25mm²	35～50mm²
铜芯电缆	16mm²	25mm²	50mm²

2）塔式起重机的配电箱

① 对塔式起重机等大型设备的配电箱应专箱专用，且一机一闸，有明显标识。

② 配电箱应安装在离塔式起重机 5m 以内，高 1.5m，便于操作的位置。

③ 配电箱应防雨防尘、有门有锁，导线都从箱下方进出，箱体应可靠接零接地。

2. 塔式起重机的基础

塔式起重机基础分为轨道式、压重式、固定式、组合式、桩基承台式等，下面主要就固定式基础进行说明。

（1）塔式起重机基础的设置类型与选择

1）天然地基上（板式基础）塔式起重机基础

如果基坑平面尺寸较小，在基坑外侧设置塔式起重机（一台或几台）即可满足覆盖工作面，塔基可以直接放在基坑支护结构（或放坡）的坑外土体中，塔基直接落在天然地基上，这时应将塔基埋入土中以增加稳定性（嵌固作用），这个做法简单。但是，塔基如果靠近基坑支护结构将增加一定的侧向土压力，需与支护设计沟通，取得同意。

这种基础设置类型：天然地基＋承台桩基＋承台。

2）基坑支护桩（墙）上塔式起重机基础

当采用地下连续墙（墙厚大于 600mm）或灌注桩（φ800）作为支护竖向结构时，可以将塔式起重机基础一侧搁在围护桩（墙）上，另一侧再加设 2 根支承桩以共同承受塔基荷载，这样利用支护桩（墙）承担一部分塔式起重机荷载，减少了支承桩数量。这时，承受塔式起重机竖向荷载的几根围护桩（墙）在设计时可能要适当加长入土深度，并协调与外侧支承桩的共同工作问题。沉降计算可按照《建筑桩基技术规范》JGJ 94—2008 有关条款进行。

这种基础设置类型：支护桩＋支承桩＋承台。

3）基坑内与地下室外侧间塔式起重机基础

当地下连续墙施工和塔基桩打桩完成，在土方开挖后施工承台，这时有两种施工类型：

① 在承台上安装塔式起重机，当地下室完成后塔基在室外最低，所以应在室外地面以下砌筑塔式起重机防水圈，否则会存在塔基内积水。需要在塔基防水圈内设置水泵经常抽排水，以利检修。防止塔式起重机基节锈蚀。这种设置类型后期维护成本较高。

这种基础设置类型：桩基＋承台＋砌筑（浇筑）防水圈。

② 在承台上再设置塔基钢筋混凝土框架至室外地面，框架柱应比塔式起重机底座大 200mm 左右，便于预埋基础螺栓，后再在上安装塔式起重机。虽然增加了框架部分成本，但这样能有效解决塔基积水排水问题，并方便保养维修，减少了使用成本，并在后续施工中也方便回填。

这种基础设置类型：桩基＋承台＋构架。

4）地下室内塔式起重机基础

城市高层建筑深基坑，周围环境复杂，场地狭窄。如塔式起重机放在地下室外，势必影响工程施工，或者使塔式起重机距附着点太远及浪费塔式起重机的有效工作面。这时，塔基设置又可分为三种类型：

① 采用桩基高承台塔式起重机基础，又称"组合式基础"。桩基可用预制桩（方桩或管桩）也可采用混凝土灌注桩。塔式起重机基础宜优先采用与主体建筑工程桩的同种桩型。如时间允许，在打工程桩时，塔式起重机基础的支承桩也争取同时打，以简化施工，降低工程费用。除了打设桩基外，在灌注桩内可插入钢格构柱，将塔式起重机基础（承台）向上抬到地表室外地面的高度。钢格构柱可用型钢和缀板组成。钢格构柱下端插入灌注桩内的深度一般不小于 3m。而上端插入承台一般 500mm 左右，并不宜大于承台高度的一半，否则对抗冲切不利。钢格构柱尽量不要穿越地下室的框架梁。在穿越底板时，格构柱四周设止水板，穿越楼板时先留洞口。

在钢格构柱的上口，做塔式起重机承台。这样，在基坑土方开挖之前，即可将塔式起重机安装起来，在土方施工、支撑施工和地下室结构施工时充分发挥塔式起重机的作用，加快工程进度。基坑土方一般均按分层、分区进行。在钢格构柱暴露出一段高度（一般 2～3m）后，需及时采用型钢斜撑将钢格构柱四周拉结，增加整体刚度。

这种基础设置类型：桩基＋钢格构柱＋承台（组合式基础）。

② 大底板下塔式起重机基础

如果由于种种原因，造成塔式起重机基础支承桩未进行施工，而基坑土方已经开挖，加上场地限制又不能在深基坑外（或底板外）做塔式起重机桩基，此时，可将塔式起重机基础放到大底板下面，在底板施工之前先将塔式起重机基础做好。这时塔式起重机基础坐在坑下的天然地基（或经过地基处理）上应满足地耐力要求。然后通过格构柱（或塔式起重机标准节）穿越大底板（加止水钢板），塔式起重机用螺栓连接固定在钢格构柱的顶部。此时塔基承台可按天然地基基础设计，根据当地地质条件选用合适的平面尺寸。此种设置类型不把塔式起重机荷载传到底板上，对于底板较薄时，设计方比较容易接受。但是，底板下的承台尺寸往往较大，当基坑深度很大时，需要为塔基挖下一个很深的土坑（超过底板），给降水和挖土增加了难度。

这种基础设置类型：天然天基＋承台＋钢格构柱＋塔式起重机承台。

③ 大底板上或埋在底板中塔式起重机基础

当大底板厚度较大（大于2m）时，或者基坑很深，在底板下做塔式起重机基础难度很大时，在征求设计同意后，也可以将塔式起重机基础直接落在大底板上或嵌在大底板中，以大底板作为塔式起重机的基础。由于大底板较厚，从承载力来说，底板一般不会发生问题。这时，塔基尺寸相对可以减小一些，以节约空间和材料。但是，采用这种设置类型的缺点是：塔式起重机要等到底板施工以后才能安装，延迟了塔式起重机投入工作的时间。

这种设置类型：底板（包括塔基）＋塔式起重机。

（2）不满足现场地基承载力要求，可选择以下几种情况：

1）降低塔式起重机的自由高度，直至满足要求，必要时可加设附着。

2）通过等量代换采用加大塔式起重机基础的方式。如要求塔式起重机地基承载力为180kPa，实际为140kPa，选用矩形6.45m×6.45m基础，则$6.45 \times 6.45 \times 180/140 = 7.5m^2$。

3）采用换土的方法达到要求。换土一般用极配砂石，厚度一般在0.8～1.5m之间。

（3）塔式起重机基础的计算

可利用现有PKPM安全施工软件进行计算。

（4）一般规定

1）应进行抗倾翻稳定性和地基承载力验算，且矩形基础的长、短边之比不大于2。

2）预埋非标准节时不得选用塔式起重机标准节。

3）塔式起重机基础混凝土强度不得低于C35。

4）塔式起重机基础平整度为1‰。

5）塔式起重机基础选择在坑上时，基础的混凝土边与基坑的外边线必须保持2m以上的距离。

6）应做可靠接地，接地电阻不大于4Ω，重复接地电阻不大于10Ω。

3. 塔式起重机的安装

（1）塔式起重机的安装条件

1）对塔式起重机基础进行验收，基础周围应有排水设施。基础混凝土强度达到80％以上设计强度，塔式起重机运行时达到100％。

2）对基础的水平度、垂直度进行复测。

3）安装单位、人员资质与方案一致。

4）雨、雪、浓雾天气严禁进行安装作业。安装时塔式起重机的最大高度处的风速不得超过说明书的规定，且风速不得超过12m/s。风力等级与风速对照表见表4-3。

风力等级与风速对照表　　　　　　　　　　　　　　　　表 4-3

风力（级）	1	2	3	4	5	6
风速范围(m/s)	0.3～1.5	1.6～3.3	3.4～5.4	5.5～7.9	8.0～10.7	10.8～13.8
风力（级）	7	8	9	10	11	12
风速范围(m/s)	13.9～17.1	17.2～20.7	20.8～24.4	24.5～28.4	28.5～32.6	32.7 以上

5）塔式起重机不宜在夜间进行安装作业，当需在夜间进行安装和拆卸作业时，应保证提供足够的照明。

（2）塔式起重机的安装

1）风力在 4 级及以上时，不得进行升降作业。

2）塔式起重机安装完毕后应进行垂直度测量，在无荷载的情况下，塔身和基础平面的允许偏差为 4/1000。

4. 塔式起重机的附着

（1）附着的一般要求

1）附着点的受力强度应满足塔式起重机的设计要求。附着杆系的布置方式、相互间距和附着距离等，应按出厂使用说明书规定执行。有变动时，应另行设计。

2）装设附着框架和附着杆件，应采用经纬仪测量塔身垂直度，并应采用附着杆进行调整，在最高锚固点以下垂直度允许偏差为 2/1000。

3）在附着框架和附着支座布设时，附着杆倾斜角不得超过 10°。

4）塔身顶升接高到规定锚固间距时，应及时增设与建筑物的锚固装置。塔身高出锚固装置的自由端高度，应符合出厂规定。

5）拆卸塔式起重机时，应随着塔身降落的进程拆卸相应的锚固装置。严禁在落塔之前先拆锚固装置。

6）遇有六级及以上大风时，严禁安装或拆卸锚固装置。

（2）附着的方式

1）三杆式附着杆系（图 4-29）

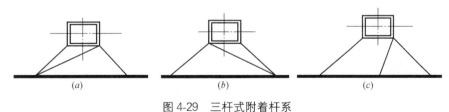

图 4-29　三杆式附着杆系

2）四杆式附着杆系（图 4-30）

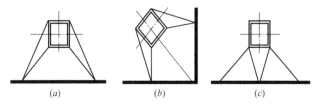

图 4-30　四杆式附着杆系

3）非常规附着（图 4-31）

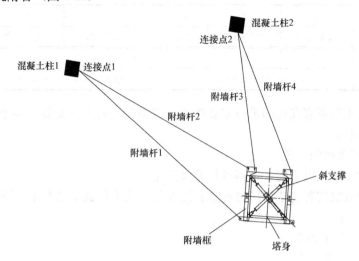

图 4-31　非常规附着

4）利用 PKPM 安全计算软件进行受力情况验算

（3）与建筑物的连接

塔式起重机与建筑物的连接分为预埋件、预留孔、制作扭腿或抱柱等方式。

5. 塔式起重机的拆除

塔式起重机拆除顺序为安装的逆顺序，必要时可选择空中解臂、起重臂旋转 180°等非常规拆除方法。

拆卸顺序：塔式起重机下降（降至初装高度）→平衡块（靠近塔顶根部一块）→大臂→平衡块→平衡臂→塔顶→驾驶室→回转机构→套架及标准节→底架。

6. 索具的选择和使用

（1）钢丝绳端部采用编结固接时，编结部分的长度不得小于钢丝绳直径的 20 倍，且不应小于 300mm。

（2）采用绳夹固接时，钢丝绳吊索绳夹最少数量应满足表 4-4 要求。

钢丝绳吊索绳夹最少数量

表 4-4

绳夹规格(钢丝绳公称直径)d(mm)	钢丝绳夹的最少数量(组)
≤18	3
18～26	4
26～36	5
36～44	6
44～60	7

（3）钢丝绳夹压板应在钢丝绳受力绳一边，绳夹间距不应小于钢丝绳直径的 6 倍。

（4）吊索必须由整根钢丝绳制成，中间不得有接头。

（5）当采用两点或多点起吊时，吊索数宜与吊点数相符。

（6）钢丝绳严禁采用打结方式系结吊物。

4.3.3 塔式起重机安装、拆卸工艺案例分析

由于塔式起重机的种类和型号各不相同，本节主要以 QTZ6015 塔式起重机为例具体介绍起重机的安装、拆卸工艺。

1. 前言

QTZ6015 塔式起重机为水平臂架、小车行走变幅、上旋转自升式塔式起重机，其臂长为 60m，最大起重量为 6t。

根据建筑施工的需要，可用不同的部件、构件组成行走式、内爬式、固定式和附着式等多种形式的塔式起重机，具有一机多能的特点，最大起升高度可达 167m。

塔身分第一节架、标准节架、套架、套架Ⅰ节架，塔身的标准节架采用片状拼装，便于运输（每辆 5t 载重汽车可运四个标准节架），堆放占地面积小，可放在仓库里便于维修，延长使用寿命。节架之间采用 8.8 级的铰制孔精制螺栓连接。

起升机构采用电磁离合器变速，涡流制动器调速的起升方案，起升速度快、慢就位准确可靠；回转机构采用涡流电动机和行星齿轮传动，传动比大、起制动平稳；行走机构采用圆弧齿圆柱蜗杆减速器，传动比大、机构紧凑、起动平衡。操作室设在塔式起重机回转上支承载左侧，视野开阔，联动台操作方便、舒适。操作室内应自备适当二硫化碳干粉灭火器。

2. 起重机技术性能

主要技术参数见表 4-5。

起重机技术性能主要技术参数　　　　　　　表 4-5

总体		起重力矩(kN·m)	1000			
		最大起重量(t)	6			
		最大臂长(m)	45	50	55	60
		最大臂长端部起重量(t)	2.23	1.91	1.68	1.5
	起升高度	预埋螺栓固定式(m)	44			
		轨道式(m)	44			
		附着式(m)	176			
		平衡重(t)	10.5	12	13.5	15
		压重(t)	80(沿海地区100)			
	整机机械自重	预埋螺栓固定式(t)	44.5			
		轨道式(t)	51.5			
		预埋螺栓附着式(t)	101.5			
		供电电源	380V~50Hz			
		工作温度(℃)	-20℃~+40℃			
起升机构	速度(m/min)	滑轮倍率	4	2	2	
		起重量(t)	6	2.93	1.5	
		额定起升速度(m/min)	25	50	50	
		低速就位速度(m/min)	≤5			

续表

起升机构	电动机	型号:YZRW255M-6 功率:30kW 转速:960r/min		
	减速器	圆柱齿轮电磁变档减速机 $i=14.72/7.277$		
	制动器	RWZ-300/45		
	钢丝绳	37×7-14-1770		
变幅机构	变幅速度(m/min)	40.5		
	电动机	型号:YZRW132M2-6	功率:3.7kW	转速:908r/min
	减速器	蜗轮蜗杆减速器 WHC12-31.5-IF		
	钢丝绳	18×7+FC-8-1570		
顶升机构	泵站型号	GBK1008-B1F		
	油缸型号	HSGK01-180/100E-1301-1250-1838		
	油缸行程(mm)	1250		
	顶升速度(m/min)	0.5		
	最大顶升力(t)	47		
	电动机	型号:Y112M-4	功率:4kW	转速:440r/min
	额定工作压力(MPa)	18		
回转机构	回转速度(r/min)	0.63		
	电动机	型号:YZRW255M-6	功率:2×3.7kW	转速:908r/min
	减速器	行星齿轮减速器 速比:180		
	制动器	直流制动器 DZBⅡ-8		
行走机构	行走速度(r/min)	18.5		
	电动机	型号:ZRW132M1-6	功率:2×5.5kW	转速:933r/min
	减速器	圆柱蜗杆减速器		

3. 塔式起重机的安装

(1) 安装、顶升及附着的要求

1) 安装和操作人员必须熟悉本塔式起重机说明及有关的技术文件,熟悉安装、顶升以及操作程序,方可进行工作。

2) 塔式起重机安装工作应在风力小于六级（≤13.8m/s）时进行,顶升工作应在风力小于四级（≤7.9m/s）时进行。

3) 安装塔式起重机的混凝土基础,要求地耐力不小于 200kN/m^2。

4) 顶升过程中,塔式起重机除自身安装需要的吊装外,不得进行其他吊装工作。

5) 当行走式塔式起重机起升高度和预埋螺栓固定式起升高度均超过 44m 时,塔身与建筑物之间必须安装附着架,各附着点的位置与现场结构形式及层高结合而确定。

(2) 安装前的准备工作

1) 了解现场布置及土质情况,清除周围障碍物,安装场地范围应满足汽车吊作业位置及运输车辆出入。

2) 结合施工组织设计,确定塔式起重机位置。若塔式起重机为固定式,按底座固定示意图、基础节固定式示意图、混凝土基础承载力及预埋螺栓固定基础节的混凝土座进行混凝土基础的浇筑，并制作预埋螺栓、压板等。行走式塔式起重机分别按要求铺设轨道。

3）按起重高度 16m，相应的起重量为 6t，最大起升高度为 22m，相应起重量为 1.2t 的要求准备起重机械、枕木、木楔、铁丝和绳扣等常用安装工具。

4）配备好安装人员：指挥 1 人，起重机及安装工 4～6 人，电工 2 人，塔式起重机司机 1 人。

（3）安装工艺

工艺流程（行走式、固定式除①、②项外均与其他相同）：

① 安装主、被台车→②安装底座→③第一节架→④压重及电缆筒→⑤自升平台→⑥油缸→⑦内套架→⑧回转支承、上下回转支承架、回转机构平台、栏杆→⑨塔顶节架→⑩平衡臂的拼装及就位→⑪ 起重臂的拼装及就位→⑫操作室电器的装配、就位→⑬吊装所需的平衡重→⑭穿绳及固定→⑮检查、紧固、接电→⑯各安全装置调试、试运行→⑰顶升加节至所需高度。

1）当安装行走式塔式起重机时，先把主、被动行走台车安装在轨道上，并用小方木、木楔等稳定牢固。

2）安装底座：将底座的对角梁和半对角梁用销轴连接成 X 型底座，并安装在主、被动台车上或安装在预制好的混凝土基础上。

3）第一节架安装在 X 型底座上。为保证塔式起重机安装后，无风时的侧向垂直度不大于 4/1000，必须认真做好第一节架的校正工作。可采用如下方法：将第一节的四个内侧面划上中心线，在节架顶部横腹杆中心吊垂直线，然后在混凝土基础和底座之间加调整铁板，使 X 型梁底座的四个支点调到水平，以校正垂直线和中心线之间的偏移量，使垂直度公差在 1/1000 以内。安装好第一节架后，用销轴把四根塔身拉杆与第一节架和 X 型梁底座连接好。

4）将压重块和电缆筒安放在底座上，压重总重为 83t。

5）自升平台安装在第一节架顶部，将四个活动挂钩在横腹杆上。

6）油缸顶升梁安装在第一节架内，使梁两端的活动脚搁置在最底的一块踏板上。

7）内套架按要求将套架及各部件组装好后，吊装到第一节架内，将活塞杆耳环与油缸顶升梁铰点用销轴连接好，再将内外塔连接件与第一节架用螺栓固定。

8）回转支承、上下回转支承架、回转机构平台、栏杆等部件，组装到套架 I 节架顶部。

9）塔顶节架用销轴与回转上支承架固定。

10）平衡臂在地面拼装好，装上起升机构、平衡臂拉杆、平台、挡风板、栏杆等部件，然后将平衡臂尾部抬高，直至臂上的拉杆与塔顶上的拉杆用销轴连接好后，放平平衡臂，装上部分平衡重（60m 臂长时装 2 块 5000kg，55m 臂长时装 2 块 5000kg，50m 臂长时装 2 块 4500kg，45m 臂长时装 1 块 2500kg）。

11）臂架可根据施工需要分别组装成 45、50、55 或 60m 的长度，不同臂长所需安装的拉杆和臂架节（以厂家说明书要求为准）。首先，装上变幅小车和牵引小车机构，连接和穿绕变幅小车的钢丝绳，并将起重臂拉杆装于臂架上；其次，用吊车将起重臂吊起，使臂根铰点与回转上支承架的铰点耳对正，用销轴连接起来；最后，再将头部抬起，将已装好的起重臂拉杆的自由端销轴与塔顶节架连接。臂架拉杆与塔顶节架连接的方法如下：先把起重卷扬机的起升钢丝绳经塔顶滑轮引出来，固定在臂架拉杆的自由端，慢慢地起动起升机构，钢丝绳便缓慢地把拉杆拉向塔顶，直至把销轴穿上。

12）在地面上将操作室的一切电气设备装配好后，吊起安装在回转上支承架侧面，并用销子固定好。

13）吊装平衡量：根据所用的臂架长度，按照规定，装上所需的平衡重。

14）穿绕钢丝绳：将起升钢丝绳引出、穿绕，将绳端固定在臂杆头部。

15）检查一切安装就绪，连接紧固后，接通电源线。

16）进行试运转。

17）试运转一切顺利，方可开始顶升加节。

安装起重臂架的组合长度，用一台或两台汽车吊进行吊装。如臂长为 60m 时，可选择一台 25t 的汽车吊，吊点设在距离臂架根部铰点约 2/5 处，两根钢丝绳跨度约 8m，吊索长度每条约 12m，依次吊装安装完毕。如选用一台 16t 的汽车吊和一台 8t 汽车吊，大吊车可位于距离根部铰点 7.5m，小吊车设在长拉杆吊点处端附近，这样吊起臂架与回转上支承架的铰点耳板连好销轴后，大吊车移动到长拉杆吊点处附近替换小吊车，继续将臂架抬高，以便连接拉杆双耳连接板。值得注意的是，无论是采用大吊车还是使用两台小吊车同时起吊安装臂架，均不允许臂架根部连接好销轴后，先将臂架端部搁在地面或其他支承物上，再更换吊点或替换小吊车，大吊车替换小吊车必须保持吊重状态下进行。

（4）顶升工艺及要求

1）顶升时应配指挥 2 人（地面 1 人，自升平台 1 人），安装工 8 人（地面 1 人，自升平台上 7 人），塔式起重机司机 2 人（1 人在液压系统平台，1 人在操作室），电工 2 人（1 人配合液压操作，1 人在地面）。

2）将臂架转到位于自升平台活动栏杆的一边；准备顶升工作，不准再回转或进行其他吊装作业。

3）放下吊钩并拆去吊钩构件，在滑轮组架板上装上小吊钩，吊嘴朝前。

4）顶升用平衡重中的规定，利用自升专用吊钩吊起平衡并开动变幅机构，将变幅小车开到离回转中心约 L（m）处。使大臂和平衡重处于平衡状态。

5）地面人员将片状的标准节拼装成 U 形。

6）将下回转支承架上小吊臂的钢丝绳挂住自升平台。

7）自升平台上的指挥者，令司机将变幅小车开至离塔身中心线 L（m）左右处。使塔式起重机前后保持平衡，检查油缸下横梁是否搁在塔身内的顶升搭块上，其位置必须安全牢靠，然后操作液压系统给活塞加力，再吩咐安装工拆除内外塔连接件上的所有螺栓。令操作室停电，操作液压系统将内套架稍微顶高，抬下内外塔连接件，自升平台活动钩放在伸缩阶段的位置，然后操纵液压系统，将内套架以上部分顶高至能够套入标准节的位置。在操作过程中必须注意，绝不允许内套架的导向块脱离标准节架的主角钢，且在每次操作过程中，必须保证下横梁与搭块位置可靠才可以进行。

注意：在拆卸内外塔连接件后，只准进行塔身标准节的加节安装，不允许进行任何其他工作操作。

8）开动起升机构，将顶升平衡重放至地面，用专用吊钩将标准节架的一片桁架吊起，用下回转架环形轨道下的小吊钩钩住，放松起升钢丝绳，并将桁架转到平衡臂一侧。

9）将 U 形标准节架吊起，用环形轨道下的吊钩钩住，放松起重吊钩，变幅小车仍开回 Lm 左右处，吊起顶升平衡重，使塔身前后力矩调整至平衡。U 形标准节架罩在内套 I 节架外围，与预先就位的那一片节架相连，操作室停电，开动液压系统，油缸下降，使标准节架插入外塔身连接板内，打冲子，上螺栓拧紧。若内套架与外塔身（第一节架或标准节架）四周间隙不均，标准节插不进，可停止液压系统，开动牵引小车作前后移动，使间隙调整至均匀。

10）标准节上的螺栓全部拧紧后，摘去环形轨道下钩挂标准节的小吊钩，开动液压系统，按顶升机构上升的顺序顶升，继续按以上步骤进行第二节标准节架的安装，必须注意安全。

11）安装塔身第一节架内拉杆，注意把焊有圆钢的一根拉杆安装在靠近第一标准架的拉杆耳板上。以后每个标准节架安装一根拉杆，挂上一节爬梯（可以用塔式起重机自身安装）。

12）在塔身第一节架上安装一个休息平台，以后每隔两个标准节安装一个休息平台。

13）根据施工需要的塔身高度，若预定安装的标准节架装不完，下班前必须把内外塔连接件安装好，把自升平台活动钩放到工作位置，并解开吊臂悬挂自升平台的钢丝绳，以保证安全。

14）预定安装的标准节架全部装完后，将内外塔连接件固定好，拧紧全部螺栓，自升平台的活动钩板到工作位置，解开悬挂自升平台的钢丝绳和环形轨道上的小吊钩，将其缠绕到塔身腹杆上固定。

15）开动起升机构，将顶升平衡重卸至地面，用原配的起重吊钩换下吊具小吊钩。顶升工作结束。

（5）设置附着点的规定

1）在安装附着架以前，应对建筑物附着点的强度预先计算和确定。

2）塔身高度不小于 44m 时，必须在不大于 32m 处安装第一道附着架，以后每间距不大于 20m 安装一道附着架，并保证最高附着架处至臂架铰点处（即悬臂段的高度）不大于 27.5m。

3）安装第二道及其以上附着架时，可根据工地的施工情况或安装人员的配备情况等制定较符合实际的附着方案，以下列出的三种方案仅供参考，但用户需注意无论选择哪一种方案，都必须遵守上述第二条的规定。

1）在安装第二道及其附着架之前，先进行适当的顶升加节，将悬臂高度控制在不大于 30.5m 以内，上好内外塔连接件固定好塔身，然后按不大于 20m 的间距设置并安装好附着架后，再继续进行顶升加节，可尽量减少附着的次数和附着装置的数量，但顶升加节需分两个阶段进行。

2）第一次要在不大于 32m 处附着之后，当塔身高度已不能满足施工要求时，可适当的进行顶升加节，而后每 10m 处设置一道附着装置，当第三道附着装置安装好后，可将第二道附着装置拆除，以备下一道附着用。依此类推，但多余的附着装置需拆除，且必须保证任意相邻两个附着装置间的距离不大于 20m。优点在于每次顶升加节可以按照最大悬臂高度不大于 27.5m 的要求一次顶升完毕，但增加了附着的次数和附着装置的数量。

3）第一道附着装置设置在不大于 19m 处，而后每间距小于 19m 设置并安装附着装置。优缺点与方案 2）相同。

（6）拆卸工作

塔式起重机的拆卸按安装、顶升的反过程进行，顺序是后装的先拆。液压顶升机构在拆卸塔身时的下降动作略有不同。在拆除塔式起重机时应特别注意以下事项：

1）塔式起重机拆除时应对搭机的高强度螺栓进行检查，松动的及时加固。

2）塔式起重机拆除前，顶升机构由于长期停用，应对顶升机构进行保养和试运转。

3）在试运转过程中，应有目的地对限位器、回转机构的制动器等进行可靠性检查。

4）在塔式起重机标准节已拆除，但在下支座与塔身还没有用 M36 高强度螺栓连接好之前，严禁使用回转机构、变幅机构和起升机构。

5）塔式起重机拆卸对顶升机构来说是重载连续作业，所以应对顶升机构底主要受力件经常检查。

6）顶升机构工作时，所有操作人员必须集中注意力，观察各种构件的相对位置是否正常（如滚轮与主弦、套架与塔身之间），如果套架在上升时，套架与塔身之间发生偏斜，应停止上升，立即下降，重新检查。

7）拆卸时风速应低于 8m/s，由于场地受限制，应注意工作程序，吊放堆放位置不可马虎大意，否则容易发生人身伤害等安全事故。

8）塔式起重机在拆除时，若房屋已封顶，一天之内大臂一定要放到地下。

9）在塔式起重机拆除时，应拉上警戒线，划出拆除的安全范围，严禁非作业人员进入。

4.4　桅杆式起重机

4.4.1　桅杆式起重机的分类、结构特点

以两端通过绳索或支撑固定的桅杆（或相同功能的构件）为基本构件，配备或者不配备臂架及回转机构，依靠卷扬机和或手动操作绳索工作的起重机称为桅杆式起重机。

桅杆式起重机是一种非标准式起重机，可以根据吊装的要求进行设计和制造。桅杆式起重机主要用于吊装某些所处环境条件恶劣、重量大、高度高的设备，具有起重量大、制作容易、安装和拆除简便、占地面积小、操作简单以及工程成本低等特点，因此在起重工程中应用广泛。但同时也存在桅杆移动不便，特别是在附近有建筑物（构筑物）等障碍的情况下，布置更为困难，周边环境对缆风绳及地锚系统设计影响大等缺点。

1. 桅杆分类及其特点

桅杆式起重机是设备和结构吊装的主要起重机械，在国内外使用都很普遍，特别是用在扩建、改建工程或场地狭窄的设备吊装中，是运行式起重机不能比拟的。目前，国内没有统一的设计规范和定型产品，都是由各施工单位自行设计、制造并使用。桅杆的种类很多，但一般分类如下：

（1）按桅杆材料分：有木制桅杆和金属桅杆。

（2）按桅杆断面分：有方形、圆形、三角形及其他一些截面形式桅杆。

（3）按桅杆腹面形式分：有实腹式桅杆和格构式桅杆，如图 4-32 所示。

（4）按桅杆结构形式分：有独脚桅杆（可以单桅杆、双杆或多杆使用，如图 4-33 所示）、动臂桅杆（包括悬挂吊杆、地灵和腰灵，如图 4-34 所示）、人字桅杆（或 A 字桅杆，如图 4-35 所示）、龙门桅杆等。

桅杆属于工程机械，在《工程机械标准汇编手册》里，给桅杆规定了代号，即桅杆起重机 QH，Q 表示起重机，H 表示桅杆。桅杆的主要参数是最大起重量，单位为 t。

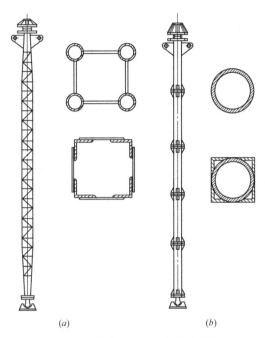

图 4-32　实腹式桅杆和格构式桅杆
（a）格构式；（b）钢管式

图 4-33　直立单桅杆对称吊装

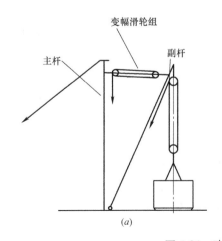
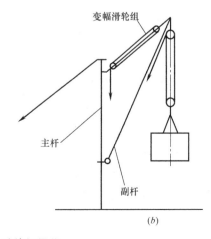

图 4-34　动臂桅杆吊装
（a）地灵机；（b）腰灵机

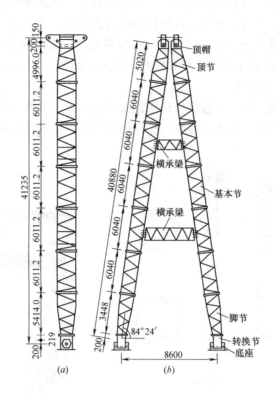

图 4-35 倾斜人字桅杆吊装设备

2. 桅杆的基本结构

桅杆式起重机由金属结构、起升系统、稳定系统及动力系统四部分组成。

① 金属结构包括桅杆、基座及其附件等。

② 起升系统的作用是提升被吊装设备或构件，它主要由滑轮组、导向轮和钢丝绳等组成。

③ 稳定系统的作用是稳定桅杆和平衡桅杆吊装载荷，它主要包括缆风绳、地锚等。

④ 动力系统的作用是为桅杆式起重机提供动力，常用的主要是电动卷扬机，也有用液压装置作为提升动力的。

（1）桅杆的头部结构

桅杆的头部结构有各种不同的形式，但可归为定头拉盘和回转拉盘两种结构。定头拉盘用于大起重量桅杆；回转拉盘于用中、小起重量的桅杆。

拉盘是系挂缆风绳（拖拉绳）的装置，缆风绳根数不得少于 5 根，也不得多于 12 根，一般是 8 根。

① 定头拉盘。就是拉盘与起重机成为一体的（图 4-36）。

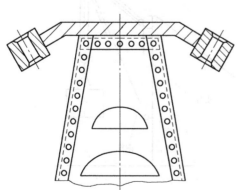

图 4-36 定头拉盘

② 回转拉盘。拉盘与起重机通过轴承来连接，其构造如图 4-37 和 4-38 所示。

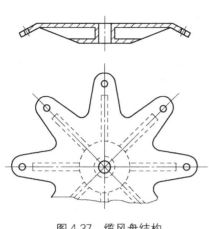

图 4-37　缆风盘结构

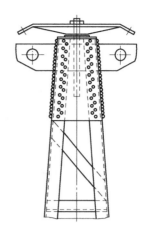

图 4-38　桅杆头部结构

（2）桅杆的底部结构

桅杆的底部结构有无铰轴底座、有铰轴底座以及球铰等。无铰轴底座（图 4-39）结构简单，直立使用较好，倾斜使用或用旋转法竖立时底部受力不利；有铰轴底座（图 4-40）虽然倾斜使用和旋转竖立方便，但侧向摆动受限制。

球铰不受方向限制且能转动，但竖立时要采取措施，否则球铰不易对中（图 4-41）。

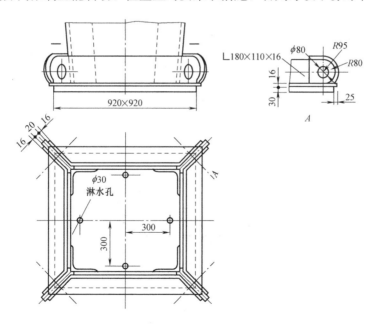

图 4-39　100kN50m 格构式桅杆无铰轴底部

（3）格构式桅杆腹杆形式

有水平杆和无水平杆，水平杆又有很多形式（图 4-42），目前多采用图 4-42（b）和图 4-42（c）所示两种形式。

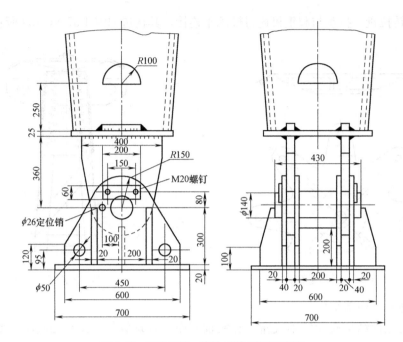

图 4-40　250kN40m 格构式桅杆销轴底座

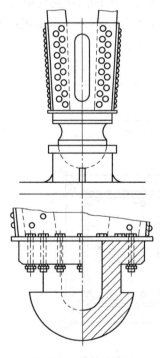

图 4-41　球铰式底座

（4）桅杆节段连接方式

桅杆中部可分成长度相等和不等的几节，分节的数目应便于制造和运输，便于拼装成长度不等的桅杆以满足不同高度的吊装需要。桅杆中部通常为正方形截面，底部、头部通常做成截面为正四棱锥体（由中部连接处分别向头部和根部的截面逐渐减小），节间连接

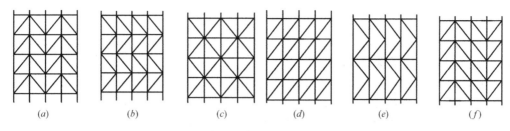

图 4-42　格构式桅杆腹杆形式展开示意

方式分插入式和法兰式（图 4-43），每节两端与定位销孔完全一致（孔的大小、数量、间

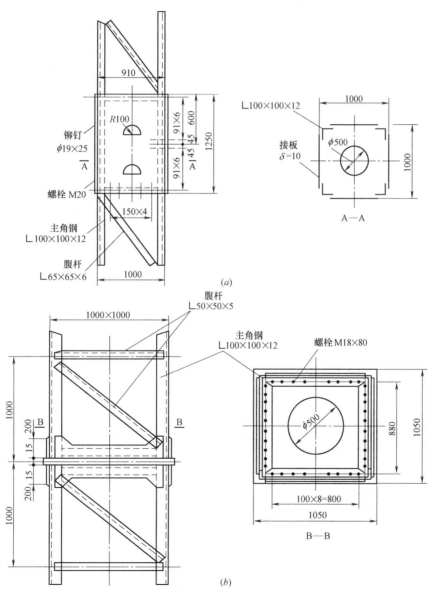

图 4-43　250kN·40m 格构式桅杆节段连接方式

（a）插入连接式；（b）法兰连接式

距完全一致，一般用特制的套模进行钻孔），便于现场拼装。

4.4.2 桅杆缆风绳布置与设计方法

缆风绳是桅杆式起重机的稳定系统，主要用来固定各种起重桅杆，使其保持相对的空间位置，为桅杆提供抗倾覆力矩，它直接关系到起重机能否安全工作。因此在吊装过程中，调整缆风绳被视为禁区，在没有采取特殊措施的情况下，不允许进行调整。

缆风绳的设计主要包括缆风绳的布置形式设计、拉力计算、钢丝绳的选择等。

1. 缆风绳的布置

缆风绳的布置形式必须根据桅杆的工作形式、工作特点和现场环境条件进行设计，所以其布置形式很多，下面介绍几种最基本的形式。

（1）倾斜桅杆单边吊装缆风绳的布置

如图 4-44（a）所示，一般采用不少于 5 根缆风绳。其中 1 号缆风绳布置于吊装平面内，主要提供抗倾覆力矩，称为主缆风绳；2 号和 3 号缆风绳与 1 号缆风绳的夹角一般为

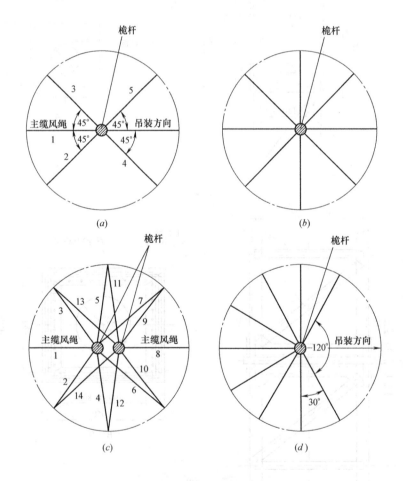

图 4-44 缆风绳的布置形式

（a）倾斜桅杆单边吊装缆风绳布置；（b）直立单桅杆对称吊装缆风绳布置；
（c）直立双桅杆联合吊装缆风绳布置；（d）动臂桅杆缆风绳布置

45°，它的作用除了辅助主缆风绳提供抗倾覆力矩，还保持桅杆的侧向稳定，称为副主缆风绳；4 号和 5 号缆风绳的作用主要是在非工作状态下平衡桅杆，同时其侧向分力与 2 号和 3 号缆风绳一起保持桅杆的侧向稳定，称为副缆风绳，每个缆风绳与吊装平面的夹角一般为 45°。但在某些特殊情况下，吊装平面内无法布置主缆风绳，此时必须用两根缆风绳对称布置与吊装平面两侧代替，且每根缆风绳与吊装平面的夹角不得大于 15°。

（2）直立单桅杆对称吊装缆风绳的布置

如图 4-44（b）所示，一般采用 8 根缆风绳，在 360°圆周上均匀布置。由于进行对称吊装的设备或结构一般面积较大，采用该种缆风绳布置，要特别注意缆风绳与设备或结构的干涉。

（3）直立双桅杆联合吊装缆风绳的布置

如图 4-44（c）所示，直立双桅杆联合吊装大型设备或构件的工艺比较复杂，根据吊装工艺的要求，共采用了 14 根缆风绳，每根桅杆 7 根缆风绳，共用 8 个地锚。1 号和 8 号缆风绳布置在吊装平面内，各桅杆所系的相邻缆风绳之间的夹角为 45°。

（4）动臂桅杆缆风绳的布置

如图 4-44（d）所示，由于动臂桅杆的动臂在吊装过程中可在 120°范围内转动，为保证动臂转动到 120°范围内任何位置，每个动臂桅杆都至少有三根缆风绳在为桅杆提供抗倾覆力矩，故采用 9 根缆风绳布置，除吊装方向每相邻两根缆风绳之间的夹角为 30°。

布置缆风绳时，应注意如下基本要求：

（1）对于对称吊装，缆风绳布置必须对称（图 4-44a）。

（2）对于单侧吊装（图 4-44b～图 4-44d），必须保证有一根缆风绳在吊装平面内作为主缆风绳。在特殊情况下，应保证至少两根缆风绳共同作为主缆风绳，该两根缆风绳的夹角不应大于 30°。

（3）各缆风绳应尽可能保持等长，即各缆风绳的锚固点应在以桅杆（或设备）中心为圆心的同一圆周上。

（4）缆风绳与水平面的夹角，一般情况下不应大于 30°，特殊情况下不应大于 45°。否则会加大桅杆和地锚的受力，增大缆风绳的直径，对吊装不利，但缆风绳的仰角过小则缆风绳的长度增加，占用场地过大，会影响其他工种的施工。

2. 缆风绳的设计计算

缆风绳拉力分初拉力和工作拉力两部分。

（1）初拉力

初拉力指的是桅杆在没有工作时，缆风绳预先拉紧的力，它决定了桅杆头部在工作时偏移量的大小。缆风绳初拉力 T_c 的大小，直接影响桅杆顶部受力及偏移量的大小，同时也对缆风绳本身和地锚的规格产生影响。若初拉力 T_c 小，则缆风绳及地锚受力小，桅杆顶部受力也小；但缆风绳挠度大，桅杆顶部偏移量在吊装时的偏移量也大，会导致被吊装设备或构件就位位置的变化以及其他系统如滑轮组等不能正常工作。若初拉力 T_c 大，则桅杆顶部的偏移量小，被起吊的设备或构件就位准确，但缆风绳及桅杆顶部的受力也相应增大，因而缆风绳的直径、地锚的吨位以及桅杆的横向尺寸都要相应增大。因此，在进行桅杆式起重机设计和校核时，必须合理确定其初拉力。缆风绳初拉力 T_c 的确定，通常有两种方法：经验法和计算法。由于起重机系统的受力情况复杂、影响因素较多、计算方法较复杂，所以在实际的应用中，较多采用经验法。经验法主要包括以下三种。

1）按缆风绳的自重确定其初拉力。该法存在以下两种观点：

① 缆风绳初拉力 T_c 通常取缆风绳自身重量的 $50\%\sim100\%$，其数学表达式为：

$$T_c=(0.5\sim1.0)ql \tag{4-13}$$

式中：T_c 为缆风绳初拉力，kN；q 为单位长度缆风绳的自重，kN/m；l 为缆风绳的理论长度（不考虑其挠度），m。

② 缆风绳初拉力 T_c 通常取缆风绳自身重量的 $250\%\sim625\%$，其数学表达式为：

$$T_c=(2.5\sim6.25)l \tag{4-14}$$

式中：T_c 为缆风绳初拉力，kN；q 为单位长度缆风绳的自重，kN/m；l 为缆风绳的理论长度（不考虑其挠度），m。

以上两种观点差别较大，哪一种更为合理需由以下分析得出结论。

缆风绳初拉力 T_c 是由缆风绳的预紧产生的。预紧的目的是为了满足其挠度要求，而其挠度又是由吊装的实际工况确定。因此，根据缆风绳的挠度确定缆风绳的初拉力才是合理的。用桅杆式起重机吊装设备或构件时，规范规定缆风绳的挠度一般控制在绳长的 $1/50\sim1/20$，即：

$$f=(0.02\sim0.05)l \tag{4-15}$$

式中：f 为缆风绳的最大挠度，m；l 为缆风绳的理论长度（不考虑其挠度），m。

根据倾斜放置的钢丝绳挠度计算方法，当钢丝绳最大挠度在其水平投影的中间位置时，其数值可由式（4-16）计算得出：

$$f=q\cdot2l\cdot8T_c\cdot\cos2\beta \tag{4-16}$$

由此可得：

$$T_c=q\cdot2l\cdot8f\cdot\cos2\beta \tag{4-17}$$

式中：f 为缆风绳的最大挠度，m；T_c 为缆风绳初拉力，kN；l 为缆风绳的理论长度（不考虑其挠度），m；q 为单位长度缆风绳的自重，kN/m；β 为缆风绳的仰角。

由于 $\cos2\beta\leqslant1$，所以 $T_c\leqslant(2.5\sim6.25)ql$。

由以上分析可知，根据缆风绳的最大挠度确定其初拉力时，全面考虑了缆风绳的挠度、长度、自重、仰角及吊装时的受力等因素，因而第 2 种观点更合理。

2）按主缆风绳的工作拉力确定其初拉力。缆风绳的初拉力一般取主缆风绳工作拉力的 $15\%\sim20\%$。其数学表达式为：

$$T_c=(0.15\sim0.20)T_g \tag{4-18}$$

式中：T_c 为缆风绳初拉力，kN；T_g 为主缆风绳的工作拉力，kN。

该方法只考虑缆风绳的工作拉力而忽略了缆风绳的自重、长度、仰角及桅杆高度等因素，因而其精度不高。

3）按缆风绳直径确定其初拉力。一般按如下原则确定缆风绳的初拉力：

$$d \leqslant 22mm, T_c = 10kN$$

$$22mm < d \leqslant 37mm, T_c = 30kN$$

$$d \geqslant 37mm, T_c = 50kN$$

其中：T_c 为缆风绳初拉力，kN；d 为主缆风绳的直径，mm。

这种方法，仅考虑缆风绳的直径，忽略了绳长及其仰角等因素，从理论上来说，也有缺陷。但由于方法简单，且安全富裕量较大，因而在桅杆式起重机的设计及校核计算中得到广泛应用。

（2）工作拉力

工作拉力指的是桅杆式起重机在工作时，缆风绳所承担的载荷。

在桅杆式起重机的设计中，缆风绳的工艺布置可采用多种不同形式。对应于不同的布置形式，每根缆风绳的受力状况可能会有很大差异。因此，缆风绳工作拉力 T_g 的确定，必须结合缆风绳具体的布置形式进行。在正确的缆风绳布置工艺中，总有一根缆风绳处于吊装垂线和桅杆轴线所决定的平面内，这根缆风绳就是所谓的"主缆风绳"。在进行缆风绳的工作拉力计算时，以这个垂直平面为准，所有缆风绳拉力转化为该平面内的等效拉力 T_d。起重机的吊装载荷、桅杆压力与等效拉力在该平面内形成平面汇交力系。根据力系平衡，可以计算出该等效拉力的大小。然后，按一定比例将这个等效拉力分布到各缆风绳上，即得到主缆风绳的工作拉力。其数学表达式为：

$$T_g = T_d / \left[1 + \sum_{i=1}^{n-1} ki \right] \tag{4-19}$$

式中：T_g 为主缆风绳工作拉力，kN；T_d 为所有缆风绳的等效拉力，kN；ki 为主缆风绳以外，各缆风绳等效拉力的分配比例。

分配比例与缆风绳的工艺布置有关，可以直接查表确定（表 4-6），也可以根据缆风绳布置的几何关系进行计算确定，其计算可以根据力矩平衡得出，如图 4-45 所示。

$$T = \frac{Q_j l \sin\alpha + (Q_j \cos\alpha + S)E_2 + G \dfrac{L}{2}\sin\alpha}{L\cos(\alpha+\beta) + E_1 \sin(\alpha+\beta)}$$

$$\tag{4-20}$$

$$T_g = \mu T \tag{4-21}$$

$$T_z = T_g + T_c \tag{4-22}$$

式中　T——缆风绳等效拉力；

　　μ——分配系数，根据缆风绳的布置形式，查表 4-6；

　　T_g——缆风绳工作拉力；

　　T_c——缆风绳初拉力；

　　T_z——缆风绳总拉力

　　E_1——缆风盘偏心距；

　　E_2——吊耳偏心距。

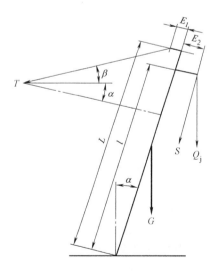

图 4-45　缆风绳拉力计算简图

不同布置的缆风绳的分配系数 μ 表 4-6

缆风绳布置形式	缆风绳数量（根）	μ
	4	1
	5	0.828
	6	0.667
	7	0.546
	8	0.415
	9	0.369
	10	0.342
	11	0.301
	12	0.248
	6	0.448
	7	0.370
	8	0.314
	9	0.278
	10	0.241
	11	0.214
	12	0.193
	13	0.170

3. 主缆风绳的选择

确定了主缆风绳的初拉力和工作拉力，就可以进一步求得主缆风绳的许用拉力。其数学计算式为：

$$T = T_c + T_g \tag{4-23}$$

式中：T 为主缆风绳许用拉力，kN；T_g 为主缆风绳工作拉力，kN；T_c 为缆风绳初拉力，kN。

根据主缆风绳的许用拉力，可以进一步确定其破坏拉力。其数学计算式为：

$$P = K \cdot T \tag{4-24}$$

式中：P 为主缆风绳的破坏拉力，kN；T 为主缆风绳的许用拉力，kN；K 为缆风绳的安全系数，取 $K \geqslant 3.5$。

根据计算出的主缆风绳的破坏拉力 P，按照钢丝绳产品的国家标准或生产厂家提供的数据，就可选出满足设计要求的主缆风绳。

4. 其他缆风绳的选择

桅杆式起重机的主缆风绳的受力与其他缆风绳的受力不同。从理论上讲，每根缆风绳的受力均可以参照主缆风绳受力的计算方法确定，进而分别对每根缆风绳作出选择。但在实际工程应用中，为了保证一定的安全裕量及处理问题的方便，通常的做法是将所有缆风绳一律按主缆风绳选取，不允许因主缆风绳受力大，而选择强度较大钢丝绳，其他缆风绳受力小而选用强度较小的钢丝绳。

4.4.3 缆风绳固定地锚的选型与设计

地锚又称地龙、锚锭或锚桩，是用来固定卷扬机、导向滑轮、缆风绳、溜绳、起重机械或桅杆的平衡绳索等。按地锚的形式，可分为全埋式、半埋式、活动式等几种，另外还可根据具体情况设置永久性或临时性地锚，或者利用附近的建筑物、树木及设备等作为地锚来使用。

1. 全埋式地锚的设计计算

全埋式地锚是将横梁横卧在按一定要求挖好的坑底，将钢丝绳拴接在横梁上，并从坑前端的槽中引出，埋好后回填土后夯实。

全埋式地锚具有如下特点：

（1）全埋式地锚可以承受较大的拉力，适合于重型吊装；

（2）需破坏地面，不适合用于地面已处理好，或地下埋有地下管、线的扩建工程；

（3）横梁材料不能再次使用，浪费较大；

（4）地锚强度的计算主要是验算其水平稳定性、垂直稳定性和横梁强度。

1）垂直稳定性计算

$$f = \mu T_1 \qquad (4-25)$$

$$\frac{G+f}{T_2} \geqslant K \qquad (4-26)$$

式中　f——摩擦力；

　　　μ——摩擦系数；

　　　K——安全系数。

2）水平稳定性计算

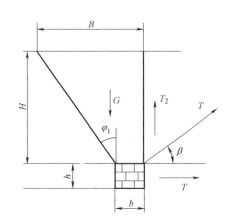

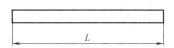

图 4-46　全埋式地锚计算简图
T—缆风绳拉力，可分解为水平分力 T_1，
垂直分力 T_2；β—缆风绳与地面夹角；
B—地锚的上口宽；b—底部宽度；
H—地锚深度；L—横梁长度；
h—横梁高度；φ_1—土壤抗拔角；
G—土壤重量

$$\frac{T_1}{hL} \leqslant [\sigma]_H \qquad (4-27)$$

$$[\sigma]_H = H\gamma \tan^2\left(45° + \frac{\varphi_0}{2}\right) + 2c\tan\left(45° + \frac{\varphi_0}{2}\right) \qquad (4-28)$$

式中：γ 为土壤容重；c 为土壤凝聚力；φ_0 为土壤的内摩擦角。见表 4-7。

<table>
<tr><td colspan="2" rowspan="2">土壤名称</td><td rowspan="2">土壤状态</td><td>容重 γ</td><td>内摩擦角</td><td>凝聚力</td><td>计算抗拔角</td></tr>
<tr><td>（kN·m⁻³）</td><td>φ_0（°）</td><td>c（kPa）</td><td>φ_1（°）</td></tr>
<tr><td rowspan="5">黏性土</td><td rowspan="4">黏土</td><td>坚硬</td><td>18</td><td>18</td><td>50</td><td>30</td></tr>
<tr><td>硬塑</td><td>17</td><td>14</td><td>20</td><td>25</td></tr>
<tr><td>可塑</td><td>16</td><td>14</td><td>20</td><td>20</td></tr>
<tr><td>软塑</td><td>16</td><td>8～10</td><td>8</td><td>10～15</td></tr>
<tr><td>亚黏土</td><td>坚塑</td><td>18</td><td>18</td><td>30</td><td>27</td></tr>
</table>

土壤的特性　表 4-7

续表

土壤名称		土壤状态	容重 γ (kN·m^{-3})	内摩擦角 $\varphi_0(°)$	凝聚力 c(kPa)	计算抗拔角 $\varphi_1(°)$
黏性土	亚黏土	硬塑	17	18	13	23
		可塑	16	18	13	19
		软塑	16	13～14	4	10～15
	亚砂土	坚塑	18	26	15	27
		可塑	17	22	8	23
砂性土	粗砂	任何湿度	18	40	—	30
	中砂	任何湿度	17	38	—	28
	细砂	任何湿度	16	36	—	26
	粉砂	任何湿度	15	34	—	22

2. 活动式地锚的设计计算

活动式地锚是在一钢质托排上压放块状重物如钢锭、条石等组成，钢丝绳拴接于托排上。

活动式地锚的主要特点是：

(1) 承受的力不大，且不破坏地面，适合于改、扩建工程。

(2) 计算其强度时需要计算其水平稳定性和垂直稳定性。

1) 垂直稳定性计算

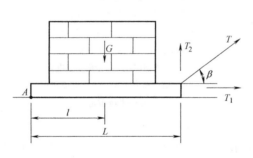

图 4-47　活动式地锚计算简图

$$\frac{Gl}{T_2 L}\geqslant K \qquad (4\text{-}29)$$

2) 水平稳定性计算

$$\frac{(G-T_2)\mu}{T_1}\geqslant K \qquad (4\text{-}30)$$

式中：K 为安全系数，一般取 2～2.5。

3. 利用建筑物作地锚

在工程中，常利用已有建筑物作为地锚，如混凝土基础、柱等，但必须在征得建筑物设计单位的书面认可前提下才可使用。

4.4.4　桅杆式起重机吊装大型设备安全规定

1. 桅杆树立后应及时进行封底，并应采取防雷措施。

2. 试吊过程中，存在下列现象之一时，应立即停止试吊，消除隐患，并应经有关人员确认安全后，再恢复试吊：

(1) 地锚移位；

(2) 走绳抖动；

(3) 设备或机具有异常声响、变形、裂纹；

(4) 桅杆地基下沉；

(5) 其他异常情况。

3. 吊装过程中应对桅杆垂直度、平面度和重点部位进行监测。

4. 滑移法吊装时，应及时调整尾排走向，在尾排滑移到脱排位置后，应对吊装系统进行全面检查、确认后再脱排。

5. 两套及以上滑轮组的应同步提升，设备应在自转临界角前脱排。

6. 对影响设备吊装的两桅杆内侧的相关拖拉绳，在设备抬头时应缓慢回松，再移送到塔体下部，并应随着设备的提升及时将回松的拖拉绳收紧。

7. 吊装前应确认提升滑轮组和抬尾起重机吊索的垂直情况。起吊时，提升滑轮组和抬尾起重机应缓慢提升。

8. 抬尾起重机在吊装过程中应保持吊索的垂直，设备底部距离地面宜为 200mm。

9. 采用扳转法吊装时，两铰链的铰轴纵向中心线应与设备纵向中心线成正交，两铰链的安装应符合下列规定：

（1）水平度应小于或等于 2mm/m；

（2）同轴度应小于或等于 10mm/m；

（3）垂直度应小于或等于 1mm/m；

（4）应按设计规定的预紧力紧固螺栓。

10. 带有铰链的设备基础应满足扳转所产生的正压力和水平推力的荷载要求，设备下端应采取支撑加固措施。

11. 采用扳转法吊装时，宜在桅杆和塔架底节加设扳转角度指示器，制动滑轮组的锚点应在塔架纵向中心线上，其拖拉绳与地面最大夹角不应大于 45°。

12. 经纬仪应设置在扳转主轴线上，应监测设备侧向偏移和转动情况。侧向偏差不得大于设备高度的 1/1000，且不应大于 60mm。

13. 采用扳转法竖立设备且塔架或设备扳转至临界角 10° 之前时，制动滑轮组应开始受力，进入临界角之后，主扳转滑轮组应处在松弛状态，应由制动滑轮组控制，并应将塔架或设备溜放到直立状态。

14. 采用起重机滑移法整体竖立门式桅杆时，桅杆底部应设刚性支撑梁进行加固。

15. 门式桅杆的拖拉绳预紧力调整时，应采用经纬仪配合测力计进行监测，并应同时完成预紧力调整和门式桅杆平面度与垂直度的找正，拖拉绳预紧完成后，调整滑轮组绳末端应卡固。

4.5　吊装技术方案的编制

4.5.1　吊装技术方案的重要性

《石油化工工程起重施工规范》SH/T 3536—2011 规定：设备重量大于 100t 或工件长度大于 60m 的吊装作业为大型设备吊装，属于重大等级吊装作业。由于行业的不同或建设项目管理部门的不同，对起重吊装的分级会有各自的规定，需按照相关规定确定起重吊装分级。

随着科学技术的发展，工业建设项目的规模越来越大，在安装现场整体吊装的单体设备越来越重，体积也越来越庞大。如中石化承建吊装的中景石化丙烯丙烷精馏塔，吊装总重 1638.8t、直径 10.3m、高度（长度）达 125.8m。另外，在建筑工程的钢结构工程施工中，为控制结构的制造精度和焊接质量，减少高空作业，常采用地面组装，整体提升的施工方法，不但可以提升整体构件长宽尺寸达数十米，而且提升重量也可超过数百吨。例如杭州市民中心建筑工程重达 666t 的钢结构连廊，跨距 58m，地面组装后提升至离地面 92m 高处安装就位。

对于这类高、大、重结构和设备的吊装作业，是专业性强且危险性很大的施工过程。一旦吊装过程中发生事故，不仅会导致严重的人身伤害，还会给施工企业带来声誉和经济上的重大损失。因此，针对技术难度大的大、重型设备（或结构）的吊装作业，必须根据被吊装设备（结构）的特点、施工现场条件、企业自身技术能力及装备水平，以细化工艺过程和确保吊装安全性为目标，制定出一个用于指导吊装全过程，且展示施工企业技术能力、管理能力的吊装技术方案。

吊装技术方案是针对特殊吊装作业编制的专项施工方案，在确保实现工程进度、质量、安全和经济目标等方面起着至关重要的作用，主要体现在以下几个方面。

1. 吊装技术方案是指导吊装工程的重要技术文件

施工前，专业吊装技术人员根据工程特点、现场条件、相关标准和企业施工经验等诸方面因素，对数个备选方案比较遴选，确定执行方案后，进一步对方案优化。要求从吊装前的技术、现场、机械装备和人员准备工作，吊装过程的工序划分与衔接，被吊设备（结构）的受力及姿态检测与控制，吊装实施过程和现场调度管理，以及对事故的防范和抢险措施等，都必须进行充分的论证、分析和计算。方案完成后按文件管理程序审核和批准，报送监理和建设单位确认；重要的非常规吊装工程，还需通过专家论证会的论证。因此，吊装技术方案是用于指导大型设备（结构）吊装的实施性技术及工艺文件，是技术人员向作业人员技术交底和作业人员实施操作的最主要依据。

2. 吊装技术方案对吊装过程的风险控制具有重要作用

大型设备（结构）吊装具有潜在事故诱因多的不利特点。吊装技术方案虽然对吊装过程的不安全因素进行了分析与评估，并对吊装系统、设备、部件和节点进行了强度、刚度和稳定性的力学计算，防止出现不安全状态，但这主要是从硬件设施方面的防范。在吊装过程中，任何一个环节的疏忽大意，均可能导致重大事故的发生。吊装技术方案还应针对人的不安全因素和环境可能的突变进行风险测评，制定详细的安全保证措施。吊装技术方案针对吊装过程各重要技术工艺环节设定的风险防范检查点和控制点，是操作人员风险防范自检和 HSE 管理人员专检的重要依据。对各风险防范检查点和控制点执行严格的检查、排除、验收制度，防控作业人员不安全行为的发生，使吊装过程符合方案制定的工艺程序并保证各工艺环节工作质量达到设计要求，这是防止工作遗漏、排除风险隐患及防范事故发生的重要保证。

3. 吊装技术方案是实行施工项目科学管理和成本控制的重要依据

根据吊装技术方案设计的工艺流程绘制反映工序安排的网络图和工作进度的横道图，可以在施工过程中根据施工进度的偏差，有针对性地实行人员调度和资源分配，对不利因素造成的施工过程变化和工期延误进行调整修正，以实现科学的施工过程动态管理。

施工预算需根据吊装技术方案编制，工期-成本优化需要与吊装技术方案的优化协调进行。吊装技术方案所执行的网络图和横道图，也是工程费用-进度实时控制的比较依据。因此，吊装技术方案在施工项目管理和成本控制中起着至关重要的作用。

4. 吊装技术方案是企业重要的技术积累和宝贵财富

对任何建筑工程而言，施工技术方案都是必须整理归档的重要工程资料。工程技术资料是企业技术能力传承的载体、是企业技术发展的基石，通过技术积累可避免再次发生以往出现的错误。技术积累和促进创新将越来越被重视，是推动建安企业资质升级的一项重要工作。

由于大型设备（结构）吊装的特殊性，施工单位在编制吊装技术方案时会投入大量人力，针对整个吊装工程中所涉及的实体硬件，包含大型起重吊装设备选用、细部吊点、吊耳的设计以及被吊设备（结构）吊装过程的受力状态等，进行了详实的数据记录及大量的分析、计算，并运用力学与数学方法验证，这些都是促进企业形成新工法和交流新技术的重要资料。吊装工程中采用成熟的技术，是前人成果的成功使用，大量创新技术的数据便于企业进一步总结、提炼、提高，是极其宝贵的技术财富。

综上所述，吊装技术方案是完成起重吊装任务的核心，是整个吊装作业策划的结果。正确合理选择吊装方法、优化吊装方案是保证起重吊装作业安全顺利进行的关键。在实施中，应从安全、科学、成本、工期、环境、技术管理能力等多方面综合考虑，严格执行有关的标准、规程和规范。

4.5.2　吊装技术方案编制程序及主要内容

1. 概述

吊装方案应由专业技术人员负责编制。编制人员在制定吊装方案之前，应该针对与吊装有关的各种因素进行调研，充分熟悉吊装作业的安全规程和技术规范，全面收集和熟悉相关的图纸和技术资料，熟悉现场的环境、吊装的机具及作业人员的基本情况。在此基础上，组织施工、安全、设备等管理部门人员应首先进行多次认真讨论，听取各种意见与建议，通盘考虑各种因素，然后再进行编写。吊装方法的选择与方案的编写，要有理有据，切忌闭门造车、凭经验办事。只有调查清楚全面的情况之后，才能编制出经济可行的吊装方案。

常用的吊装方法有塔式起重机吊装、桥式起重机吊装、汽车起重机吊装、履带起重机吊装、桅杆系统吊装、缆索系统吊装、液压提升、利用构筑物吊装、坡道法提升等。每一种吊装方法都存在技术局限性，科学的选择吊装方法应遵循以下原则。

（1）技术可行性分析

进行方案的技术可行性论证，主要根据设备的形状、尺寸、质量等参数为主要条件，结合吊装场地的作业环境和吊装机械的能力等方面选择可采用的工艺方法，继而从多方面进行可行性比较，从中优选。选择时应以安全为前提，以技术可靠、工艺成熟、经济适用、因地制宜为基础，再兼顾其他情况。

（2）安全性分析

吊装工作，安全第一。必须结合具体情况，对每一种技术可行的方法从技术上进行安全分析和比较，找出不安全的因素及其解决的办法，并认真分析这些解决办法的可靠性。安全性分析主要包括质量安全（设备或构件在吊装过程中的变形、破坏）和人身安全（造成人身伤亡的重大事故）两方面。吊装工艺复杂的大型设备（构件）时，从起吊开始到安全就位，需经历数个吊装步骤解决道道技术难关，诸多环节和变化着的条件都是危及吊装安全的因素。因此，必须以科学的态度对待吊装方案的编制，在吊装工艺方法、起重设备的选型和能力核算、吊装安全技术措施的选用等几个关键问题上，必须达到安全可靠、科学合理并且有效实用的目的。

（3）进度分析

在实际施工中，吊装工作往往制约着整个工程的进度。不同的吊装方法，施工需要的工期不同，必须对不同的吊装方法进行进度分析，所采用的方法不能影响整个项目的工期。一般情况下科学的组织吊装施工可缩短工期，例如采用科学先进的吊装工艺方法、使用机械化程度高的吊装机械设备、利用已有的各种条件、减少吊装机械的使用量等。使用大型高效的吊装机械，虽然会提高吊装效率、缩短工期，但会增加吊装成本。因此要对可能缩短的工期和增加的机械使用费进行权衡对比。

（4）成本分析

以较低的成本完成工程，获取合理利润，是工程建设的目的。因此，必须对安全和进度均符合要求的吊装方案进行最低成本核算，选择其中成本较低的吊装方法。但是要注意，决不允许为降低成本而采用安全性不好的吊装方法。

2. 吊装方案编写的依据

吊装方案的编写依据包括以下内容：

（1）国家有关法规、有关施工标准、规范、规程，如《建筑施工起重吊装工程安全技术规范》JGJ 276—2012、《起重机钢丝绳保养、维护、安装、检验和报废》等，它们对吊装工程提出了技术要求。

（2）施工组织总设计（施工组织设计）或吊装规划，它们对吊装工程提出了安全、进度、质量等要求。

（3）工程技术资料。主要包括被吊装设备（构件）的设计图、设备制造技术文件、设备及工艺管道平、立面布置图、施工现场地质资料及地下工程布置图、设备基础施工图、相关专业（梯子平台、保温等）施工图、设计审查会文件等。

（4）施工现场条件。设备（构件）进入吊装场所需经过的道路情况，如等级、宽度、弯道半径、耐压力等。如在露天作业，应掌握作业场地的耐压力、地下埋设的地沟、管道、电缆等情况。

（5）机具情况及技术装备能力。包括自有的和租赁的机具情况，以及租赁的价格、机具进场的道路和桥涵情况等；有关起重机械的台班费、租赁费、机械使用费（取自施工图预算）、有关的人工和材料消耗定额等。

（6）设备到货计划等。

3. 吊装方案的主要内容

在做好前期充分的技术准备和调研后，就可以进行结构物的"吊装规划"和"吊装方案"的编制工作了。吊装方案的编制应包括以下内容：

（1）编制说明与编制依据

（2）工程概况

该部分主要介绍整个方案的总体情况，要求反映出以下内容：

1）工程的规模、地点、施工季节、业主、设计者、制造单位等；

2）现场环境条件、现场平面布置；

3）设备（构件）的到货形式、工艺作用、工艺特点、特征、几何形状、尺寸、重量、重心等；

4）机具情况、工人技术状况；有关起重吊装方面的工程技术人员、吊装指挥人员、起重技术工人的情况；

5）执行的国家法律、法规、规范、标准等，要特别注意规范中的强制性条文；

6）方案中所有的原始数据。

（3）吊装工艺设计

主要包括以下内容：

1）设备（构件）吊装工艺方法概述与吊装工艺要求。影响吊装方法的因素主要有被吊设备与吊装有关的参数、吊装现场条件和大型施工机具，这三者之间相辅相成。因此要全面兼顾、合理选用适宜的吊装方法；

2）吊装参数表，主要包括设备规格尺寸、金属总重量、吊装总重量、重心标高、吊点方位及标高等。若采用分段吊装，应注明设备分段尺寸、分段重量；

3）起重吊装机具选用、机具安装拆除工艺要求以及吊装机具、材料汇总表；

4）设备支、吊点位置及结构设计图，设备局部或整体加固图。

（4）设备（或构件）吊装图

设备（或构件）吊装图是吊装方案的重要组成部分，可直观地指导吊装作业。一般根据土建施工图、设备安装图、设备各项参数、已确定的吊装工艺方法、已选定的吊装机械和机索具等进行绘制。吊装图主要包括吊装平面布置图、设备吊装立面和平面图、技术方法图、技术措施图和受力分析计算简图等。图的数量和详细程度取决于吊装工艺方法和吊装技术的难易程度，一般以能表达主要的吊装瞬间、解决吊装难点、指导吊装作业为准，不必强求一致。

1）吊装平面布置图

以设计单位的车间或区域平面图为基础，舍去与吊装无关的细节和尺寸，按比例绘制出吊装作业场地及有关区域内的建筑物、构筑物、道路、地形、地下埋设（暗沟、管道、电缆）等。按已知的数据和条件，合理布置主吊机械和其他机索具的平面位置，并规定设备（构件）的进场路线、预组装场地和应达到的待吊位置。吊装平面布置图一般以单线条示意法绘制，但各组成要素的位置和尺寸应正确。图中应标有与吊装有关的内容：

① 设备的安装位置；

② 设备的进场路线，到待吊装位置的方向和顺序；

③ 解体供货设备（构件）的组装场地；

④ 主吊机械的站位、移动路线和方法；

⑤ 卷扬机的布置；

⑥ 缆风绳和锚锭布置图；

⑦ 吊装指挥人员的工作位置；

⑧ 各种临时设施的位置；

⑨ 方位标志等。

2）吊装立面布置图

吊装立面布置图表示吊装机械和被吊设备的相对位置、吊装方式和吊装过程。一般以试吊前的待吊状态为原始位置，再绘制最大受力瞬间、吊装阶段转换的瞬间和设备就位时等几个待定位置的情况。如用桅杆双转法吊装塔器类设备，要绘制待吊位置（也是受力最大瞬间）、桅杆脱杆时、塔体开始自倾时和直立就位时的情况。采用的部分吊装数据值，应以计算结果为准。

3）技术方法图和技术措施图

在吊装中采取与常规有别的措施或方法时，可绘制技术方法图和技术措施图，即以图的形式说明方法和措施的内容。主要分为两类，一是加工制造类，如吊具、吊梁、回转铰链、临时端梁、特种托座等应按机械图和结构图的要求绘制；另一种是采用示意方法表示，如滑轮组的穿绕方法、多吊索的平衡方法等。

4）受力分析简图

受力分析（计算）是设备（构件）吊装方案的重要内容之一。根据受力分析计算简图和有关的计算公式，计算吊装机械及其稳定系统的受力值，进而选择吊装机械的能力和其他索具的规格。在吊装中，吊装机械、被吊设备、地面、基础均处于受力状态，其各施力点的受力值将随着被吊设备位置的不同而变化，但力系中各力会随时处于平衡状态。为保证吊装系统的稳定，吊装机械的起重能力应大于被吊设备施加给它的最大荷载，并应留有一定的安全裕度。受力计算时应按照不同的吊装工艺方法，分析力系中各力之间的关系，确定最大受力瞬间的位置（如扳转法的起扳位置、滑移法的脱排位置、吊车在一定臂杆长度时的最大工作幅度位置、倒装法的最后一次吊升等），并绘制受力分析计算简图。

本项是整个吊装方案的核心，虽不直接面对施工工人，但它是方案审查的依据。计算中的每一个数据都必须有根据，来源清楚、可靠。

（5）施工步骤与工艺岗位分工

在施工步骤中，必须详细写明吊装工艺的每一个施工步骤，以及该步骤的技术要求、操作要领和注意事项。在工艺岗位分工中，应明确每一个参加吊装施工的人员的岗位任务与职责，做到施工有序。

（6）安全保证体系及措施

编制安全技术措施，必须针对方案中的每一个吊装工艺细节进行危险性分析。同时，在吊装工程安全操作规程中，与吊装方案有关的部分也应该加入。设备（构件）吊装中采用的安全措施内容多且广，以下主要强调几个方面：

1）因吊装工艺需要而自行设计和制作的起重机具，如吊梁、吊耳、特形吊具、回转铰链等应经过正规的设计，进行强度检验等计算，按加工工艺要求制作并达到有关的质量标准，完成后必须进行超负荷试验，合格后才能使用。

2）对新设计制造的或长期闲置未用的起重机具应通过试验以确定其容许使用负荷，其试验项目、方法和标准应符合有关规定。

3）对保证设备吊装安全的一些重要数据和状态必须进行检测，如桅杆的垂直度和挠度、主缆风绳的受力值、锚锭的稳定性、电动卷扬机电动机的电流值、自行式起重机吊钩的受力值及整机的稳定状态等。

4）结合该项设备吊装的特点，重点突出的提出一些安全措施，如露天吊装中雷雨季节的防雷接地措施、沿海多风季节的防飓风措施、有触电危险时的停电措施、气顶法中的安全支柱措施和预防停电措施等。

5）保护与设备吊装有关的建筑物的措施。如采用车间混凝土柱根部作锚碇时，其缆风绳应在采用木方等保护后再捆绑在柱子上；在建筑物附近吊装设备时，应采取防护措施，以免设备撞损建筑物；在无法避免卷扬机牵引绳与建筑物接触时，其摩擦处也应采取防护措施等。

6）为直观的测量一些重要吊装参数而采取的措施。如测力，在主要受力绳索上安装测力计，测量力的大小和变化情况；在扳吊塔类设备时，应在塔上或桅杆上（双转法）安装角度指示器，测量扳起的角度，这对提前采取措施控制自倾速度极为必要。

（7）质量保证体系及措施

质量保证体系及措施主要包括质量目标、质量保证体系、质量保证措施三个方面。需根据工程实际情况，做到详细、明确、简练，使整个施工过程的工艺方法、质量控制和检验规定有据可查。

（8）进度计划

吊装进度计划一般采用横道图或网络图方式表示。横道图绘制简单、直观易读，且容易修改；网络图科学严密，能更好地反映吊装工序的衔接和与相关专业的配合要求。

对于分段（分片）供货的大型设备，需要现场安装成整体，如大型桥式起重机、发电机组、水压机、球磨机、回转窑等，这类工程的安装进度与吊装进度安排应编制为一个计划；而有些以吊装为主的设备安装，如整体吊装塔类和罐类设备则需单独编制吊装进度计划。安装进度计划的编制应按照以下步骤进行：

1）根据有关资料和设备实际到货情况，初步规划三个阶段的控制工期，即准备阶段、安装和吊装阶段、收尾和试运转阶段，在规划每个阶段的工期时应留有裕度。

2）按吊装方案中的吊装工艺方法，划分吊装工序和安装工序。大型设备各部件的组装顺序常由设备的结构特点而定，一般不允许变更。虽然吊装工序应服从安装工序，但有时也会因吊装工艺方法的差异和使用吊装机械的不同而改变安装顺序。

（9）资源配置计划

资源配置计划包括劳动力配置计划、施工机具计划、材料与设备计划等。

1）劳动力配置计划

在确定劳动组织和劳动分工后，按吊装进度的工期和工序划分项目，计算每个工序所需要的劳动量，继而定出各工序的起重工、钳工、电工、气电焊工、吊装机械司机和力工的数量。

对于吊装工期长、耗工较多的吊装工程，可视需要把劳动力配置计划绘制成图表的形式，这样可形象地表示劳动力需要情况和高峰值。绘制图表时，横坐标表示工期，纵坐标表示需要人数，各工种需要量叠加在一起。如图4-48所示为两台球磨机同时安装所需劳动力配置计划图表。

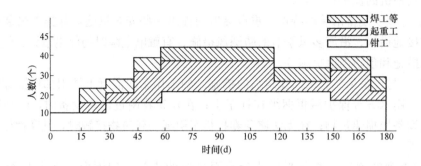

图 4-48　劳动力配置计划图表

2）施工机具计划

施工机具计划一般可设以下栏目：序号、名称、规格型号、单位、数量、质量、备注等。

3）材料与设备计划

吊装工程中应编制材料与设备需用计划，主要是钢材和木材。如设备组装用的钢平台材料——钢板、型钢（或钢轨）、枕木等；设备运输需要的枕木、无缝钢管（作滚杠）、钢排材料；锚锭用的木材；制作吊具、铰链等措施用的钢材等。

（10）吊装应急预案

应急预案包括应急小组、应急资源和应急程序等。不同工程项目吊装技术方案的编制要求、侧重点和编制深度不同，但编制格式类似，具体可参考本章 4.5.3 的相关内容。

4.5.3　吊装技术方案编写案例

吊装技术方案的编写，应语句精炼、用词准确。下面通过学习某装配式住宅吊装方案实例，初步了解吊装技术方案编写格式、主要内容及编制等基本知识。

1. 工程概况

（1）工程建设概况

工程名称：××市住宅产业现代化建设项目

建设单位：××开发有限责任公司

监理单位：××工程建设监理公司

设计单位：××设计有限公司

（2）建筑设计概况

本工程位于××市，规划总用地面积 122707m²，共分为 A、B、C、D、E 五个板块，项目总建筑面积 388712.52m²，包括 18 栋住宅单体、附属商业及停车场、幼儿园、菜市场、活动中心、物业服务用房、储蓄所、邮电所等配套设施。其中住宅面积约 265280.92m²，商业面积约 28141.69m²，人防建筑面积约 11627.82m²，地下总建筑面积约 79464.42m²。主要为装配整体式混凝土剪力墙结构，连接方式采用钢筋套筒灌浆连接技术。吊装安排见表 4-8。

吊装安排   表 4-8

1号楼	29层	5层开始吊装	10号楼	20层	5层开始吊装
2号楼	33层	6层开始吊装	11号楼	33层	6层开始吊装
3号楼	33层	6层开始吊装	12号楼	33层	6层开始吊装
4号楼	33层	6层开始吊装	13号楼	33层	6层开始吊装
5号楼	29层	5层开始吊装	14号楼	20层	5层开始吊装
6号楼	30层	5层开始吊装	15号楼	20层	5层开始吊装
7号楼	33层	6层开始吊装	16号楼	33层	6层开始吊装
8号楼	33层	6层开始吊装	17号楼	33层	6层开始吊装
9号楼	29层	5层开始吊装	18号楼	33层	6层开始吊装

（3）结构概况

结构形式：1号~18号楼：剪力墙结构；商业裙楼及地下室：框架结构。

桩基类型：1号~8号楼为预应力管桩；9号~18号楼 CFG 桩。

基础形式：1号、2号、4号、5号、6号楼为筏板基础＋独立基础；3号、7号、8号、9号~18号楼为筏型基础。

地下层数：1号~18号楼为地下1层；A、B、C 车库大部分地下1层，局部地下2层。

主楼混凝土等级：梁板混凝土等级为 C35、墙柱混凝土基础顶~11.56m 为 C45、11.56~23.16m 为 C40、23.16m 及以上为 C35。基础、地下室外墙为抗渗 P6。

地下车库混凝土等级：墙柱的基础为 C30、基础~地下室顶为 C30、梁板为 C30。基础、地下车库外墙、顶板为抗渗 P6。

钢筋型号：HPB300、HRB335E、HRB400E、HRB500E。

混凝土抗渗等级：地下室底板、顶板、外墙、水池墙、电梯基坑 P6。

2. 编制依据

（1）《××住宅项目装配式混凝土结构表示方法及示例》

（2）《××住宅项目装配式混凝土结构连接节点构造》

（3）《××住宅项目预制混凝土剪力墙外墙板》

（4）《××住宅项目预制混凝土剪力墙内墙板》

（5）《××住宅项目预制钢筋混凝土板式楼梯》

（6）《××住宅项目预制钢筋混凝土阳台版、空调板及女儿墙》

（7）《××住宅项目装配式混凝土结构住宅建筑设计示例（剪力墙结构)》

（8）《PC 结构施工图纸以及 PC 结构招标文件》

（9）《装配式混凝土结构技术规程》JGJ 1—2014

（10）《钢筋连接用灌浆套筒》JG/T 398—2012

（11）《建筑结构荷载规范》GB 50009—2012

（12）《高层建筑混凝土结构技术规程》JGJ 3—2010

（13）《工程测量规范》GB 50026—2007

（14）《建筑施工高处作业安全技术规范》JGJ 80—2016

（15）《建筑机械使用安全技术规范》JGJ 33—2012

（16）《施工现场临时用电安全技术规范》JGJ 46—2015

（17）《建筑施工安全检查标准》JGJ 59—2011

3. 工程特点

本工程为预制装配式混凝土结构，其主要特点是：

（1）现场结构施工采用预制装配式方法，外墙墙板、内墙隔板、叠合板、叠合梁、空调板、阳台、设备平台、凸窗以及楼梯的成品构件。

（2）预制装配式构件的产业化。所有预制构件全部采用在工厂流水加工制作，制作的产品直接用于现场装配。

（3）在设计过程中，运用 BIM 技术，模拟构件的拼装，减少安装时的冲突。部分外墙 PC 结构采用套筒植筋、高强灌浆施工的新技术施工工艺，将 PC 结构与 PC 结构进行有效地连接，增加了 PC 结构的施工使用率，降低 PCF 的施工率，提高了施工效率。

（4）楼梯、阳台、连廊栏杆均在 PC 构件的设计时考虑点位、设置预埋件，后续直接安装。

（5）按照 PC 结构的施工特点，采用外挂架施工。

4. 施工组织管理及部署

（1）项目管理目标

根据合同要求，结合施工单位的具体情况，确定本工程的管理目标如下：

1）质量目标

工程一次合格率 100%。在开始吊装施工前，本方案要领已经贯彻到各个生产部门的操作员，确保工程质量一次验收合格。

2）进度施工目标

本进度施工目标在保障施工总进度计划实现的前提下，施工过程中投入相应数量的劳动力、机械设备、管理人员，并根据施工方案合理有序地对人力、机械、物资进行有效地调配，保证计划中各施工节点如期完成。

3）安全施工目标

重大伤亡事故为零，无重大治安、刑事案件和火灾事故。

4）文明施工目标

施工现场达到文明标化工地要求。

（2）项目部组成

1）项目部组织机构图（图 4-49）

2）项目部人员组成（表 4-9）

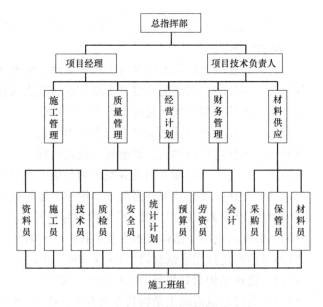

图 4-49　项目部组织机构图

项目部主要部门岗位职责及人员配置　　　　　　　　　　　　表 4-9

序号	部门(岗位)	人员配置	职称	工 作 职 责
1	项目经理		一级建造师、工程师	对工程进度、质量、安全等全面负责
2	项目副经理		工程师	负责落实工程生产、安全、设备、物资及文明化施工的实施和协调管理
3	技术负责人		工程师	负责工程技术、资料指导管理,进行质量监控,领导工程创优
4	施工员		助理工程师	负责对施工生产、安全、质量及现场管理和协调工作,施工机械、施工用电管理
5	安全员			负责对工程的安全、质量、文明、施工进行全面控制管理,监督检查
6	质检员			负责对工程施工的质量进行全面控制管理,监督检查
7	材料员	1 人		负责对本工程施工过程中的材料管理、分配
8	预算员	1 人		负责管理对本工程施工总体进度、质量、安全计划

根据 PC 图纸设计要求及经验,和结合本项目 PC 结构体复杂、质量大和施工复杂的情况,本项目部成立 PC 结构施工小组,配备有 PC 结构施工经验的班组进行施工。PC 结构管理小组由 30 人组成,其中每 1 栋号房配备 1 个 PC 结构施工班组和 1 个灌浆施工班组,每个 PC 结构施工班组配备 10 人,每个灌浆施工班组配备 3 人。

(3) 施工准备

1) 技术准备

技术准备是施工准备的核心。由于任何技术的差错或隐患都可能引起人身安全和质量事故,造成生命、财产和经济的巨大损失。因此必须认真地做好技术准备工作。具体有如下内容:

① 组织现场施工人员熟悉、审查图纸,对构件型号、尺寸、预埋件位置逐块检查,准备好各种施工记录表格。

② 组织各施工人员学习各施工方案、安全方案、各工种配合协调方案。

③ 专门组织吊装工人进行教育、交底、学习,使吊装工人熟悉墙板、楼板安装顺序、安全要求、吊具的使用和各种指挥信号。

④ 现场各工种、信号吊装配合预演,次数为 3 次,在预演中发现信号、安全、设备、配合上存在的问题,即时对预定方案进行调整修改补全。

2) 物资准备

在施工前同时要将关于 PC 结构施工的物资准备好,以免在施工的过程中因为物资问题而影响施工进度和质量。物资准备工作的程序是搞好物资准备的重要手段。通常按如下程序进行:

根据施工预算、分部(项)工程施工方法和施工进度的安排,拟定材料、统配材料、地方材料、构(配)件及制品、施工机具和工艺设备等物资的需要量计划;根据各种物资需要量计划,组织货源,确定加工、供应地点和供应方式,签订物资供应合同;根据各种物资的需要量计划和合同，拟定运输计划和运输方案；按照施工总平面图的要求，组织物资按计划时间进场，在指定地点，按规定方式进行储存或堆放。

　　3）场内外准备

　　① 场内准备

　　施工现场搞好"三通一平"（路通、水通、电通和平整场地），为搭建好现场临时设施和 PC 结构的堆场做准备；为了配合 PC 结构施工和 PC 结构单块构件的最大重量的施工需求，确保满足每栋房子 PC 结构的吊装距离，以及按照施工进度以及现场的场布要求，本项目每栋楼每个单元配备一台 QTZ6518 型号的塔式起重机，合理布置在每栋房子的附近，确保平均吊装每 5～6 天一层的节点。由于项目中楼栋同时施工，造成现场塔式起重机的平面布置交叉重叠，塔式起重机布置密集，塔身与塔臂旋转半径彼此影响极大，为防止塔式起重机的交叉碰撞，塔式起重机配备在满足施工进度的前提下，塔式起重机平面布置允许重叠，将道路与吊装区域用拼装式成品围挡划分开，同时编制群塔防碰撞专项方案。施工现场塔式起重机、堆场及施工道路布置如图 4-50 所示。

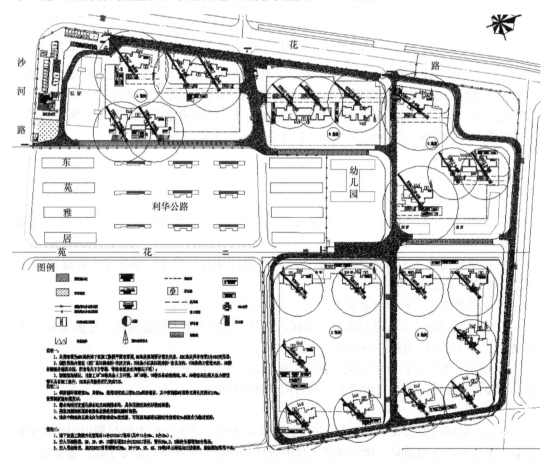

图 4-50　施工现场布置图

　　② 场外准备

　　场外做好随时与 PC 厂家和 PC 结构相关构件厂家沟通的准备，准确了解各个 PC 结构厂家的地址并预测 PC 结构厂家距离本项目的实地距离，以便于更准确联系 PC 结构厂家发送 PC 结构时间，有助于整体施工的安排；做出合理的整体施工计划、PC 结构进场计划等；请 PC 结构厂家到施工现场实地了解情况，了解 PC 结构运输线路，了解现场道路宽度、厚度和转角等情况；具体施工前施工单位和监理部门派遣质量人员去 PC 结构厂家进行质量验收，将不合格 PC 构件排除现场施工、有问题 PC 构件进行工厂整改、有缺陷 PC 构件进行工厂修补。

（4）材料与设备计划

材料与设备计划见表 4-10。

主要材料计划表　　　　　　　　　　　　　　　　表 4-10

序号	名称	规格	用途	单位	总需用量	备注
1	外墙板	按图纸尺寸	建筑物外围围护	块	—	预制
2	叠合梁	按图纸尺寸	建筑物水平承重构件	根	—	预制
3	内墙板	按图纸尺寸	分割建筑物平面空间	块	—	预制
4	隔墙板	按图纸尺寸	分割建筑物平面空间	块	—	预制
5	叠合楼板	按图纸尺寸	承受水平荷载及把立面空间划分成平面空间	块	—	预制
6	楼梯梯段	按图纸尺寸	建筑物垂直交通设施	个	—	预制
7	楼板	C35		m³	36×24＝864	标准层 24 层用量
8	剪力墙、柱	C35		m³	58×24＝1392	
9	传统 48mm 钢管	1200mm		根	163	用于叠合板底、梁底支撑（配备三层用量）
		2000mm			87	
		3000mm			166	
10	一字连接件	腰型孔 220×100×5		个	218×24＝436	
11	L 型连接件	腰型孔 L150（100 宽×7mm 厚）		个	23×24＝552	单栋用量（标准层 24 层）
12	固定螺栓	M16×30		个	736×24＝17664	
13	塑料垫块	70×70×20		个	61×24＝1464	
		70×70×10			134×24＝1464	
		70×70×5			134×24＝1464	
		70×70×3			134×24＝1464	
		70×70×2			134×24＝1464	
14	自攻钉	M10×75		个	1840	自攻钉周转 5 次
15	墙板定位件	110×110×7 角钢		个	241	单栋用量（标准层 24 层）
		一字件 260×100×5mm			45	
16	斜支撑（普通）	2m		根	232	
		2.5			26	
17	泡沫胶条	20×30mm		米	130×24＝3120	

续表

序号	名称	规格	用途	单位	总需用量	备注
18	扁担	6m		个	1	
19	钢丝绳	直径 26×3m 扎头		根	4	
		直径 18×4m 扎头			8	
		直径 18×6m 扎头			4	
20	铝合金靠尺	$L=2.5$m		个	4	
21	撬棍	25mm 螺纹钢 一头尖,一头 扁长 1.5m		根	4	
22	铝合金楼梯	3m		个	6	各类施工 机械、工具 辅材(根据 施工现场 视情况而来)
23	铁锤	4P		个	8	
24	安全带			条	4	
25	钢卷尺	7.5m		个	10	
26	钢卷尺	100m		个	1	
27	线锤	0.5kg 及 1kg		个	6	
28	钓鱼线			把	4	
29	水准仪			台	1	
30	墨斗			个	4	
31	墨汁	0.5kg		件	6	
32	记号笔(油性)	红、黑		支	50	
33	棉线			卷	4	
34	木工铅笔			支	20	
35	铁锤	6P		个	4	
36	电焊手套			双	6	
37	柔性抗裂 填缝砂浆			m³	13	单栋用量
38	耐碱网格布			m²	264	
39	泡沫棒	ϕ25mm		m	8904	
40	填缝胶			支	8904	

5. 施工进度计划及措施

(1) 施工总进度计划

工程施工总进度计划见表 4-11。

××住宅施工总进度计划　　　　　　表 4-11

A 地块

楼栋号	计划开工时间	正负零完成时间	吊装开始时间	楼层及吊装楼层	主体封顶时间
1	2017.01.12	2017.03.24	2017.05.04	29 层 5 层吊装	2017.11.13
2	2017.03.10	2017.04.28	2017.05.31	33 层 6 层吊装	2017.12.09
3	2017.03.20	2017.05.08	2017.06.12	33 层 6 层吊装	2017.12.19

B 地块

楼栋号	计划开工时间	正负零完成时间	吊装开始时间	楼层及吊装楼层	主体封顶时间
4	2017.04.01	2017.05.20	2017.06.27	33 层 6 层吊装	2017.12.31
5	2017.04.10	2017.05.29	2017.06.28	29 层 5 层吊装	2017.12.14

C 地块

楼栋号	计划开工时间	正负零完成时间	吊装开始时间	楼层及吊装楼层	主体封顶时间
6	2017.05.11	2017.07.04	2017.07.31	30 层 5 层吊装	2018.01.22
7	2017.04.20	2017.06.10	2017.07.16	33 层 6 层吊装	2018.01.19
8	2017.05.01	2017.06.24	2017.07.25	33 层 6 层吊装	2018.01.28

D 地块

楼栋号	计划开工时间	正负零完成时间	吊装开始时间	楼层及吊装楼层	主体封顶时间
9	2017.06.11	2017.08.02	2017.08.29	29 层	2018.02.04
10	2017.06.21	2017.08.09	2017.09.05	20 层	2017.12.19
11	2017.06.01	2017.07.25	2017.08.27	33 层	2018.03.13
12	2017.05.10	2017.07.03	2017.08.03	33 层	2018.01.27
13	2017.05.20	2017.07.13	2017.08.15	33 层	2018.03.01

E 地块

楼栋号	计划开工时间	正负零完成时间	吊装开始时间	楼层及吊装楼层	主体封顶时间
14	2017.08.10	2017.09.28	2017.10.25	20 层	2018.02.07
15	2017.07.30	2017.09.17	2017.10.14	20 层	2018.01.27
16	2017.07.20	2017.09.07	2017.10.08	33 层	2018.04.24
17	2017.07.01	2017.08.19	2017.09.19	33 层	2018.04.05
18	2017.07.10	2017.08.28	2017.09.28	33 层	2018.04.14

说明：1. 极端天气及 6 级以上大风，现场停止吊装作业，延误时间不计入总工期。

　　　2. 每栋楼具体开工时间以业主及监理单位下发开工通知单为准。

　　　3. 计划开工时间为土方开挖完成以后。

(2) 现场吊装计划

施工部门根据施工总进度计划编制现场吊装计划，见表 4-12。

××住宅施工现场吊装计划　　　　　　表 4-12

序号	任务名称	工程量	施工人数	持续时间（小时）	××		××		××		××	
					上午	下午	上午	下午	上午	下午	上午	下午
1	测量放线			4	——							
2	外墙板吊装			4								

续表

序号	任务名称	工程量	施工人数	持续时间（小时）	××		××		××		××	
					上午	下午	上午	下午	上午	下午	上午	下午
3	叠合梁吊装			4		▬						
4	内墙板吊装			4			▬					
5	墙柱钢筋绑扎及水电预埋			8		▬	▬					
6	隔墙板吊装			4				▬				
7	墙柱模板安装			8				▬	▬			
8	叠合板支撑架搭设			4					▬			
9	叠合板、楼梯梯段安装			4						▬		
10	外围防护			4						▬		
12	楼面水电预埋及钢筋绑扎			4							▬	
13	墙柱、楼面混凝土浇筑			4								▬

6. PC 结构运输、堆场及成品保护

（1）预制构件的运输

1）预制混凝土构件运输宜选用低平板车，并采用专用托架，构件与托架绑扎牢固，如图 4-51 和图 4-52 所示。

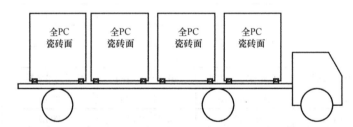

图 4-51　PC 结构件运输车侧面

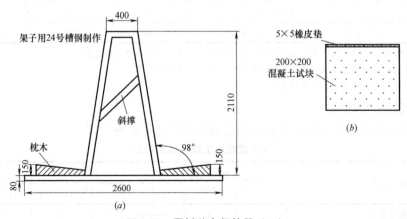

图 4-52　平板装车保护器（一）

（a）架子详图；（b）垫块详图

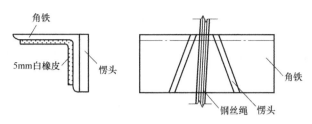

图 4-52　平板装车保护器（二）

2）预制叠合楼板、阳台板宜采用平放运输，堆放层数不超过 6 层；外墙板宜采用竖直立放运输；柱应采用平放运输。当采用立放运输时应防止倾覆。

3）预制叠合梁构件运输时平放不宜超过 2 层。

4）搬运托架、车厢板和预制混凝土构件间应放入柔性材料，构件应用钢丝绳或夹具与托架绑扎，构件边角或锁链接触部位的混凝土应采用柔性垫衬材料保护。

5）构件运输到现场后，应按照型号、构件所在部位、施工吊装顺序分别设置存放场地，存放场地应在吊车工作范围内。

6）PC 阳台、PC 空调板、PC 楼梯、设备平台采用平放运输，放置时构件底部设置通长木条，并用紧绳与运输车固定。阳台、空调板可叠放运输，叠放块数不得超过 6 块，叠放高度不得超过限高要求，阳台板、楼梯板不得超过 3 块。

7）运输预制构件时，车启动速度应慢、车速应均匀、转弯变道时要减速，以防墙板倾覆。

8）部分运输线路覆盖地下车库，运输车通过地下车库顶板的，在底部用 16 号工字钢对梁底部作支撑加固，确保地下车库静荷载重量满足 PC 运输重量。

（2）预制构件堆放的要求

1）现场存放时，应按吊装顺序和型号分区配套堆放。堆垛尽量布置在塔式起重机工作 35m 范围内；堆垛之间宜设宽度为 0.8～1.2m 的通道。

2）水平分层堆放时，按型号码垛，每垛不准超过 6 块，根据各种板的受力情况选择支垫位置，最下边一层垫木必须通长的，层与层之间垫平、垫实，各层垫木必须在一条垂直线上。

3）靠放时，区分型号，并沿受力方向对称靠放。

4）构件堆放场地必须坚实稳固，排水良好，以防止构件产生裂纹和变形。

5）墙板采用竖放，用槽钢制作满足刚度要求的支架，墙板搁支点应设在墙板底部两端处，堆放场地须平整、结实。搁支点可采用柔性材料，堆放好以后要采取临时固定，场地应做好临时围挡措施。为防止因人为碰撞或塔式起重机机械碰撞倾倒，堆场内 PC 形成多米诺骨牌式倒塌，堆场应按吊装顺序交错有序堆放，板与板之间留出一定间隔，如图 4-53 所示。

图 4-53　预制构件堆放

（3）预制构件进场验收

预制构件进场时须对每块构件进场验收，主要针对构件外观和规格尺寸。构件外观要求：外观质量上不能有严重的缺陷，且不应有露筋和影响结构使用性能的蜂窝、麻面和裂缝等现象。规格尺寸要求和检验方法见表 4-13。

预制构件的规格尺寸要求和检验方法   表 4-13

序号	项目			允许偏差（mm）	检验方法
1	规格尺寸	高度		±5	用尺量两侧边
		宽度		±5	用尺量两横端边
		厚度		±5	用尺量两端部
		对角线差		10	用尺量测两对角线
		窗洞口	规格尺寸	±5	用尺量
			对角线差	5	
			洞口尺寸	10	
			洞口垂直度	5	
2	外形	侧向弯曲		1/1000	拉线和用尺检查侧向弯曲最大处
		扭曲		1/1000	用尺和目测检查
		表面平整		5	用 2m 直尺和楔形塞尺检查
3	预留部件	预埋件	中心线位置	10	用尺量纵、横两个方向中心线
			与混凝土表面平整	5	用尺量
		安装门窗预埋洞	中心线位置	15	用尺量纵、横两个方向中心线
			深度	+10、−0	用尺量
4	主筋保护层厚度			+10、−5	用测定仪或其他量具检查
5	翘曲			1/1000	调平尺在两端测量

（4）成品保护

PC 结构在运输、堆放和吊装的过程中必须要注意成品保护措施。

运输的过程中采用钢架辅助运输，运输墙板时，车启动慢、车速应均匀，转弯变道时要减速，以防墙板倾覆。

堆放的过程中采用钢扁担使 PC 结构在吊装过程保持平衡、稳定和轻放，在轻放前要在 PC 结构堆放的位置放置棉纱、橡胶块或者枕木等，使 PC 结构的下部保持柔性结构。楼梯、阳台等 PC 结构必须单块堆放，叠放时用四块尺寸大小统一的木块衬垫，木块高度必须大于叠合板外露马镫筋和棱角等的高度，以免 PC 结构受损，同时在衬垫上适度放置棉纱或者橡胶块，保持 PC 结构下部为柔性结构。

在吊装施工的过程中要更注意成品的保护，在保证安全的前提下，要使 PC 结构轻吊轻放，同时在安装前先将塑料垫片放在 PC 结构微调的位置，塑料垫片为柔性结构，这样可以有效地降低 PC 结构的受损。施工过程中楼梯、阳台等 PC 结构需用木板覆盖保护。

浇筑前套筒连接锚固钢筋采用 PVC 管成品保护，防止混凝土在浇捣过程中污染连接筋，影响后期 PC 吊装施工，如图 4-54 所示。

图 4-54　PC 结构件的成品保护

7. PC 构件吊装

（1）起吊工具形式

1）构件吊装机械主要采用塔式起重机，并确保全覆盖。吊点采用预制构件内预埋专用吊钉的形式。

2）考虑到预制板吊装受力问题，采用钢扁担作为起吊工具，这样能保证吊点的垂直。钢扁担采用吊点可调的形式，使其通用性更强。

3）钢扁担主梁采用工字钢，钢丝绳采用直径为 17.5mm（6×37 钢丝，绳芯 1）的钢丝。

项目采用的部分起吊工具如图 4-55 所示。

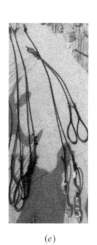

（a）　　　　　　（b）　　　　　　（c）　　　　　　（d）　　　　　　（e）

图 4-55　起吊工具
（a）钢梁；（b）吊爪；（c）卸扣；（d）防坠器；（e）吊绳

（2）PC 构件吊点设计及起重机械的选用

1）吊点设置

本工程预制构件分为预制外墙板、预制内墙板、预制阳台与空调板、预制叠合板、预制叠合梁。根据构件的分类及重量，设置不同吊点及吊点位置。

① 吊钉

吊钉系列应符合国家制定的用于预制混凝土元件的吊钉系统及有关吊运安全条例，吊钉通过圆角把荷载转移至混凝土，使相对较短的吊钉也可以获得较高的允许荷载，即使在薄墙板中，荷载也能有效地传递至混凝土及钢筋上，由于吊钉的圆角对称形状，因此放置吊钉时不需要特殊的定位。

圆头吊钉是由承重等级为 1.3～32t，材料由各种高质棒材制作而成，如碳钢、不锈钢等。根据不同的用途，吊钉的长度也可以不同，较长的吊钉用于边缘间距小或低强度的混凝土吊装上，如图 4-56 所示。

为满足吊运安全，吊运过程中需注意严格禁止对圆头吊钉进行改变和焊接。

② 吊钉位置的布置

本次吊钉布置以 1 号楼为参考依据，主要分析 C、D 户型内主要 PC 构件吊点布置。吊钉的布置原则为吊钉离混凝土一侧的最小距离（a_r）是吊钉长度（L）再加上吊钉到水泥面值 "s" 的 3 倍，$a_r = 3 \times (L + s)$，如图 4-57 所示。

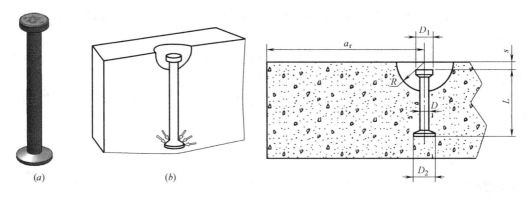

图 4-56 吊钉
（a）吊钉大样；（b）吊钉荷载受力情况

图 4-57 吊钉布置原则

外墙板、内墙板及隔墙板吊钉布置如图 4-58～图 4-60 所示。

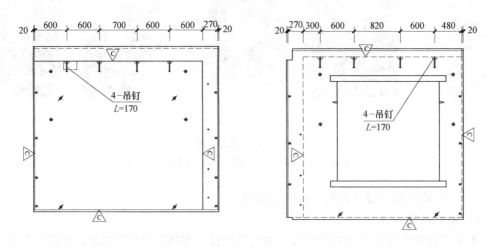

图 4-58 外墙板吊钉布置（一）

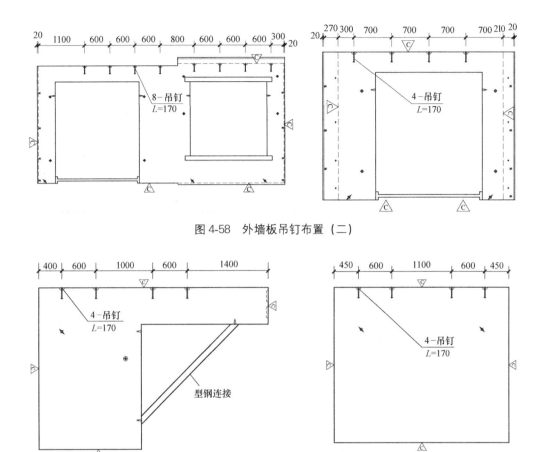

图 4-58　外墙板吊钉布置（二）

图 4-59　内墙板吊钉布置

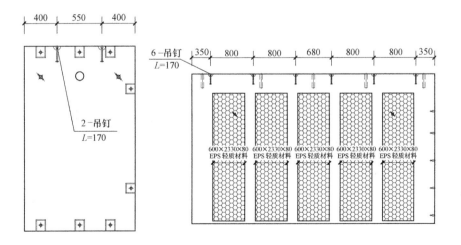

图 4-60　隔墙板吊钉布置

　　叠合板吊环布置如图 4-61 所示，叠合梁、楼梯、楼梯间隔墙板及 PCF 板吊钉布置分别如图 4-62～图 4-65 所示。

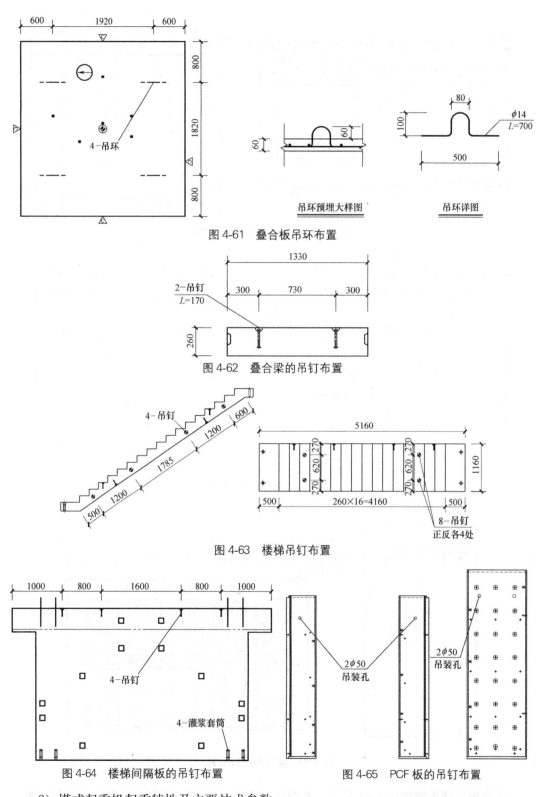

图 4-61 叠合板吊环布置

图 4-62 叠合梁的吊钉布置

图 4-63 楼梯吊钉布置

图 4-64 楼梯间隔板的吊钉布置

图 4-65 PCF 板的吊钉布置

2）塔式起重机起重特性及主要技术参数

根据现场施工需求，本工程塔式起重机选用型号为 QTZ160（6518）和 QTZ160

（6517）两种型号，其中 1 号、3-2 号、4-1 号、4-2 号、7 号、8-2 号塔式起重机采用 QTZ160（6518），吊装阶段臂长 45m 及 35m。其中 2-1 号、2-2 号、3-1 号、5 号、6 号、8-1 号塔式起重机采用 QTZ160（6517），吊装阶段臂长为 35m 及 30m。

① QTZ160（6518）塔式起重机主要技术参数及起重特性如图 4-66 所示。

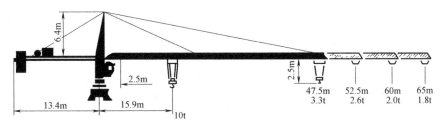

图 4-66　QTZ160（6518）塔式起重机主要技术参数

② QTZ160（6517）塔式起重机起重特性见表 4-14 和表 4-15。

35m 臂起重性能特性　　　　　　　　　　　　　　　表 4-14

幅度(m)		2.5～19.2	20.0	22.5	25.0	27.5	30.0	32.5	35.0
起重量 (t)	两倍率	5.00							
	四倍率	10.00	9.54	8.33	7.37	6.60	5.95	5.41	4.95

30m 臂起重性能特性　　　　　　　　　　　　　　　表 4-15

幅度(m)		2.5～19.2	20.0	22.5	25.0	27.5	30.0
起重量 (t)	两倍率	5.00					
	四倍率	10.00	9.68	8.46	7.49	6.70	6.05

3）塔式起重机平面布置图

A 地块、B 地块、C 地块及 D 地块塔式起重机平面布置分别如图 4-67～图 4-70 所示。

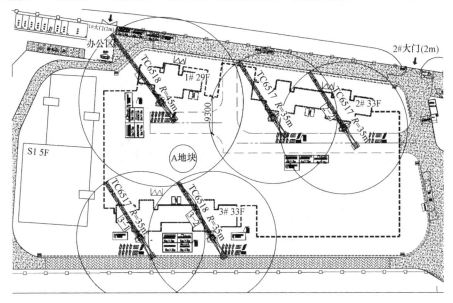

图 4-67　A 地块塔式起重机平面布置图

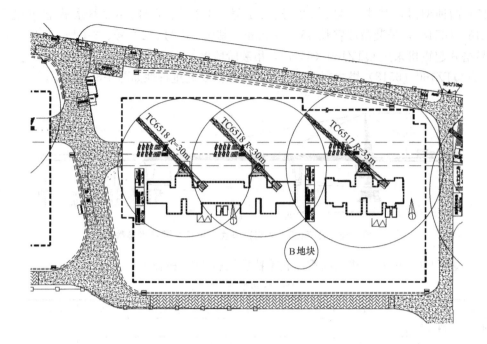

图 4-68　B 地块塔式起重机平面布置图

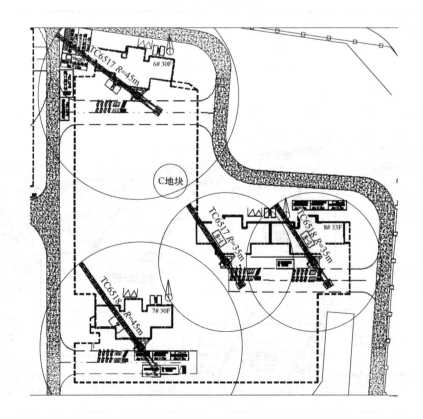

图 4-69　C 地块塔式起重机平面布置图

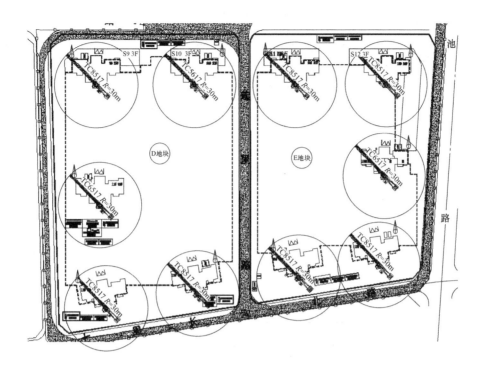

图 4-70　DE 地块塔式起重机平面布置图

（3）塔式起重机吊重分析

以 1 号楼为例分析塔式起重机吊重，其他楼栋参考 1 号楼的分析施工。图 4-71 为 1 号楼塔式起重机的布置位置，1 号楼各构件重量见表 4-16。

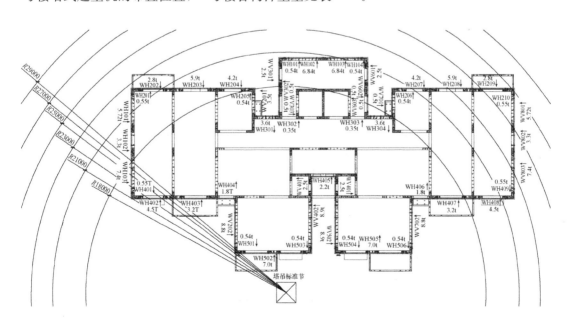

图 4-71　1 号楼塔式起重机的布置位置及吊装范围

1 号楼各构件重量   表 4-16

名称	编号	重量	编号	重量	编号	重量	编号	重量
外墙板	WH101	0.54t	WH102	6.84t	WH103	6.84t	WH104	0.54t
	WH201	0.55t	WH202	2.8t	WH203	5.9t	WH204	4.2t
	WH205	0.54t	WH206	0.54t	WH207	4.2t	WH208	5.9t
	WH209	2.8t	WH210	0.55t	WH301	3.6t	WH302	0.35t
	WH303	0.35t	WH304	3.6t	WH401	0.55t	WH402	4.5t
	WH403	3.2t	WH404	1.8t	WH405	2.2t	WH406	1.8t
	WH407	3.2t	WH408	4.5t	WH409	0.55t	WH501	0.54t
	WV101	5.72t	WV102	3.3t	WV103	7.4t	WV201	3.5t
	WV202	8.8t	WV301	0.5t	WV302	0.5t	WV303	0.5t
	WV401	2.5t	WV402	8.9t	WV501	2.5t	WV502	8.9t
	WV601	2.5t	WV602	0.5t	WV603	0.5t	WV701	0.5t
	WV801	5.72t	WV802	3.3t	WV803	7.4t		
内墙板	NH101	2.8t	NH102	2.8t	NH201	7.2t	NH202	3.2t
	NH203	3.2t	NH204	7.2t	NH301	3.8t	NH302	3.8t
	NV101	4.3t	NV102	5.3t	NV201	4.2t	NV202	5.1t
	NV301	2.6t	NV302	1.6t	NV401	2.6t	NV402	1.6t
	NV403	1.1t	NV501	4.2t	NV502	5.1t	NV601	4.3t
	NV602	5.3t	NV101	4.3t	NV102	5.3t	NV201	4.2t
	NV202	5.1t	NV301	2.6t	NV302	1.6t	NV401	2.6t
	NV402	1.6t	NV403	1.1t	NV501	4.2t	NV502	5.1t
	NV601	4.3t	NV602	5.3t				
叠合楼板	FB01	1.8t	FB02	1.9t	FB03	0.6t	FB04	0.6t
	FB05	1.9t	FB06	1.8t	FB07	1.7t	FB08	1.8t
	FB09	1.8t	FB10	1.7t	FB11	1.8t	FB12	1.9t
	FB13	1.5t	FB14	1.5t	FB15	1.5t	FB16	1.5t
	FB17	1.5t	FB18	1.5t	FB19	1.9t	FB20	1.8t
	FB21	1.7t	FB22	1.7t	FB23	1.7t	FB24	1.7t
	FB25	1.7t	FB26	1.7t				
空调板	KB01	0.2t	KB02	0.2t	KB03	0.2t	KB04	0.2t
阳台板	YB01	1t	YB02	1t	YB03	1.2t	YB04	1.2t
	YB05	1.1t	YB06	1.1t				
楼梯	楼梯	4.9t						

　　根据 1 号楼吊装顺序表及塔式起重机布置位置，塔式起重机 18～27m 起吊范围内起重分析见表 4-17。

1 号楼塔式起重机吊重分析　　　　　　　　表 4-17

构件编号	构件重量	起吊范围	塔式起重机吊重	结论
WV101	5.72t	21.3m	塔式起重机 21m,吊重 8.32t	满足要求
WH202	2.8t	21.4m	塔式起重机 21m,吊重 8.32t	满足要求
WH203	5.9t	19.6m	塔式起重机 21m,吊重 8.32t	满足要求
WH102	6.84t	20.5m	塔式起重机 21m,吊重 8.32t	满足要求
WH103	6.84t	21.2m	塔式起重机 21m,吊重 8.32t	满足要求
WH208	5.9t	23.2m	塔式起重机 23m,吊重 7.53t	满足要求
WH209	2.8t	25.8m	塔式起重机 27m,吊重 6.31t	满足要求
WV801	5.72t	25.9m	塔式起重机 25m,吊重 6.87t	满足要求
WV803	7.4t	23.2m	塔式起重机 23m,吊重 7.53t	满足要求
WV103	7.4t	17.5m	塔式起重机 19m,吊重 9.27t	满足要求
楼梯	4.9t	20.8m	塔式起重机 21m,吊重 8.32t	满足要求

通过上述对比,本工程 1 号楼采用 QTZ160（6518）型塔式起重机,塔式起重机臂长 45m,全部覆盖施工区域;25m 处最大起重重量为 6.87t,PC 构件最重为 5.72t,塔式起重机满足工程吊装需要。其他楼栋根据不同塔式起重机起重量及构件吊装顺序分析均满足施工需求。

（4）吊装施工工艺

本工程的吊装工艺流程如图 4-72 所示。

（1）施工准备。详见 4.5.3 节中施工组织管理及部署中的施工准备。

（2）轴线定位、标高测设

1）轴线定位

采用"内控法"放线,"外控法"复核。

①"内控法"放线,在房屋首层根据坐标设置四条标准控制轴线（纵横轴方向各两条）将轴线的交点作为控制点,各楼层上的控制点在楼板相应位置预留 200mm×200mm 的传递孔,用吊线坠或激光铅垂仪将首层控制点通过预留传递孔直接引至施工楼层上。

②"外控法"复核,用经纬仪或全站仪根据小区控制坐标系统定出建筑物控制轴线（不少于两条四点,纵横轴方向各一条）的控制桩（控制桩宜设置在离建筑物较远且安全的地方）,对楼层上的控制轴线进行复核。

③ 根据控制轴线依次放出建筑物的所有轴线、墙板两侧边线和端线、墙柱边线、节点线、门洞口位置线以及模板控制线。

④ 轴线放线偏差不得超过 4mm。放线遇有连续偏差时,如果累计偏差在规范允许值以内,应从建筑物中间一条轴线向两侧调整。

2）标高测设

① 每栋建筑物应根据小区测量控制网设 1～2 个标准水准点,根据水准点将标高引首层墙或柱上,用钢尺将标高引入各楼层。

② 用水准仪测出楼层各安装 PC 构件位置的标高,将测量实际标高与引入楼层设计标高进行对比,根据设计预留缝隙高度选择合适的垫块做为预制构件安装标高。每块墙板下

设两点为宜，且将其位置和尺寸在楼面上标明。楼层弹线，并测量水平标高，根据 PC 板编号于楼面对号入座，塔式起重机采用顺时针方式，如图 4-73 所示。

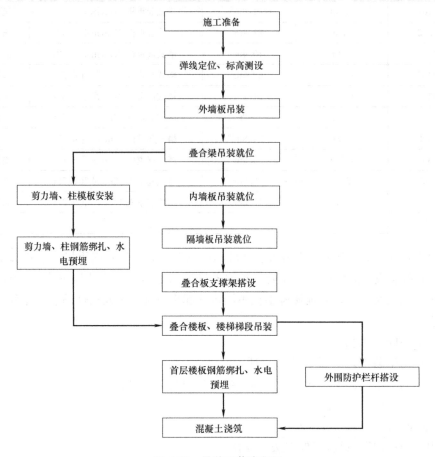

图 4-72　吊装工艺流程图

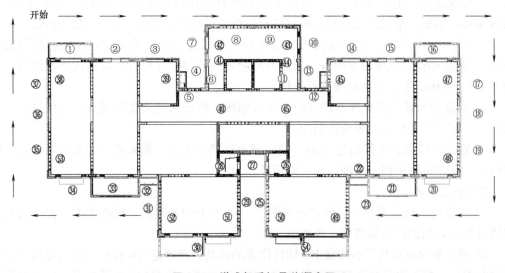

图 4-73　塔式起重机吊装顺序图

（3）外墙板吊装

1）构件检查

① 构件起吊前对照图纸复核构件的尺寸、编号。

② 检查构件外观质量是否出现蜂窝、麻面、开裂等情况，吊钉周围混凝土是否有蜂窝、孔洞、开裂等影响吊钉受力的质量缺陷，如出现此问题预制构件须退回工厂，不得使用。

2）吊装

① 根据构件形式及重量选择合适的吊具，当墙板与钢丝绳的夹角小于45°时或墙板上有四个（一般是偶数个）或超过四个吊钉的应采用加钢梁吊装。如图4-74所示。

图 4-74　外墙板吊装

② 当塔式起重机或起重机器把外墙板调离地面时，检查构件是否水平，各吊钉的受力情况是否均匀，使构件达到水平，各吊钩受力均匀后方可起吊至施工位置。

3）构件安装

① 在距离安装位置50cm高时停止塔式起重机或起重机下降，检查墙板的正反面是否与图纸正反面一致，检查地上所标示的垫块厚度（1mm、3mm、5mm、10mm、20mm等型号的钢垫片）与位置是否与实际相符。

② 根据楼面所放出的墙板侧边线、端线、垫块、外墙板下端的连接件（连接件安装时外边与外墙板内边线重合）使外墙板就位。

③ 根据控制线精确调整外墙板底部，使底部位置和测量放线的位置重合。

④ 横缝宽度根据标高控制好，标高一定要严格控制好否则直接影响横缝；竖缝宽度可根据墙板端线控制，或是用一块根据竖缝宽度确定的垫块放置相邻板端控制。

⑤ 用斜支撑将外墙板固定（安装时斜支撑的水平投影应与外墙板垂直且不能影响其他墙板的安装），长度大于4m的外墙板应有不少于3个斜支撑，长度大于6m的外墙板应有不少于4个斜支撑，用底部连接件将外墙板与楼面连成一体（此连接件主要是防止混凝土浇捣时外墙板底部跑模，故应连接牢固且不能漏装，同时方便外墙板就位）。

4）调整固定

① 固定斜支撑，旋转斜支撑并根据垂直度对墙板进行调整，调整时应将固定在该墙板上的所有斜支撑同时旋转，严禁一根往外旋转一根往内旋。如遇墙板还需要继续调整但斜支撑已经旋转不动时，严禁用蛮力旋转。旋转时应时刻观察撑杆的丝杆的外漏长度（丝杆长度为 500mm，旋出长度不超过 300mm），以防丝杆与旋转杆脱离。

② 操作工人站在人字梯上并系好安全带取钩，安全带与防坠器相连。防坠器要有可靠的固定措施。

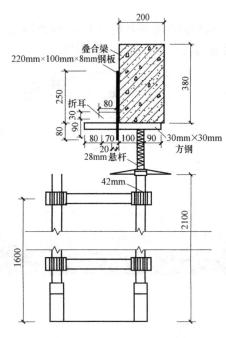

图 4-75　叠合梁下钢支撑节点详图

③ 外墙板吊装且复核后用连接件将相邻两墙板接成一体。安装连接时，螺栓紧固合适，不得影响外墙平整度，安装完毕后用点焊固定。

（4）叠合梁吊装

1）测量

① 根据引入施工作业区的标高控制点，用水平仪测设出叠合梁安装位置处的水平控制线，水平线宜设在作业区＋1m 处的外墙板上，同一作业区的水平控制线应该重合，根据水平控制线弹出叠合梁梁底位置线。

② 根据轴线、外墙板线，将梁端控制线用线锤、靠尺、经纬仪等测量方法引至外墙板上。

2）梁支撑搭设

对于长度大于 4m 的叠合梁，底部采用 3 点支撑，若大于 6m 则采用 4 点支撑。叠合梁支撑体系结构如图 4-75 所示。

3）构件安装

① 叠合梁吊装前，根据施工图纸，核对构件尺寸、质量、数量、配筋等情况，查看所进场构件编号并做好记录，特别注意梁的质量，对叠合梁有裂缝、蜂窝、孔洞、少筋、截面尺寸误差超出允许偏差的，一律不得用在工程上。

② 缓慢上升将梁吊离地面，检查梁是否基本水平、各吊钉受力是否均匀等情况，若不水平、受力不均匀时用钢丝绳或加卸扣调整。

③ 在叠合梁就位前应检查是否有预埋套管，有预埋套管的应注意正反面，叠合梁底部钢筋弯曲方向应与图纸一致，叠合梁底部纵向钢筋必须放置在柱纵向钢筋内侧，且应与外墙板有一定距离否则将会影响柱纵筋施工。

④ 将叠合梁缓慢落在已安装好的底部支撑上，叠合梁端应锚入柱、剪力墙内 15mm（叠合梁生产时每边已经加长 15mm）。

4）固定复核

① 检查并调整叠合梁的标高、位置、垂直度，使其达到此方案规定的允许范围；加固支撑，使其全部受力后再取钩。

② 取钩时，操作工人站在人字梯上并系好安全带取钩，安全带与防坠器相连。防坠器要有可靠的固定措施。

（5）内墙板吊装

1）构件复核

① 根据施工图纸，核对构件尺寸、质量、数量等情况，查看所有进场构件的编号、墙板上预留管线以及预留洞口有无偏差，做好详细记录。

② 根据构件形式及重量选择合适的吊具，多于 2 个吊点的构件应采用钢梁吊装，并根据吊钉数量来确定吊点位置。

2）构件安装

① 将构件吊离地面，检查其是否基本水平、吊钩受力是否均匀，不水平或不均匀时用钢丝绳或加卸扣调整。

② 检查楼面上所标示的垫块厚度与位置是否与实际一致。

③ 在构件就位前检查编号、位置和正反面，根据图纸标注（箭头方向为正面），将板的正面与标注正面重合。

④ 将构件落在安装位置的垫块上，内墙板暗梁底部纵向钢筋放置在柱或剪力墙纵向钢筋内侧。

⑤ 墙板就位时应注意墙板上管线预留孔洞与楼面现浇部分预留管线的对接位置是否准确，如有偏差应通知水电安装人员及时对接处理，处理完成后方能安装固定。

⑥ 墙板就位后每个构件用不少于 2 根支撑的临时固定（安装时斜支撑的水平投影应与墙板垂直且不能影响后续工作的安装），长度大于 4m 且不少于 3 根斜支撑固定，固定时墙板上部支撑点距离构件底部的距离不宜小于墙板高度的 2/3。固定后同时旋转支撑对构件垂直度进行微调，注意丝杆长度。

3）固定复核

① 复核构件的水平位置、标高、垂直度，使误差控制在本方案允许范围内。

② 用连接件把构件和楼地面临时连接，每个构件下的连接件不得少于 2 个。

③ 取钩时，操作工人站在人字梯上并系好安全带取钩，安全带与防坠器相连。防坠器要有可靠的固定措施。

（6）隔墙板吊装

隔墙安装操作细节大致与内墙板一样，但还应注意以下几点：

（1）落位时注意隔墙板底下是需要用坐浆（外墙板和内墙板都不需要坐浆）。坐浆时注意避开地面预留线管，以免砂浆将线管堵塞。

（2）隔墙安装时墙板两端各留有 20mm 的安装空隙，宜将安装空隙平均分配（每边 10mm）以免预留预理及门洞偏差过大。如三块墙板成工字形时，不宜将两侧隔墙安装完后再安装中间的。

（3）隔墙板的连接是在隔墙板顶上预留出直径为 50mm；深为 200mm 的孔洞，叠合板相应位置预留出直径 75mm 的孔洞。叠合板吊装完后在孔内插入直径为 12mm 的短钢筋，现浇时将孔内灌注混凝土，使叠合板与隔墙板牢固相连。

（4）隔墙板吊装就位时，需优先确保厨房、卫间生的净空尺寸，以便于整体浴室、整体橱柜的安装。

（7）剪力墙、柱钢筋绑扎、水电管线预埋、模板安装

剪力墙、柱的绑扎、水电管线预埋、模板安装与吊装工程分区穿插进行，在剪力墙模

板安装前，剪力墙、柱范围内的外墙板底部，用不小于 1：2.5 水泥砂浆封堵缝，防止混凝土浇筑时漏浆。模板顶端的标高应等于叠合板板底标高。

（8）叠合楼板、阳台板吊装

1）支撑架搭设

搭设支撑架宜自锁式工具化内支撑体系。搭设时立杆间距不大于 2100mm，第一根立杆距墙边不应大于 500mm，且立杆与立杆之间必须设置两道双向水平连接杆，第一道连接杆离地面 1800mm；第二道设置在立杆上端的板底，详细搭设方式及材料如图4-76所示。

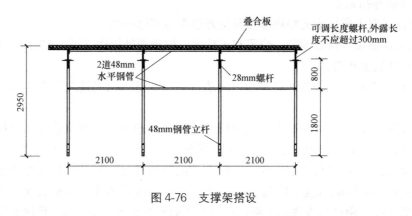

图 4-76 支撑架搭设

2）构件复核

① 根据施工图纸，核对构件尺寸、质量、数量等情况，查看所有进场构件编号、构件上的预留管线以及预留洞口是否有偏差，做好详细记录。

② 根据构件形式及重量选择合适的吊具，所有的构件都应该采用钢梁吊装，如图4-77所示。

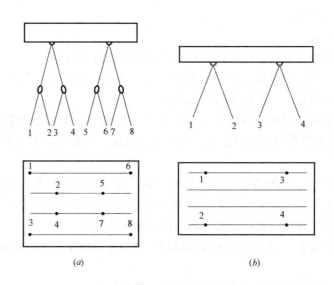

图 4-77 支撑架搭设

（a）大于 4m 板的吊装；（b）小于 4m 板的吊装

3）构件安装

① 将构件吊离地面，观测构件是否基本水平、各吊钉是否受力均匀，构件符合标准后起吊。

② 根据图纸所示构件位置以及箭头方向就位，就位同时观察楼板预留孔洞与水电图纸的相对位置（以防止构件厂将箭头编错）。

③ 构件安装时短边深入梁或剪力墙上15mm，构件长边与梁或板与板的拼缝按设计图纸要求安装。

④ 阳台板安装时还应该根据图纸尺寸确定挑出长度，安装时阳台外边缘应与已施工完层阳台外边缘在同一直线上。安装完毕后宜将阳台钢筋与叠合梁箍筋焊接在一起。

4）固定复核

① 复核构件的水平位置、标高、垂直度，使误差控制在本方案允许范围内。

② 检查支撑及板的拼缝，使所有支撑杆件受力基本一致，板底拼缝高低差小于3mm，确认后取钩。

（9）楼梯安装

1）构件复核

① 根据施工图纸，核对构件尺寸、质量、数量等情况，查看进场构件的编号，并做好详细记录。

② 根据构件形式选择合适的吊具，因楼梯为斜构件，吊装时用3根同长度的钢丝绳4点起吊，楼梯梯段底部用2根钢丝绳分别固定2个吊钉。楼梯梯段上部由1根钢丝绳穿过吊钩两端固定在2个吊钉上（下部钢丝绳加吊具长度应是上部的2倍）。

③ 梯段就位前休息平台叠合板须安装调节完成，因平台板需支撑梯段荷载。检查梯段支撑面叠合板的标高是否准确，梯段支撑面下部支撑是否搭设完毕且牢固。梯段落位后可用钢管加顶托在梯段底部（梯段底部一般会有4个脱模吊钉，可将钢管支撑于此）加支撑固定。

2）构件安装

① 根据梯段两端预留的位置安装，安装时根据图纸要求调节安装空隙的尺寸。

② 根据标高、轴线、图纸精确调节安装位置后取钩。

③ 楼梯安装处的楼面在混凝土浇筑时，梯段安装位置不应浇筑混凝土。待楼梯吊装完后同下一个施工楼面一起浇筑。

（10）水电预埋及钢筋绑扎

（11）混凝土浇筑及养护

剪力墙、柱根部与模板结合部分应该提前24h用不小于1:2.5水泥砂浆堵缝。混凝土浇筑时应该安排人员检查支撑系统及预制构件，以防支撑系统变形、预制构件跑位；混凝土浇筑过程中测量人员必须在现场用水准仪复核混凝土浇筑面的标高，使施工标高与设计标高的值小于±10mm。待安装预制构件的位置必须100%复测。

8. 安全文明施工措施

（1）安全保证体系

本项目安全保证体系如图4-78所示。

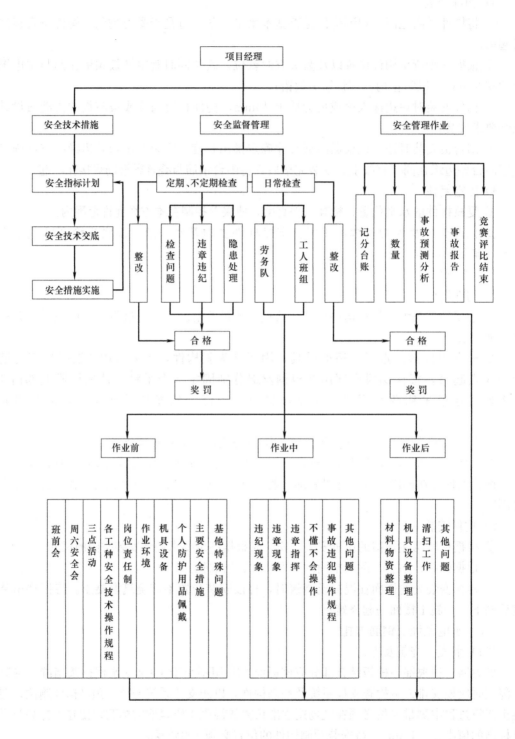

图 4-78　安全保证体系

（2）安全管理措施

1）塔式起重机司机、信号指挥、电焊工等均属特种作业人员，都必须是已经过专业培训、考核取得合格证并经体检确认可以进行高处作业的人员。

2）起重吊装作业前应进行安全技术交底，内容包括吊装工艺、构件重量及注意事项。

3）起重吊装时高处作业人员应佩戴工具袋，工具及配件应装入工具袋内，不得抛掷物品。

4）对所有作业人员的进场、转岗人员进入施工现场时要进行有针对性的安全教育培训；安全技术交底齐全，配备足够数量的专职安全生产管理人员。

5）安全防护措施及时到位；防护用品要配备齐全且合格并正确使用。

6）施工临时用电及施工机具的使用符合相应的标准规范。

7）高处作业人员须进行针对性的安全教育及技术交底，并履行好签字手续。高处作业人员会正确使用安全防护用品，如安全帽、安全带等。

8）每一处临边应有防护措施，且符合要求；"三宝四口"有专项施工方案。

9）吊装期间地面警示标志和地面预警人员配备到位。

10）根据天气情况决定是否符合吊装施工。五级以上大风天气、雨天、雷天禁止吊装施工。

（3）起重运输机械安全技术措施

1）建筑起重机机械设备安拆方案制定和实施、安拆人员资格等情况良好；安拆单位及人员具备相应资质，按照要求制定和实施建筑起重机械设备安拆方案，并按照安拆方案进行操作。现场安拆人员具有相应的资格，司机、指挥等人员配备齐全，专人操作；施工现场有多台起重设备交叉作业时，应制定有效的防碰撞措施；设备安拆单位、维保单位对设备进行有效的日常维修和保养管理；有相应的管理制度；责任明确，维修保养情况好，有安全巡查记录；塔式起重机、设备经检查完好；机构设备安全操作规程齐全；设备验收合格后方可使用。

2）起重机械必须经国家指定部门认可并取得《安全检验合格证》后，方可使用。

3）起重机械的安全防护装置必须齐全、可靠。操作室内必须备有灭火装置，不得存放易燃物。

4）起重机的变幅指示器、力矩限制器以及各种行程限位开关等安全保护装置，必须齐全完整、灵敏可靠，不得随意调整和拆除。严禁用限位装置代替操纵机构。

5）起重机的指挥人员必须经过培训取得合格证后，方可担任指挥。作业时应与操作人员密切配合。操作人员应严格执行指挥人员的信号，如信号不清或错误时，操作人员可拒绝执行。如果由于指挥失误而造成事故，应由指挥人员负责。

6）起重机械作业时，重物下方和起重机作业区域内不得有人停留或通过。严禁用非载人起重机载运人员。

7）起重机械必须按规定的起重性能作业，表明最大起重量、不得超载荷和起吊不明重量的物件。严禁使用起重机进行斜拉、斜吊和起吊地下埋设或凝结在地面上的重物。

8）塔式起重机的安装、顶升、拆卸必须按照原生产厂家规定进行，并制订安全作业措施，由专业安装队在队长统一指导下进行，并要有技术和安全人员在场监护。

9）塔式起重机如遇到四级以上的大风时，不得进行顶升、安装、拆卸作业；正在作业时如突遇大风，必须立即停止作业，并将塔身固定。

10）塔式起重机顶升作业时，必须使吊臂和平衡臂处于平衡状态，并将回转部分制动住；严禁回转臂杆及其他作业。顶升过程中发现故障，必须立即停止顶升并进行检查，待故障排除后方可继续顶升。

11）塔式起重机的顶升或作业时，必须在专人指挥下操作，非作业人员不得登上顶升架的操作台，操作室内只准一人操作，严格听从信号指挥。

12）塔式起重机应有可靠的避雷装置。

13）严格执行施工机械维护、保养、检查制度，做好各类记录。对新装、拆迁大修或改变重要技术性能的施工机械，在使用前均应按出厂说明书进行静负荷及动负荷试验。

14）遇有大雾、雷雨等恶劣气候；或夜间照明不足，使指挥人员看不清工作地点、操作人员看不清指挥信号时，应停止起重工作。

（4）施工机具及器具使用安全措施

1）所有索具吊具必须要有合格证、检验报告才能投入使用。

2）计算钢丝绳的允许拉力时，应根据起重重量以及不同的用途选用安全系数。

3）钢丝绳的连接强度不得小于其破断拉力的 80%；当采用绳卡连接时，应按照钢丝绳直径选用绳卡规格及数量，绳卡压板应在钢丝绳长头一边；采用编结连接时，编结长度不应小于钢丝绳直径的 15 倍，且不应小于 300mm。

4）钢丝绳出现磨损断丝时，应减载使用，当磨损断丝达到报废标准时，应及时更换合格钢丝绳。

5）吊具（钢扁担）的设计制作应有足够的强度及刚度，根据构件重量、形状、吊点和吊装方法确定，吊具应使构件吊点合理、吊索受力均匀。

6）根据起吊重量选择合适的吊钩或卡环，严禁使用焊接钩、钢筋钩，当吊钩挂绳断面处磨损超过高度 10% 时应报废。

7）电动机及照明器具：防护罩（室外防雨罩）线盒盖、外壳保护接零或接地、移动式或拖地的电源线应用电缆护套线。埋地或易受机械机具损伤的电源线加设保护装置，特殊、潮湿处照明使用 36V 以下安全电压。

8）电弧焊机应有：外壳防护罩、一二次接线柱防护罩、露天防雨罩、一二次线连接绝缘板、二次接线鼻子、保护接零或保护接地。

（5）PC 构件吊装安全措施

1）安全技术的一般规定

① PC 构件吊装前应编制施工组织设计或预定施工方案，明确起重吊装安全技术要点和保证安全的技术措施。

② 参加 PC 构件吊装的工作人员应经体检检查合格，在进行吊装前应进行安全技术教育和安全技术交底。

③ PC 构件吊装工作开始前，应对起重运输和吊装设备以及所用索具、卡环、夹具、锚碇等的规格、技术性能进行细致检查，如发现有损坏或松动现象，应立即调换或修好。起重设备应进行调试运转，如发现有转动不灵活、磨损的应及时修理；重要构件吊装，经检查各部件正常后方可进行正式吊装。

2）防止高空坠落

3）防高空坠落措施

① 凡身体不适合从事高处作业的人员，不得从事高处作业。从事高处作业的人员按规定进行体检和定期体检。

② 作业人员严禁互相打闹，以免失足发生坠落事故。不得攀爬脚手架。

③ PC构件吊装工作人员应戴安全帽；高空作业人员应配系安全带，穿防滑鞋，带工具袋。严禁穿硬塑料底等易滑鞋、高跟鞋进入施工现场。

④ 吊装工作区应有明显标志，并设专人警戒，与吊装无关的人员严禁入内。起重机工作时，起重臂杆旋转半径范围内严禁站人。

⑤ 运输、吊装构件时，严禁在被运输、吊装的构件上站人指挥或放置材料、工具。

⑥ 高空作业施工人员应站在操作平台或轻便梯子上工作。吊装层应设临时防护栏杆或采取其他安全措施。

⑦ 建筑物临边、基坑周边等，必须设置1.2m高且能承受任何方向100N外力的临时护栏，护栏围密目式（2000目）的安全网。

⑧ 边长大于250mm的预留洞口，采用木板盖板加防滑移措施，边长大于1500mm的洞口，四周设置防护栏杆并围密目式（2000目）安全网，洞口下挂安全平网。

⑨ 各种架子搭好后，项目经理必须组织架子工和使用的班组共同检查验收，验收合格后，方准上架操作。使用时，特别是台风暴雨后，要检查架子是否稳固，发现问题及时加固，确保使用安全。

⑩ 施工使用的临时梯子要牢固，踏步300～400mm，与地面成60°～70°，梯脚要有防滑措施，顶端捆扎牢固或设专人扶梯。

4）防物体落下伤人

① 高空往地面运输物件时，应用绳捆好。吊装时，不得在构件上堆放或悬挂散落物件。散落材料和物件必须用吊险绳捆扎牢固后才能吊运和传递，不得随意抛掷材料物件、工具，防止滑脱伤人或意外事故。

② 构件必须绑扎牢固，起吊点应通过构件的重心位置，吊升时应平稳，避免震动或摆动。

③ 起吊构件时，速度不应太快，不得在高空停留过久，严禁猛升猛降，以防构件脱落。

④ 构件就位后临时固定前，不得松钩、解开吊装索具。构件固定后，应检查连接牢固和稳定情况，当连接确定安全后方可解下固定工具并进行下一步吊装。

⑤ 风雪天、霜雾天和雨天吊装时应采取必要的防滑措施，夜间作业应有充分照明。

5）防吊装结构失稳

① PC构件吊装应按规定的吊装工艺和程序进行，未经计算且采取可靠的技术措施，不得随意改变或颠倒工艺程序安装。

② PC构件吊装就位，应经初校和临时固定或连接可靠后方可卸钩，固定后方可拆除临时固定工具。高度和宽度很大的单件或在最后组成一稳定单元体系之前，应设溜绳或斜撑拉固。

③ PC构件固定后不得随意撬动或移动位置，如需重校时必须回钩。

9. 应急预案

(1) 应急救援组织机构

1) 项目按需要建立以单位主要负责人为首的生产安全事故应急救援领导小组,救援领导小组成员必须保持手机24h畅通。当接到事故报告后,领导小组成员应能以最快的速度集合,并迅速到达事故现场,应急救援领导小组组成如下:组长:×××;副组长:×××;组员:×××、×××、×××。

2) 项目经理部各班组建立各班组应急救援小组,并抽调人员参加项目应急救援小组的应急救援演习。

(2) 施工的危险源和可能造成的伤害

1) 吊装危险源分析

预制板在吊装过程中发生脱落;吊装晃动过大碰撞人员及已安装构件;模板支撑体系坍塌;人员在吊装过程中用机具施工引起触电;高处坠落等。

2) 可能造成的伤害

构件掉落造成人员伤亡;构件晃动过大造成人员高处坠落及构件高处坠落砸伤底部作业人员;机械伤害等。

(3) 应急救援路线

1) 报警电话:120、110、119。

2) 附近医院及交通路线图(略)。

习　题

1. 简述液压提升系统工作时,液压提升机油缸及上、下锚具的动作过程。

2. 液压同步提升对支承结构的施工荷载应按哪四个施工阶段分别确定?

3. 用图示说明,如果液压提升机中心与地面拼装钢结构屋架下吊点中心不对正,吊装时会造成何种危险性?

4. 简要分析大型钢屋架吊装时,各提升点不同步会造成何种危险性?据此计算机控制系统需要有何种调节功能要求?

5. 简述与大型起重机相比,整体液压同步提升技术的特色和优点。

6. 自行式起重机包含哪些类型?其各自具有什么特点?

7. 自行式起重机的特性曲线分为哪几种?它们各表达了什么特性?

8. 滑移法吊装工艺中,主起重机应如何布置?

9. "滞后"和"超前"是何含义?有何危害?其解决措施又有哪些?

10. 桅杆吊装形式有哪些?各有什么特点?

11. 某工地采用一倾斜桅杆吊装一80kN设备,如下图所示,设备几何尺寸为长×宽×高=6m×4m×2m,基础高8m,请采用简便方法设计管式桅杆,选择缆风绳,并设计缆风绳的布置形式(假设缆风绳等效拉力为20kN)。

12. 常见的塔式起重机类型有哪些?

13. 常见的塔式起重机安全装置有哪些?各自作用是什么?

14. 装配式建筑吊装有哪些特性?

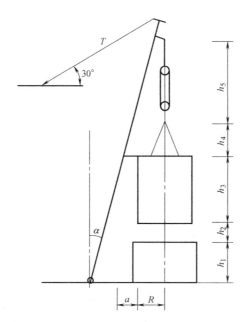

15. 塔式起重机选用的一般流程是什么？

16. 塔式起重机基础的计算主要包括哪些方面？

17. 塔式起重机安装和拆除有哪些注意事项？

18. 编写吊装技术方案时主要包括哪些内容？方案的核心内容是什么？

▶ 装配式建筑施工安全管理

【主要内容】

1. 生产安全管理；

2. 预制构件运输、起吊及支撑保护；

3. 施工环境安全。

【学习要点】

1. 熟悉生产安全管理的基本概念；

2. 掌握构件在运输、起吊、支撑中的安全防护。

　　预制装配式建筑物借鉴了民用和工业建筑装配生产的经验，采用工厂预制、现场拼接的形式，主要特点是强度高、总平面布置灵活、有较强的抗震能力及有相对短的施工工期等。国家"十三五"规划明确提出建筑工业现代化，预制装配式建筑方式极大的促进了建筑工业化和建筑行业的转型，应用新型建筑方式将会降低生产成本，是建筑行业重要的发展趋势。但是和发达国家相比，我国的装配式建筑在施工过程中管理不完善、施工现场控制力度还不够，存在大量的安全风险，威胁着施工人员的人身安全，影响到建筑的稳定性和安全性，同时也使得相关企业单位承受较大的经济损失，不利于我国装配式建筑的发展。因此，需要进行体系化的管理，确保建筑的安全和质量。

5.1　生产安全管理

5.1.1　施工人身安全管理

1. 基本概念

　　安全施工是建筑项目的基础，是项目具备经济效益和社会效益的重要保证，保障施工人员的人身安全是施工安全管理中的重要组成部分。首先要确保在施工过程中，不会出现重大安全事故，包括管线事故、伤亡事故等。通过建立相应的安全检查组，可以有效的保证施工现场的安全。在进行安全管理时，要考虑到各个方面，例如设备的规范操作与维护、吊装安全、用电安全、临边防护等。

2. 高处作业安全防护

　　对于装配式框架结构尤其是钢框架结构的施工，工人个体高处作业的坠落隐患凸显。除了发放安全带、安全绳，加强防高坠安全教育培训、监管等措施，还可通过设置安全母索和防坠安全平网的方式对高坠事故进行主动防御。

　　在框架梁上设置安全母索能达到的防高坠效果，安全母索能为工人在高处作业提供可靠的系挂点，且便于移动。安全母索的一种设置形式，是通过将底部带夹具的钢立柱夹紧钢梁的上翼缘，再系挂上水平安全母索。

　　通过在框架结构的钢梁翼缘设置专用夹具或在预制混凝土梁上预埋挂点，可将防坠安全平网简便地挂设在挂点处具有防脱设计的挂钩上，可实现对梁上作业工人意外高坠的拦截保护作用。图 5-1 为某钢结构项目防坠安全平网的现场设置情况。

　　预制构件吊装就位后，工人到构件顶部的摘钩作业也往往属于高处作业。采用移动式升降平台开展摘钩作业，既方便又安全；当采用简易人字梯等工具进行登高摘钩作业时，应安排专人对梯子进行监护。

3. 加强现场工人安全培训

　　传统的整体现浇建筑施工中的工人，一般已难以适应装配式建筑施工的要求，因此

图 5-1　防坠安全网的现场布置

对工人开展相关的技术技能、安全培训教育是十分必要的。工人的培训工作主要是由施工企业自身在组织进行，例如，某施工企业在为工人开展技术技能、安全等培训后，组织进行了理论、实作考试，并对考试合格的工人颁发了上岗证。未来各地建设行政主管部门可能会将装配式建筑施工涉及的新型技术工人纳入特种工人行列。

5.1.2 预制构件生产管理

装配整体式混凝土结构构件生产供应是非常重要的环节之一，因土地资源问题，目前较多构件生产厂家选址邻省。预制构件从构配件厂生产、运输至施工现场是否及时，影响着后续工序能否按施工计划正常展开；构配件厂所生产的预制构件的质量，尤其是吊点、设备附墙、拉结点（为了保障构件吊装和附墙拉结点设置的精准性，应将预制构件的相应位置明确标注在构件上）等隐蔽工程，对后续安全生产的运输、装卸、吊装等施工有着极大的影响。但目前的结构设计、监理驻场验收、构件进场验收，关注点还在成品质量上，注重成品保护，标识标记、验收内容等较少考虑施工安全。

5.1.3 构件堆、存放处理管理

施工现场中存在大量的构件，因此必须要对构件进行良好的管理，提高监督力度，根据构件的要求进行摆放。可以开发一套针对构件的管理软件，对各个部分的构件进行跟踪管理。预制构件批量运输到现场，尚未吊装前，应统一分类存放于专门设置的构件存放区。存放区位置的选定，应便于起重设备对构件的一次起吊就位，要尽量避免构件在现场的二次转运；存放区的地面应平整、排水通畅，并具有足够的地基承载能力；预制构件应放置于专用存放架上以避免构件倾覆；应严禁工人非工作原因在存放区长时间逗留、休息，在预制外墙板之间的间隙中休息，如遇扰动等原因引起墙板倾覆，易造成人体挤压伤害；严禁将预制构件以不稳定的状态放置于边坡上；严禁采用任何未加侧向支撑方式放置的预制墙板、楼梯等构件。

5.2 预制构件运输、吊装及临时支撑体系

5.2.1 预制构件运输

预制混凝土剪力墙等构件的长度与宽度远大于厚度，正立放置时自身稳定性较差，因此应设置带侧向护栏或其他固定措施的专用运输架对其进行运输，以防止因运输时道路及施工现场场地不平整、颠簸等情况导致构件发生倾覆的情况。

德国普遍采用专用运输车对预制构件进行运输，通过如下措施保障构件的运输安全性：先将预制构件置于运输架上。降低运输车后部拖车高度并倒车使运输架嵌入车内，拖车提升到正常高度；再通过智能机械手臂对构件提供侧向支撑，使得构件运输过程中的稳定性与安全性得到了保障。

5.2.2 预制构件吊装

1. 起重设备能力的核算

预制构件吊装是装配式建筑施工的关键环节，起重设备的选型、数量确定、规划布置

是否合理则关系整个工程的施工安全、质量与进度。应依据工程预制构件的型式、尺寸、所处楼层位置、重量、数量等分别汇总列表，作为选择起重设备能力的核算依据。

2. 建立装配式建筑施工定时定量施工分析制度

在制定装配式建筑施工分区与施工流水的基础上，施工单位应建立装配式建筑施工定时定量施工分析制度，通过将近期每日的详细施工计划，按照当日的时段、所使用的起重设备编号、所吊装的构件数量及编号、所需工人数量等信息以定时定量分析表的形式列出，按表施工。如遇施工变更，应及时对分析表进行调整。

通过建立装配式建筑施工定时定量施工分析制度，避免盲目施工、无序施工以及起重设备超载等不安全行为的发生。

3. 塔式起重机等起重设备的附着措施

预制构件往往自重较大，因此对塔式起重机等起重设备的附着措施要求十分严格。建设单位与施工单位应于预制构件工厂生产阶段之前，将附墙杆件与结构连接点所处的位置向预制工厂交底，在构件预制过程中便将其连接螺栓预理到位，便于施工阶段塔式起重机附着措施的精确安装。附墙杆件与结构的连接应采用竖向位移限制、水平向转动自由的铰接形式。

附墙措施的所有构件宜采用与塔式起重机型号一致的原厂设计加工的标准构件，并依照说明书进行安装。因特殊原因无法采用上述标准构件时，施工单位应提供非标准附墙构件的设计方案、图纸、计算书，经施工单位审批合格后组织专家进行论证，论证合格后方可制造、安装、使用。

4. 预制构件专用吊架

如采用传统的吊运建筑材料的方式起吊预制构件，可能会导致吊点破坏、构件开裂，严重的甚至会引发生产安全事故。应根据预制构件的外形、尺寸、重量，采用专用吊架（平衡梁）来配合吊装的开展。采用专用吊架协助预制构件起吊，一方面构件在吊装工况下处于正常受力状态，另一方面工人操作方便、高效、安全。

5. 其他吊装安全注意事项

起吊较大吨位预制构件时，构件起吊离地后，应保持该状态约 10s 时间，期间观察起重设备、钢丝绳、吊点与构件的状态是否正常，无异常情况后再继续吊运；六级及以上大风天气应停止吊装作业，即便在日常天气下，其构件吊装过程中也应实时观察风力、风向对吊运中的构件的摆动影响，避免构件碰撞主体结构或其他临时设施。

5.2.3　临时支撑体系

1. 预制剪力墙、柱的临时支撑体系

预制剪力墙、柱在吊装就位、吊钩脱钩前，需设置工具式钢管斜撑等形式的临时支撑以维持构件自身稳定，斜撑与地面的夹角宜呈 $45°\sim60°$，上支撑点宜设置在不低于构件高度的 2/3 位置处；为避免高大剪力墙等构件底部发生面外滑动，还可以在构件下部再增设一道短斜撑。

2. 预制梁、楼板的临时支撑体系

预制梁、楼板在吊装就位、吊钩脱钩前，根据后期受力状态与临时架设稳定性考虑，可设置工具式钢管立柱、盘扣式支撑架等形式的临时支撑。

3. 临时支撑体系的拆除

临时支撑体系的拆除应严格依照安全专项施工方案实施。对于预制剪力墙、柱的斜撑，在同层结构施工完毕、现浇段混凝土强度达到规定要求后方可拆除；对于预制梁、楼板的临时支撑体系，应根据同层及上层结构施工过程中的受力要求确定拆除时间，在相应结构层施工完毕、现浇段混凝土强度达到规定要求后方可拆除。

4. 脚手架工程

工人在施工预制外墙时，外脚手架的设置能为其提供操作平台及有效安全防护措施。

某装配式项目施工所采用的外挂脚手架，架体由各单元组成，其挂点事前安装于预制外墙上。首层外墙吊装施工完成后，通过起重设备将挂架各单元吊装置于挂点的槽口内，形成上层结构的施工操作平台及防护措施，随着施工的进程，挂架可逐步向上提升。但该项目外挂脚手架挂点的槽口较浅且未设置防脱落措施，如起重设备的钢丝绳、挂钩等因意外牵挂到挂架上，可能造成挂架脱落。

某装配式项目施工所采用的外挂脚手架，其架体由三角形钢牛腿、水平操作钢平台及立面钢防护网组成。在预制外墙吊装前，先通过预留孔穿过螺栓将三角形钢牛腿与外墙进行连接，以便将外挂脚手架与外墙固定，吊装就位后工人在该外挂脚手架上作业时，既方便又安全。

5.3　环　境　安　全

1. 严格执行操作规程、遵守安全文明生产纪律，进入施工现场应按劳保规定着装和使用安全防护用品，禁止违章作业。

2. 临时设施搭建应严格按预制场平面图的布置，本着"需要、实用、统一、美观"的原则，严禁乱搭乱建。

3. 水、电管线、通信设施、施工照明应布置合理，标识清晰。

4. 施工机械应按施工平面管理，定点停放，机容车貌整洁，消防器材齐备。

5. 进场材料应置放在指定场所，不得随意乱堆乱放。

6. 模具配件应摆放整齐，成品按图摆放，要横平竖直，严禁"横七竖八"乱摆。

7. 生产、生活区及施工临时工程应做好排水及污水处理；废水要经过 3 级沉淀，若水质能够达到拌和用水标准则排入清水池；若水质达不到标准，则采用洒水车运至便道作道路洒水用。

8. 应严格控制施工过程中的噪声、粉尘和有害气体，施工场地经常洒水除尘保持清洁，车辆来往井然有序，避免车辆乱鸣笛、抢道等，保障职工的劳动卫生条件和身体健康。

习　题

1. 预制构件在安全生产和安装过程中应当注意哪些因素？
2. 预制构件在安全运输过程中应当注意哪些因素？
3. 预制剪力墙构件在起吊过程中为保证起吊的安全，应当如何设置支撑？
4. 如何保障生产现场和施工现场的环境安全？

附录

案例1　液压提升施工技术方案——钢结构网架屋盖整体提升

采用液压提升机集群吊装重型结构（设备）需要编制专项施工技术方案。但因结构（或设备）类型不同，施工技术方案的内容会有很多差异。例如：吊装大型建筑网架结构需要运用结构软件分析提升过程中被吊装结构的内力状态，而吊装大型化工塔器则无此项要求。无论吊装何种设备，液压提升机的工作过程是相同的，因此针对不同结构（设备）编制的施工技术方案也有着许多共同之处。本案例介绍大型钢屋架整体提升工程施工技术方案，通过学习可以了解重型结构（设备）整体液压提升工程施工技术方案的编写格式和有共性的主要技术要求。

1　工程概况

1.1　工程简介

本工程中钢屋盖网架共分为两块，分别分布在 E~M 轴/1~10 线区域及 E~M 轴/19~28 线区域。单块钢屋盖重量约450t，两块钢屋盖总重900t。钢屋盖垂直安装高度位于+64.80~+70.80m 之间，其中钢屋盖支座位于+63.30m 标高。

1.2　钢屋盖主要技术参数

钢屋盖长：56m　钢屋盖宽：41.7m　钢屋盖高：6m

钢屋盖单重（共两件）：450t（总重900t）　提升高度：70.8m

1.3　液压同步提升设备

本次使用的液压同步提升成套设备由×××机电有限公司制造，采用计算机控制，通过跳频扩频通信技术传递控制指令，全自动完成同步动作、负载均衡、姿态矫正、应力控制、操作锁闭、过程显示以及故障报警等多种功能。是集机、电、液、传感器、计算机控制于一体的现代化先进设备。

2　施工方案编制依据

《××工程钢屋盖设计技术资料及施工图》

《××工程混凝土框架结构设计技术资料及施工图》

《重型结构（设备）整体提升技术规范》DG/T J08—2056—2009

《建筑结构荷载规范》GB 50009—2012

《钢结构工程施工规范》GB 50755—2012

《钢结构工程施工质量验收规范》GB 50205—2001

《钢结构焊接规范》GB 50661—2011

3　施工过程设计方案

工程施工总体布置时，应认真考虑系统的安全性和可靠性，降低工程风险。满足钢屋盖网架整体同步提升的载荷要求，并应使每台提升机受载均匀。施工过程设计如下：

（1）将 63.3m 混凝土框架顶部的屋盖支撑钢结构安装完毕，将利用此钢结构搭建提升平台。

（2）整体提升的钢屋盖网架构件在地面散件拼装成型，需后装的杆件预留，待提升就位时安装。钢屋盖网架提升平面布置如附图 1-1 所示。

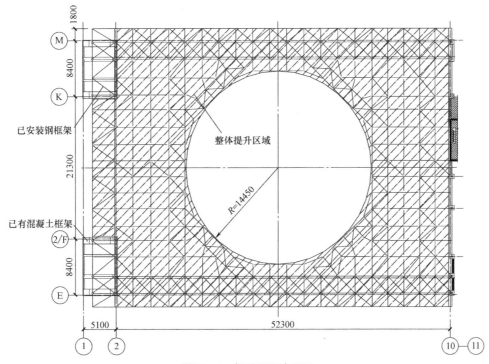

附图 1-1 提升平面布置图

（3）利用已安装的屋盖支撑钢结构搭建提升平台及安装液压提升设备的支座牛腿。

（4）在 70.8m 高度利用已建完工的钢结构安装液压提升机支座。在建筑钢结构顶部需要附加制作提升梁支座平台并加高 2500mm，以满足提升要求，在提升过程中应保证吊点稳定和牢靠。

（5）安装液压提升设备及控制设备；液压提升机中心需放线与地面拼装钢屋盖的下吊点预设中心对正。

（6）按照提升要求及钢屋盖安装技术要求，设计并制作下吊点提升吊具。在钢屋盖 4 层断开处利用桁架弦杆制作下吊点吊具，在提升过程中使 4 层弦杆同时受力。提升到位后，主桁架相贯焊接，同时应保证斜次桁架焊接完毕后方可卸载。

（7）对地面拼装钢屋盖网架预留空中组对焊接的断开处进行局部加固处理。安装下吊点提升吊具，屋盖地面拼装时，应保证下吊点吊具中心与预设吊点对正。

（8）在下吊点提升吊具上安装吊点提升锚具，通过钢绞线连接液压提升机和吊点提升地锚。钢绞线上端连接液压提升机后由上锚具卡爪锁定。

（9）液压、电气、测控设备安装并调试完毕后，预张紧前，应按计算机预先计算出的结果，对支撑结构偏弱处设计临时加固，保证钢屋盖整体提升过程中支撑结构的强度、刚度及稳定性。

（10）按逐次加载试吊、正式吊装的设定程序，整体液压同步提升屋盖钢结构，直至达到设计的安装高度。

（11）保持钢屋盖网架空中姿态，液压提升系统点动微调，协调进行主桁架弦杆预留空中组对焊接的断开处对口就位，找正对口后实施空中对口焊接。安装预留的后装杆件。

（12）钢屋盖网架整体同步卸除吊装载荷，拆除液压设备及控制设备，整体液压同步提升作业结束。

4　提升支撑结构受力、变形计算及强度分析

该工程结构建模及分析计算由原设计院完成。运用 CAD 实体建模，并导入 Ansys 结构分析软件，建模图（部分）如附图 1-2 所示。

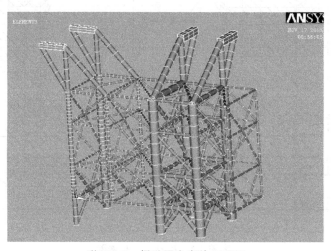

附图 1-2　提升平台实体立面图

按设计方案的要求在各吊点加载，支撑结构的内力及位移由程序运算得出。结构应力图和位移图略。由有限元计算得出结构内力、位移及支座反力数据，计算结果发现编号第944 和 959 的支座节点内力数据为负数，负值的支座处需要做专门的设计和加固处理。增设加固后，提升平台最大位移在悬挑牛腿处，值为 5.5mm。提升平台的最大应力值为101MPa。在对相应支座作加固处理后，提升平台支座受力符合提升工况安全设定的要求。

5　提升系统配置

液压提升系统主要由液压提升机、泵源系统、传感检测及计算机同步控制系统组成。

5.1　提升机选型

本工程中每块钢屋盖网架提升区域总重约 $G=450t$，不均匀受载及动载系数取 1.3。整个钢屋盖网架的重量分布按照基本均布考虑。屋盖整体提升计算重量为：$450t \times 1.3 = 585t$。

每块钢屋盖网架共设 12 组提升吊点，根据提升点受力分析，选用 TJ-2000 型和 TJ-600 型两种液压提升机。每台液压提升机最大设计提升重量为 200t 和 60t。其中，2、6 两吊点各配置 1 台 TJ-2000 型液压提升机；其余均设置 TJ-600 型提升机。

每台 TJ-2000 型液压提升机可配置 18 根钢绞线，提升机实际配置 15 根钢绞线；其余

10 个提升点 TJ-600 型提升机，每台配置 7 根钢绞线。全部共配置 100 根钢绞线。钢绞线采用高强度低松弛预应力型，抗拉强度为 1860MPa，直径为 15.24mm，破断拉力为 26.3t。

液压提升机中单根钢绞线的最大工作荷载为：585/100＝5.85t。单根钢绞线的荷载系数为：26.3/5.85＝4.49。提升吊点锚具采用施工单位设计的规格。

据相关设计规范，液压提升机工作中采用上述荷载系数是安全的。

5.2　提升控制策略

控制系统根据一定的控制策略和算法实现对钢结构整体提升的姿态控制和荷载控制。在提升过程中，从保证结构吊装安全角度来看，应满足以下要求：

（1）计算机控制系统应能保证钢屋盖网架在整个提升过程中的整体稳定和正确姿态。能自动完成提升的循环工艺过程，并进行各吊点的同步调整。

（2）通过计算机控制，应能保证对单独提升机吊点进行微调，以便结构能正确就位并与对接焊口空中找正。

（3）能在计算机控制系统中，对每台液压提升机的最大提升力进行设定。当遇到提升力超出设定值时，提升机自动停止提升，以防止出现提升点荷载分布严重不均，对结构件和提升设施造成破坏。

（4）通过液压回路中设置的自锁装置和机械自锁互锁系统，在提升机停止工作或遇到停电等情况时，提升机能够长时间自动锁紧钢绞线，确保提升构件及全系统的安全。

（5）液压同步提升系统的提升速度主要取决于液压泵源的流量、锚具切换和其他辅助工作所占用的时间等。在本工程中，提升速度要求为 3～4m/h。

测控技术人员根据提升控制策略设计测控系统。设计方案应与从事吊装的技术人员协商论证确认，以满足提升实际操作的需要（液压提升测控系统方案略）。附图 1-3 是提升同步控制原理图。

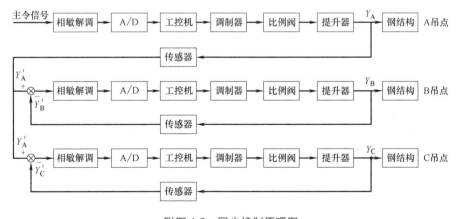

附图 1-3　同步控制原理图

6　钢屋盖地面组装及加固

钢屋盖地面组装及加固应编制子方案或实施细则，内容包括组装场地的平整、工装卡

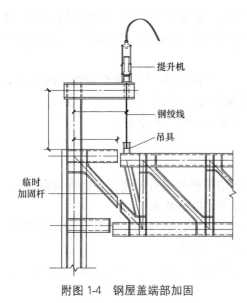

附图 1-4　钢屋盖端部加固

具、焊接工艺、结构形状精度控制、结构加固和结构吊点的加固等（略）。

因钢屋盖提升到位后，预留端部需与已安装钢结构支撑框架对口焊接，这些端部容易变形。为增强钢屋盖桁架端部的刚度、防止变形，应对端部进行整体加固处理，如附图 1-4 所示。

7　钢屋架整体提升的实施

钢屋盖整体提升时，已建成完工的混凝土框架等应预留有钢屋盖提升的通道空间。对于混凝土框架外伸的牛腿、钢筋等，应全面检查，不得妨碍整体提升的施工过程，并考虑提升施工期间当地的最大风力使结构产生的摆动。整体提升构件最边缘与已有建筑结构的预留间隙以不小于 150mm 为宜。对于可单独安装、两端分别与提升构件和混凝土框架区域连接的杆件应考虑预留后装。

7.1　施工组织体系（附图 1-5）

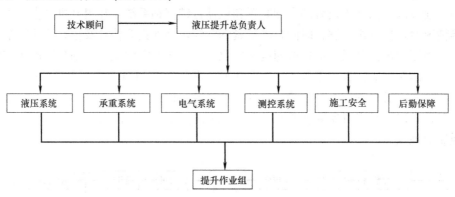

附图 1-5　施工组织体系

7.2　作业班组人力需要计划（略）

7.3　主要施工机械与材料计划（略）

7.4　提升机平台设置

提升机平台设置在混凝土框架上已安装支撑钢结构框架的顶部附近，安装标高约＋70.80m。提升平台中心线应与钢框架柱中心线重合，平台后部通过设置拉杆与钢框架节点固定。

钢屋盖网架整体提升时，已安装钢结构支撑框架受力与设计工况不完全相同。提升机平台设置与钢结构支撑框架加固应根据提升工况进行验算，并根据计算结果作相应加固处理。提升机平台安装和支撑框架加固后应进行现场检查验收并形成文字记录。

7.5　液压提升设备安装

（1）液压提升机可靠固定在平台上，油缸中心放线与吊点锚具中心对正。在已经安装好的钢框架上搭建平台放置液压泵站。

（2）钢绞线采取由下至上穿法，即从液压提升机底部向上穿入，顶部穿出。应尽量使每束钢绞线底部持平，穿好的钢绞线上端通过锚具固定。

（3）待液压提升机钢绞线安装完毕后，再将钢绞线束的下端穿入正下方对应的下吊点锚具结构内，调整好长度后锁定。每台液压提升机顶部预留的钢绞线沿导向架朝预定方向疏导。

（4）液压泵站与液压提升机及阀门之间的油管连接，对应管接头应有密封垫圈，拧紧螺母时应对正，防止滑丝。应先接低位置油管，防止油管中的油倒流出来。

（5）液压系统接管应根据系统图相关元件的并联或串连关系，逐根对应编号连接。完备后进行全面复查并记录。

（6）根据电气、测控系统安装图安装相关电器元件。测控及动力线应编号对应连接，完备后进行全面复查并记录。

7.6　液压提升系统检查与调试

（1）检查液压系统所有油管接头，对应编号正确，连接可靠。检查溢流阀的调压弹簧，应处于卸荷状态。

（2）检查强、弱电（电气、测控）系统电线、电缆端子，应连接稳固，对应编号正确。

（3）电源系统送电，经检查正常后起动液压泵，液压泵主轴转动方向应正确。

（4）在液压泵站不启动的情况下，手动操作控制柜中相应按钮，检查电磁阀和截止阀的动作是否正常，截止阀编号和液压提升机编号是否对应。

（5）检查传感器（油缸行程传感器，上、下锚具缸传感器）。按动各提升机油缸行程传感器和锚具缸的行程开关，控制柜中相应的信号灯应对应发出信号。

（6）安全锚处于正常位置、下锚卡紧，松开上锚，溢流阀处于卸荷状态，启动泵站，调节至一定压力（5MPa左右），伸缩提升油缸，检查A腔、B腔的油管连接是否正确；检查截止阀能否截止对应的油缸；检查比例阀在电流变化时能否调节油缸的伸缩速度。

（7）调节液压系统压力至2～3MPa，对钢绞线预加载，使钢绞线处于基本相同的张紧状态。

7.7　正式提升

在全部规定的准备工作完成，经全面检查验收，系统具备正式提升的条件后，可正式实施提升作业。巡视员检查提升作业工作人员全部到岗并向现场安装总指挥回传信息，由现场安装总指挥发正式提升令。

（1）提升分级加载

实施分级加载的试提升。通过试提升观察和监测支撑结构、钢屋盖网架的受力、位移、变形和提升设备的工作状态和工作参数，确认应符合模拟工况计算结果和设计允许条件，保证提升过程的安全。

1）以计算机仿真计算的各提升吊点反力值为依据，对钢屋盖网架进行分级加载，各吊点处的液压提升系统伸缸压力应缓慢分级增加，依次为20%、40%；在确认各部分无异常情况下，可继续加载到60%、80%、90%、95%、100%。

2）在分级加载过程中，每一步分级加载完毕，均应暂停并检查，如：吊点、液压提升机状况，钢屋盖网架加载前后的变形，主楼结构的稳定性，液压提升系统工作等。在确认绝无问题的情况下，才能继续下一级加载。

3）当分级加载至钢屋盖网架即将离开拼装的工装胎架时，可能会出现各点不同时离地，此时应降低提升速度，密切观察各点离地情况，必要时做"单点动"提升。确保钢屋盖网架离地平稳，各点同步，避免产生侧向力。提升过程中钢绞线保持竖直拉紧状态，随时观察钢绞线是否会与其他物体发生碰撞摩擦受损。

（2）结构离地检查

将钢屋盖网架桁架整体提升离地约 100mm 后，利用液压提升系统的锁定装置，空中停留 12h 以上，全面检查支撑结构、被吊钢屋盖、提升设备、吊点结构的受力和变形，以及屋盖桁架关键节点的焊缝等状况。用测量仪器检测各吊点的离地距离，计算出各吊点相对高差。控制液压提升系统设备调整各吊点高度，使钢结构达到水平姿态。

（3）整体同步提升

检查确认无异常情况后，整体同步提升钢屋盖网架。在提升过程中，配合水准仪、经纬仪严密监测各提升点的位移、标高及受力情况，发现水平偏移或两个提升点不同步时，通过计算机控制系统及时进行调整。桁架每提升 5m 需要进行一次抄平作业，如误差超过 10mm，立刻进行单机调试作业，使桁架在提升过程中保持在同一平面上。

钢屋盖在提升及下降过程中，因为空中姿态调整和杆件对口等需要进行高度微调。在微调开始前，将计算机同步控制系统由自动模式切换成手动模式。根据需要，对整个液压提升系统中各个吊点的液压提升机进行同步微动（上升或下降），或者对单台液压提升机进行微动调整。微动（即点动）调整精度应达到毫米。

根据预先通过计算得到的提升工况提升点反力值，在计算机同步控制系统中，对每台液压提升机的最大提升力进行设定。当遇到提升力超出设定值时，提升机自动采取溢流卸载，以防止出现提升点荷载分布严重不均，造成对结构件和提升设施的破坏。

（4）提升就位

钢屋盖网架提升至设计位置后做悬停检查，然后进行各吊点微调使钢屋盖主桁架各层弦杆精确提升到达设计位置。液压提升系统设备暂停工作并锁紧，保持钢结构单元的空中姿态，钢屋盖主桁架各层弦杆与端部分段之间按预先设定的焊接工艺进行对口焊接固定，使其与已装钢框架结构形成整体稳定受力体系。

（5）拆除系统

检查确认被提升钢屋盖已经与已装钢框架结构形成整体稳定受力体系，方可进行液压提升系统卸载。本工程采用液压提升系统各吊点同步卸载，至钢绞线完全松弛，然后解除下吊点连接、去除钢绞线、钢绞线导向架、拆除液压提升系统设备及相关临时措施，钢屋盖网架整体提升吊装完成。

8　质量管理措施

（1）施工前，严格按照国家现行施工规范和验评标准编写施工方案，并对作业班组做好工艺、质量、安全交底。各工种人员持证上岗，严格遵守本工种安全操作规程。

（2）液压提升过程中必须确保上吊点（提升机）和下吊点（地锚）之间连接的钢绞线垂直，亦即要求上提升平台和下吊点在初始定位时确保精确。根据提升机内锚具缸与钢绞线的夹紧方式以及试验数据，一般将上、下吊点的偏移角度控制在 1° 以内。

（3）提升设备（包括钢绞线）在提升作业过程中，如无外界影响，一般不需特别保护（大雪、暴雨等天气除外），但构件在提升到位暂停，后装杆件安装时，应予以适当的保护，主要是对承重钢绞线的保护。

（4）在焊接作业时，钢绞线不能作为导体通电，如焊接作业距离钢绞线较近时，焊接区域钢绞线可采用橡胶或防火布予以保护。

（5）所有进场物资必须有出厂合格和进场检验验收合格的证明文件。做好进场验收工作并建立台账。需复试的材料应及时取样复试，对不合格产品应及时标记并运出现场，防止误用。

（6）施工过程中严格执行"三检制"，做到检查上道工序、保证本道工序、服务下道工序。质检人员必须严格控制施工过程质量，严格把好工序质量检验关，不得隐瞒施工中的质量问题，并督促操作者及时整改。施工的每道工序完工后，应经检查验收合格后方可进行下道工序。

9 安全及环保措施

本工程施工方案编制有"电源系统故障应急预案"、"液压系统故障应急预案"、"控制系统故障应急预案"、"自然环境影响应急预案"、"事故抢险预案"等，项目部应组织施工人员熟悉预案、层层交底。预案应急人员应专门培训，并经过现场演练。

大跨度空间钢结构液压整体同步提升施工操作人员除遵守国家、部门、省市等有关安全操作规定外，还应遵守如下安全要求：

（1）成立以项目经理为组长的安全施工领导小组，对施工现场的安全施工进行监督、指导、检查和处罚。全员树立安全生产第一的思想，认识文明施工的重要性。

（2）做好施工前安全技术交底工作，明确安全责任。做到每天班前教育、过程检查、班后总结，所有施工人员必须严格遵守现场安全管理条令及公司有关外场作业安全规章制度。安全员对违反安全施工的行为，有权立刻责令停工整顿。

（3）现场安全设施齐备、性能可靠，警示标志醒目易辨识。施工区域应拉好警戒带，专人管理现场，严禁非施工人员进入。吊装时，施工人员不得在起重构件下或受力吊索具附近停留。

（4）安装提升机和穿挂钢绞线时，高空应安装临时操作平台，地面应划定安全区。应避免重物坠落造成人员伤亡。高空作业人员经医生体检合格才能登高。高空作业人员必须系好安全带，安全带应高挂低用。

（5）提升前应进行全面清场。施工过程中到岗人员必须按施工方案的作业要求操作，并与相关操作人员保持有效联系方式、协调工作。如有特殊情况需进行调整，必须通过一定的程序以保证施工过程安全。

（6）在钢结构整体液压同步提升过程中，注意观测液压提升机、液压泵源系统、计算机同步控制系统、传感检测系统的工作状态，并认真做好记录工作。测量人员应通过测量仪器监测被提升结构的位移准确数值。

（7）液压提升过程中若遇异常现象，检测人员应立刻用无线对讲机直接通知现场总指挥。现场无线对讲机在使用前必须进行调试，确保信号畅通。

（8）禁止在风速五级以上进行提升安装工作。大风、大雨及雪天不得从事露天高空作业。施工人员应注意防滑、防雨、防水及用电防护。不得雨天进行焊接作业，如必须则应设置可靠的挡雨、挡风篷防护后方可作业。

（9）施工材料应根据实际需要领取，保持作业面清洁。每日收工时将剩余材料返回库房，施工过程中的垃圾、废料应及时清理。施工场地材料堆放做到合理布置、规范围挡、标牌清楚、施工场地整洁文明。

10　附表

附表包括"提升油缸检验试验记录"、"控制系统检验试验记录"、"液压泵站检验试验记录"、"应急试验记录"、"系统自然环境影响应急预案"、"调试记录"等，可参见《重型结构和设备整体提升技术规范》GB 51162—2016。

案例 2　自行式起重机吊装技术方案——钢栈桥吊装

1　工程概况

1.1　工程基本情况

×××股份有限公司竹浆纸一体化项目工程位于×××，建设规模为年产 20 万 t 竹浆及利用竹浆造纸。其中由我公司总包的备料及料场工程为该项目工程的一个单位工程，含原料场、备料场两个区段，工程内容包含土建工程、钢结构制安及设备、管道、电气、仪表、非标制安、调试及试车等。其中的设备安装涉及 16 条皮带运输机钢栈桥安装。

工程名称：×××股份有限公司竹浆纸一体化项目备料及料场工程
分项工程：钢栈桥吊装工程
建设单位：×××有限公司
主设计单位：×××工程有限公司
钢栈桥设计单位：×××有限公司
监理单位：×××工程公司监理分公司
施工单位：×××安装公司
钢栈桥制作单位：×××有限公司

1.2　钢栈桥概况

备料及料场工程涉及的钢栈桥共计 16 条，分别为 10117、10118、10148、10149、10171、10173、10136、10137、10138、10122（与 10123 合用）、10124（与 10125 合用）、10126（与 10127 合用）、10128、10129、10156、10157，具体布置及安装位置详见附录 1：备料车间钢栈桥总平面布置图（略）。

其中 10156 和 10157 两条栈桥吊装高度最高、吊装重量最重、吊装难度最大，本吊装方案主要以 10156 和 10157 两条栈桥为编制依据。

1. 10156 栈桥参数

该栈桥跨度为 25m，共五跨，其中：

① 10156-Z1 柱顶标高为 12.276m，总重 9.141t；

② 10156-Z2 柱顶标高为 15.407m，总重为 15.093t；

③ 10156-Z3 柱顶标高为 20.979m，总重为 15.571t；

④ 10156-Z4 柱顶标高为 27.959m，总重为 31.632t；

⑤ 10156-Z5 柱顶标高为 34.939m，总重为 40.008t；

⑥ 10156-Z6 柱顶标高为 41.92m，总重为 47.613t；

⑦ U1 栈桥自重为 29.356t，外形尺寸为 31.367m×3.2m×3.4m，吊装高度为 14m；U2 栈桥自重为 17.775t，外形尺寸为 25.089m×3.2m×3.4m，吊装高度为 19m；U3 栈桥自重为 20.683t，外形尺寸为 25.456m×3.2m×3.4m，吊装高度为 25m；U4 栈桥自重为 20.801t，外形尺寸为 25.456m×3.2m×3.4m，吊装高度为 32m；U5 栈桥自重为 33.387t，外形尺寸为 30.303m×3.2m×3.4m，吊装高度为 40m。

具体设计参数详见附录 2：10156 栈桥立面、剖面结构布置图（略），其他相关参数详见中国华电工程（集团）有限公司 10156 栈桥的设计图纸；制作分段详见四川省自贡运输机械有限公司设计的 10156 栈桥制作分解图（略）。

2. 10156 栈桥参数

该栈桥共计 5 跨，该栈桥为爬坡段栈桥，其中：

① 10157－Z1 柱顶标高为 49.268m，总重 86.873t；

② 10157－Z2 柱顶标高为 46.917m，总重为 102.892t；

③ 10157－Z3 柱顶标高为 59.965m，总重为 103.565t；

④ 10157－Z4 柱顶标高为 50.813m，总重为 89.129t；

⑤ 10157－Z5 柱顶标高为 42.445m，总重为 109.216t；

⑥ 10157－Z6 柱顶标高为 39.102m，总重为 84.645t；

⑦ U0 栈桥自重为 25t，外形尺寸为 10.945m×3.2m×3.4m，吊装高度为 52m；U1 栈桥自重为 36.855t，外形尺寸为 34.245m×3.2m×3.4m，吊装高度为 45m，U2 栈桥自重为 15.677t，外形尺寸为 33.746m×3.2m×3.4m，吊装高度为 65m；U3 栈桥自重为 15.677t，外形尺寸为 33.746m×3.2m×3.4m，吊装高度为 56m；U4 栈桥自重为 15.187t，外形尺寸为 33.344m×3.2m×3.4m，吊装高度为 47m；U5 栈桥自重为 29.771t，外形尺寸为 39.102m×3.2m×3.4m，吊装高度为 38m。

具体设计参数详见附录 3：10157 栈桥立面、剖面结构布置图（略），其他相关参数详见中国华电工程（集团）有限公司 10157 栈桥的设计图纸，制作分段详见四川省自贡运输机械有限公司设计的 10157 栈桥制作分解图。

1.3　施工标准、规范

该吊装工程施工主要执行如下标准、规范：

《石油化工大型设备吊装工程施工技术规程》SH/T 3515—2017

《起重工操作规程》SYB—4112—80

《大型设备吊装管理标准》Q/CNPC—YGS G326 12—2002

《起重机安全规程 第 5 部分：桥式和门式起重机》GB 6067.5—2014

《建筑器械使用安全技术规程》JGJ 33—2012

《建筑施工高处作业安全技术规范》JGJ 80—2016

《高处作业分级》GB/T 3608—2008

《钢结构工程施工质量验收规范》GB 50205—2001
《钢结构设计规范》GB 50017—2017
《钢结构焊接规范》GB 50661—2011
《钢结构高强度螺栓连接技术规程》JGJ 82—2011
《建设工程施工现场供用电安全规范》GB 50194—2014
《施工现场临时用电安全技术规范》JGJ 46—2005
《建筑工程施工现场环境与卫生标准》JGJ 146—2013

2　主要吊装方案

2.1　方案选择

根据该工程钢栈桥（含立柱）的数量、重量、外形尺寸、安装位置、吊装高度及结构特点等参数，结合现场实际情况，同时考虑到工期、吊装安全、技术经济性比较及吊装机械的起重能力等进行综合考虑，本方案拟采用一台 250t 履带式起重机和两台 50t 汽车吊来完成该工程钢栈桥（含立柱）的吊装就位及安装工作。

1. 吊装机械

250t 履带式起重机及 50t 汽车吊及主要运输车辆均由由四川华西集团机械化施工公司提供，250t 履带式起重机及 50t 汽车吊的起重能力表详见附表（略）。

2. 吊车进出场

（1）进出场线路 1（首选）：成都——内江——隆昌——泸州——合江九支——赤水——×××施工现场。

进出场线路 2：成都——重庆——遵义——习水——赤水——×××施工现场（×××大桥不允许通过时选择该路线，因主机吨位超过该桥的限载）。

（2）运距：400km。

（3）运输沿途满足 250t 履带吊进出场需要。

3. 吊装现场要求

（1）运输通道：须确保 250t 履带吊、50t 汽车吊及栈桥运输车辆的安全通行，其中 250t 履带吊运行道路的宽度不小于 9m，转弯半径不小于 15m，地耐力不小于 5kg/cm²。具体布置详见附录 4：设备运输通道布置图（略）。

（2）组装场地：由于受运输条件的限制，部分栈桥立柱为分段运输至吊装位置，采用现场组装，因此现场地面须满足构件组装的要求。

（3）吊装位置的处理：为确保 250t 履带吊的吊装安全，在吊装位置地面须做压实处理，地耐力应不小于 5kg/cm²，同时对影响吊车运行及吊装的障碍应提前予以清除。

4. 对钢栈桥制作的要求

（1）栈桥单体构件的重量须满足吊装的要求，原则上是：在运输条件允许的情况下，立柱尽量制作为整体，栈桥在两立柱之间为一整体；当必须采用分段运输、现场组装时，立柱肩梁段的重量控制 40t 以内。

（2）分段制作的栈桥（含立柱）加工完运至现场组装前，必须在制作厂进行组装，经检验合格后再解体，解体前需做好现场拼装的标记。

（3）尽量采用现场拼装。

（4）栈桥的供货必须满足吊装进度计划的要求，确保吊装工作的连续进行，每条栈桥的供货顺序为：先立柱后桁架，先低跨后高跨（根据现场实际情况而特别要求的除外）。

5. 250t 履带吊进出场运输过程措施

（1）交通组织

① 针对设备的批量、运输车辆的多少、运行难度的大小组织开道车；

② 超宽件运输必须实行交通管制，在运输时交警协调开道，必要时实行分段断死交通、封闭运行。

（2）白天运行

设备运输计划全程采用白天行驶，为保证设备运输安全，原则上不夜间行车。

（3）限速行驶

重车或载有大件车辆，在运输时必须实行限速行驶。

最高行驶速度：不大于 30km/h；

道路不平路段行驶速度：不大于 5km/h；

通过各种障碍时行驶速度：不大于 5km/h；

通过弯道时行驶速度：不大于 5km/h。

（4）启动前的车辆检查

对牵引车、平板车组、货物捆扎加固情况进行全面检查，做好记录，无误后，由总指挥下达启动命令。

（5）行进过程中的检查

① 横坡检查：通过有横坡的路段，应操作挂车进行横坡校正，以确保运作时车上面处于水平状态。

② 纵坡检查：通过较大纵坡时，应操作挂车进行纵坡校正，随时调整挂车前后运行幅度，以保证货物始终保持水平状态。

③ 转向控制：一般均采用牵引车自动控制转向，当通过较急弯道时，将挂车转向连接装置脱开，改用手控挂车控制转向。

④ 下坡要求：当上下坡度大于 3‰时，须变更挂车三点支承，上坡时一点在前，两点在后；下坡时两点在前，一点在后。

⑤ 通过桥梁技术要求：当通过桥梁时，重型车组应驶经中心以小于 5km/h 匀速行驶，不突然加速、不紧急制动，以减少冲击。桥上不能有其他车辆。

⑥ 运行中检查：为确保运行中车辆处于完好的技术状态，消除安全隐患，运行途中应停车两次对重型车进行必要的检查。

⑦ 排障护送：由于车组长、货物高，运行途中要做好排障护送工作，不碰不擦，保障运输正常进行。

（6）车辆停放

① 在设备运输途中，夜间停车或中途临时停车时，必须选择坚实、平整、宽阔的道路，视线良好的地段停放，并设置警戒线、警示标志，并由专人守护。

② 夜间停车或较长时间停车要对平板车及设备进行保护性支承。

③ 停车后应对设备的加固情况及车辆进行检查，有隐患的应及时排除。

（7）意外情况处理

① 天气：设备运输过程中如遇到特殊意外情况，如雷雨、大风、大雾天气，应当停驶待令，不冒风险、不抢时间，确保万无一失。

② 运行过程中，当技术负责人或 ISO 质保总监发现可疑问题时，应立即停车检查。

③ 有其他影响安全的因素需停车检查。

2.2　吊装工艺

吊装工艺流程：吊装准备→定位放线→立柱吊装→栈桥吊装→栈桥附件（辅助设施）吊装。

2.2.1　10156 吊装方案

1. 10156 立柱吊装方法

10156 栈桥共 6 根立柱（Z1～Z6），拟采用一台 250t 履带式起重机，在主杆长 61m，工作半径控制在 16m 以内，额定起重为 50.2t 时进行该批立柱的整体吊装作业，并采用两台 50t 汽车吊进行立柱吊装的尾部抬送工作及构件拼装、安装配合工作，50t 汽车吊进行尾部抬送不能一次抬送就位时，需用枕木塔设临时支撑平台，以保护柱子尾部接头不被损坏。10156 栈桥吊装示意图见附录 5（略）。

① 柱子拼接场地为临近该跨柱子的跨内，因而该栈桥跨内要求平整压实，并保证拼接场地地耐力不小于 3kg/cm²。

② 250t 履带吊吊装施工道路为该栈桥柱子外侧修筑一条 10m 宽的道路，该道路必须平整压实，并保证该吊装场地地耐力不小于 5kg/cm²。

③ 250t 履带吊站在 Z1 柱与 Z2 柱跨中外侧施工道路进行 Z1、Z2 的吊装；250t 履带吊站在 Z4 柱与 Z3 柱跨中外侧施工道路进行 Z3、Z4 的吊装；250t 履带吊站在 Z5 柱与 Z6 柱跨中外侧施工道路进行 Z5 的吊装；250t 履带吊站在 Z6 柱跨中位置进行 Z6 柱的吊装。吊车摆放位置见附录 5：10156 栈桥吊装示意图（略）。

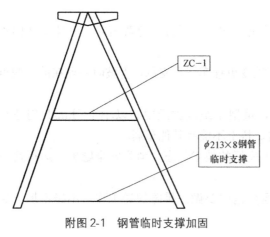

附图 2-1　钢管临时支撑加固

④ 柱子吊装前，必须在每根柱子底部向上 1m 左右处用 $\phi213\times8$ 钢管进行柱子底部临时加固，以保证柱子在吊装过程中不产生侧向变形，如附图 2-1 所示。

⑤ 吊装时的捆绑：采用 4 根 16m 长规格为 $\phi39（6\times37+1）$ 钢丝绳走双用 4 个 16t 卸扣与立柱肩臂梁单锁相连的捆绑方法，250t 履带吊主吊点设置在肩臂梁上，两台 50t 尾部抬送吊点设置在柱子尾部临时加固支撑点下处。

⑥ 10156—Z6 柱吊装可行性验算

a. 起重量的验算

∵$Q_{起}=50.2t$

　$Q_{实}=Q+q=47.613+1.5=49.113t$

∴$Q_{起}=50.2t>Q_{实}=49.113t$

故一台 250t 履带式起重机起重性能满足该柱的吊装需要。

b. 起升高度的验算

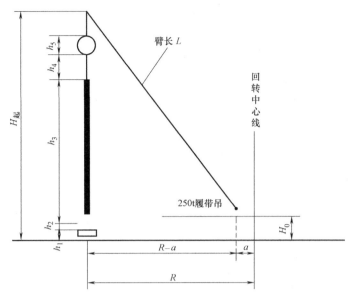

附图 2-2　立柱起升高度验算示意图

H_0—250t 履带吊吊臂销子离地高度（车身高），为 2.5m；L—250t 履带吊吊臂长度；R—250t 履带吊工作半径；a—250t 履带吊吊臂销子离回转中心距离，为 1.4m；h_1—立柱基础离地高度，设计为 1.5m；h_2—吊装安全距离，取 $h_2=0.5$m；h_3—立柱自身高度；h_4—吊装吊绳高度，取 $h_4=3$m；h_5—吊钩高度，取 $h_5=2$m；

此吊装工况下：

∵$H_起=H_0+\sqrt{L_2-(R-a)^2}=2.5+\sqrt{61^2-(16-1.4)^2}=61.7$m

$H_实=h_1+h_2+h_3+h_4+h_5=1.5+0.5+40.42+3+2=47.42$m

∴$H_起=61.7$m$>H_实=47.42$m

故一台 250t 履带式起重机起升高度满足该柱的吊装需要。

c. 吊装时立柱是否碰撞吊臂

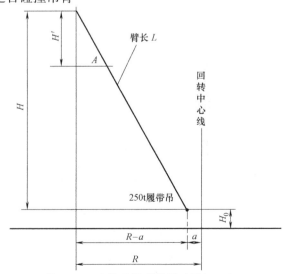

附图 2-3　立柱是否碰撞吊臂验证示意图

$H=H_起-H_0=61.7\text{m}-2.5\text{m}=59.2\text{m}$

$H'=H-(h_1+h_2+h_3-H_0)=59.2\text{m}-(1.5\text{m}+0.5\text{m}+40.42\text{m}-2.5\text{m})=19.28\text{m}$

$A=(R-a)\times H'\div H=14.6\times19.28\div59.2=4.75\text{m}$

$A=4.75\text{m}>$（吊臂厚度+肩夹梁厚度）$/2=(2.4+2.2)/2=2.3\text{m}$

故吊装时立柱不会碰撞吊臂，因而该吊装方法安全可靠。

d. 吊装时的捆绑

采用 4 根 16m 长规格为 $\phi39(6\times37+1)$ 钢丝绳走双用 4 个 16t 卸扣与立柱肩臂梁单锁相连的捆绑方法。

e. 捆绑钢丝绳安全性的验算

$$[F_g]=a\times F_g/K=0.82\times95.95\times4\times2/8=78.679\text{t}>47.613\text{t}$$

式中　a——折算系数（0.82）；

　　$[F_g]$——钢丝绳允许拉力；

　　F_g——钢丝绳的钢丝破断拉力总和（$95.95\times4\times2$）；

　　K——钢丝绳安全系数（8）。

⑦ 10156—Z1～Z5 验算：方法同前，经验算方案可行。

2. 10156 栈桥吊装方法

10156 共 5 段桁架（U1～U5）：拟采用一台 250t 履带式起重机，在主杆长 61m，工作半径为 16m 以内，额定起重为 50.2t 时进行该批栈桥的整体吊装作业，并采用两台 50t 汽车吊进行栈桥吊装就位的辅助工作。

① 栈桥拼接场地为该跨栈桥的跨内斜向布置，因而该栈桥跨内必须平整压实，并保证拼接场地地耐力不小于 3kg/cm^2；

② 250t 履带吊吊装施工道路为该栈桥柱子外侧修筑一条 10m 宽的道路，该道路必须平整压实，并保证该吊装场地地耐力不小于 5kg/cm^2。

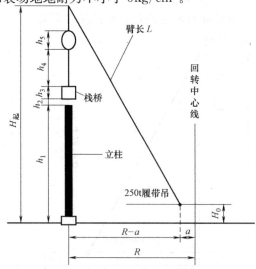

附图 2-4　栈桥起升高度验算示意图

H_0—250t 履带吊吊臂销子离地高度（车身高），为 2.5m；L—250t 履带吊吊臂长度；R—250t 履带吊工作半径；
a—250t 履带吊吊臂销子离回转中心距离，为 1.4m；h_1—栈桥安装高度（取栈桥中点的安装高度）；
h_2—吊装安全距离，取 $h_2=0.5$m；h_3—栈桥自身高度；h_4—吊装吊绳高度，取 $h_4=3$m；
h_5—吊钩高度，取 $h_5=2$m；

③ U5 栈桥吊装可行性验算

a. 起重量的验算

$\because Q_{起}=50.2t$

$Q_{实}=Q+q=33.387+1.5=34.887t$

$\therefore Q_{起}=50.2t>Q_{实}=34.887t$

故一台 250t 履带式起重机起重性能满足该栈桥的吊装需要。

b. 起升高度的验算

此吊装工况下:

$\because H_{起}=H_0+\sqrt{L_2-(R-a)^2}=2.5+\sqrt{61^2-(16-1.4)^2}=61.7m$

$H_{实}=h_1+h_2+h_3+h_4+h_5=40+0.5+3.3+3+2=48.8m$

$\therefore H_{起}=61.7m>H_{实}=48.8m$

$\therefore$ 一台 250t 履带式起重机起升高度满足该栈桥的吊装需要

c. 吊装时栈桥是否碰撞吊臂

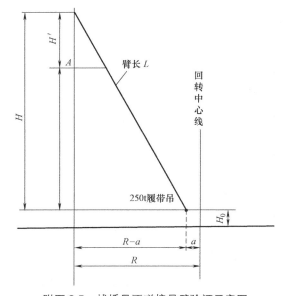

附图 2-5 栈桥是否碰撞吊臂验证示意图

$H=H_{起}-H_0=61.7m-2.5m=59.2m$

$H'=H-(h_1+h_2+h_3-H_0)=59.2m-(40m+0.5m+3.4m-2.5m)=17.8m$

$A=(R-a)\times H'\div H=14.6\times17.8\div59.2=4.39m$

$A=4.39m>(栈桥宽度+吊臂厚度)/2=(3.4+2.4)/2=2.90m$

所以,吊装时栈桥不会碰撞吊臂,因而该吊装方法安全可靠。

d. 吊装时的捆绑

采用 2 根 16m 长规格为 $\phi39(6\times37+1)$ 钢丝绳走双兜挂栈桥上端下弦,该兜挂点距栈桥中心线 2.45+2.806=5.256m,再用 2 根 10m 长规格为 $\phi39(6\times37+1)$ 钢丝绳走双挂在吊钩上,再用 2 根 6m 长规格为 $\phi39(6\times37+1)$ 钢丝绳走双兜挂在栈桥下端下弦,该兜挂点距栈桥中心线 2.45+3=5.45m,再用 2 个 10t 手拉链条葫芦连接,并利用 2 个 10t

手拉链条葫芦进行栈桥安装角度的调整, 如附图 2-6 所示。

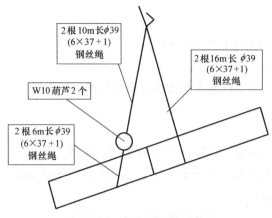

附图 2-6 栈桥吊装时的捆绑

e. 捆绑钢丝绳安全性的验算

$$[F_g] = a \times F_g / K = 0.82 \times 95.95 \times 2 \times 2/8 = 39.34t > 33.387/2 = 16.7t$$

式中　　a——折算系数 (0.82);

　　$[F_g]$——钢丝绳允许拉力;

　　F_g——钢丝绳的钢丝破断拉力总和 (95.95×2×2);

　　K——钢丝绳安全系数 (8);

16.7——栈桥重量的一半。

④ U1-U4 栈桥吊装可行性验算: 方法同前, 经验算方案可行。

3. 10156 栈桥吊装顺序

Z1→Z2→U1→Z3→U2→Z4→U3→Z5→U4→Z6→U5。

2.2.2　10157 吊装方案

根据该批栈桥及立柱的重量、外形尺寸、吊装高度及其结构特点, 以及现场吊装条件的许可和吊装条件的限制, 现场拟采用一台 250t 履带式起重机和两台 50t 汽车吊进行栈桥及立柱的吊装工作, 10157 栈桥吊装示意图见附录 6 (略), 具体吊装方案如下:

1. 立柱吊装主要施工方法

(1) 10157—Z6 柱: 拟分两段吊装, 其中下段高 30m 重约 44t, 上段高 7.602m 重约 40.645t, 采用一台 250t 履带式起重机, 在主杆长 61m、工作半径为 16m 以内, 额定起重为 50.2t 时, 进行该立柱的分段吊装作业, 并采用两台 50t 汽车吊进行立柱吊装的尾部抬送工作及构件拼装、安装配合工作, 两台 50t 汽车吊进行尾部抬送不能一次抬送就位时, 需用枕木塔设临时支撑平台, 以保护柱子尾部接头。

1) 立柱分段示意图

具体的分段位置与制作厂家协商确定, 原则为上段重量控制在 40t 以内, 如附图 2-7 所示。

2) 下段立柱吊装加固示意图 (附图 2-8)

3) 上段立柱吊装加固示意图 (附图 2-9)

4) 吊装时的捆绑: 采用 4 根 16m 长规格为 $\phi39(6×37+1)$ 钢丝绳走双用 4 个 16t 卸

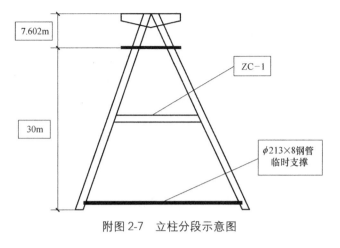

附图 2-7 立柱分段示意图

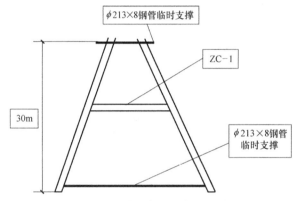

附图 2-8 下段立柱吊装加固示意图

扣与立柱与 ZC-1 交叉处（下段吊装时）或立柱肩臂梁（上段吊装时）单锁相连的捆绑方法。

（2）10157—Z5 柱：拟分三段吊装，其中上段肩夹梁段高 4.945m 重约 40t，下部垂直人字架：高 36m 重约 47t，斜撑杆长约 37m 重约 23t，采用一台 250t 履带式起重机在主杆长 61m、工作半径为 16m

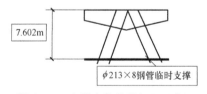

附图 2-9 上段立柱吊装加固示意图

以内、额定起重为 50.2t 时进行该立柱的分段吊装作业，并采用两台 50t 汽车吊进行立柱吊装的尾部抬送工作。

（3）10157—Z4 柱：拟分两段吊装，其中下段高 40m 重约 50t，上段高 9.313m 重约 40t，采用一台 250t 履带式起重机在主杆长 61m，工作半径为 14m 以内、额定起重为 57.9t 时进行该立柱的分段吊装作业，并采用两台 50t 汽车吊进行立柱吊装的尾部抬送工作。

（4）10157—Z3 柱：拟分两段吊装，其中下段高 42m 重约 63t，采用一台 250t 履带式起重机在主杆长 61m、工作半径为 12m 以内、额定起重为 68t 时进行该段立柱的吊装作业，上段高 16.465m 重约 40t，采用一台 250t 履带式起重机在主杆长 73.2m、工作半径为 16m 以内、额定起重为 46.3t 时进行该段立柱的吊装作业，并采用两台 50t 汽车吊进行立柱吊装的尾部抬送工作。

（5）10157—Z2 柱：拟分四段吊装，其中上段肩夹梁段高 4.065m 重约 35t，下部垂直人字架高 41.352m 重约 48t，分两段吊装，斜撑杆为一段长约 37m 重约 20t，采用一台 250t 履带式起重机在主杆长 61m，工作半径为 20m 以内，额定起重为 39.1t 时进行该立柱的分段吊装作业，并采用两台 50t 汽车吊进行立柱吊装的尾部抬送工作（吊车位于 Z1 柱的地面上吊装）。

（6）10157—Z1 柱：拟分两段吊装，其中下段高 40m 重约 47t，上段高 7.768m 重约 40t，采用一台 250t 履带式起重机在主杆长 61m、工作半径为 16m 以内、额定起重为 50.2t 时进行该立柱的分段吊装作业，并采用两台 50t 汽车吊进行立柱吊装的尾部抬送工作。

Z1～Z5 立柱分段、立柱吊装加固、上段立柱吊装加固、吊装时的捆绑方法等与 Z6 柱类似，此处不再赘述。

（7）10157—Z3 柱吊装可行性验算

1）起重量的验算

下段吊装时：

$\because Q_{起}=68t$

   $Q_{实}=Q+q=63+1.5=64.5t$

$\therefore Q_{起}=68t>Q_{实}=64.5t$

$\therefore$ 一台 250t 履带式起重机起重性能满足该柱的吊装需要。

上段吊装时：

$\because Q_{起}=46.3t$

   $Q_{实}=Q+q=40+1.5=41.5t$

$\therefore Q_{起}=46.3t>Q_{实}=41.5t$

$\therefore$ 一台 250t 履带式起重机起重性能满足该柱的吊装需要。

2）起升高度的验算（附图 2-2）

下段吊装时：

$\because H_{起}=H_0+\sqrt{L_2^2-(R-a)^2}=2.5+\sqrt{61^2-(12-1.4)^2}=62.5m$

   $H_{实}=h_1+h_2+h_3+h_4+h_5=1.5+0.5+42+3+2=49m$

$\therefore H_{起}=62.5m>H_{实}=49m$

$\therefore$ 一台 250t 履带式起重机起升高度满足该柱的吊装需要。

上段吊装时：

$\because H_{起}=H_0+\sqrt{L_2^2-(R-a)^2}=2.5+\sqrt{73.2^2-(16-1.4)^2}=74.2m$

   $H_{实}=h_1+h_2+h_3+h_4+h_5=43.5+0.5+16.465+3+2=65.5m$

$\therefore H_{起}=74.2m>H_{实}=65.5m$

$\therefore$ 一台 250t 履带式起重机起升高度满足该柱的吊装需要。

3）吊装时立柱是否碰撞吊臂（附图 2-3）

下段吊装时：

$H=H_{起}-H_0=62.5m-2.5m=60m$

$H'=H-(h_1+h_2+h_3-H_0)=60m-(1.5m+0.5+42m-2.5m)=18.5m$

$A=(R-a)\times H'\div H=10.6\times 18.5\div 60=3.27\mathrm{m}$

$A=3.27\mathrm{m}>$（吊臂厚度＋构件厚度）$/2=(2.4+1.42+1.6)/2=2.71\mathrm{m}$

故吊装时立柱不会碰撞吊臂，因而该吊装方法安全可靠。

上段吊装时：

$H=H_{起}-H_0=74.2\mathrm{m}-2.5\mathrm{m}=71.7\mathrm{m}$

$H'=H-(h_1+h_2+h_3-H_0)=71.7\mathrm{m}-(1.5\mathrm{m}+0.5+58.465\mathrm{m}-2.5\mathrm{m})=13.735\mathrm{m}$

$A=(R-a)\times H'\div H=14.6\times 13.735\div 71.7=2.80\mathrm{m}$

$A=2.80\mathrm{m}>$（吊臂厚度＋肩夹梁厚度）$/2=(2.4+2.2)/2=2.3\mathrm{m}$

故吊装时立柱不会碰撞吊臂，因而该吊装方法安全可靠。

4) 吊装时的捆绑：采用 4 根 16m 长规格为 $\phi39$（$6\times37+1$）钢丝绳走双，用 4 个 16t 卸扣与立柱与 ZC-1 交叉处（下段吊装时）或立柱肩臂梁（上段吊装时）单锁相连的捆绑方法，捆绑钢丝绳安全性的验算如下：

$$[F_g]=a\times F_g/K=0.82\times 95.95\times 4\times 2/8=78.679\mathrm{t}>63\mathrm{t}$$

式中　a——折算系数（0.82）；

　　　$[F_g]$——钢丝绳允许拉力；

　　　F_g——钢丝绳的钢丝破断拉力总和（$95.95\times 4\times 2$）；

　　　K——钢丝绳安全系数（8）。

(8) 10156-Z1～Z5 验算：经验算方案可行（验算方法同前）。

2. 10157 栈桥吊装主要施工方法

(1) 10157—U5、U4 栈桥的吊装：采用一台 250t 履带式起重机在主杆长 61m、工作半径为 20m 以内、额定起重为 39.1t 时进行该部分栈桥的吊装作业，并采用两台 50t 汽车吊进行栈桥吊装就位的辅助抬送工作。其中 250t 履带吊站在该跨两柱间外侧 10m 宽的施工道路上进行吊装，U5、U4 栈桥在跨内斜向组对。

吊装时的捆绑：采用 2 根 16m 长规格为 $\phi39$（$6\times37+1$）钢丝绳走双兜挂栈桥上端下弦，该兜挂点距栈桥中心线 6～7m，再用 2 根 10m 长规格为 $\phi39$（$6\times37+1$）钢丝绳走双挂在吊钩上，再用 2 根 6m 长规格为 $\phi39$（$6\times37+1$）钢丝绳走双兜挂在栈桥下端下弦，该兜挂点距栈桥中心线 6～7m，再用 2 个 10t 手拉链条葫芦连接，并利用 2 个 10t 手拉链条葫芦进行栈桥安装角度的调整，如附图 2-10 所示。

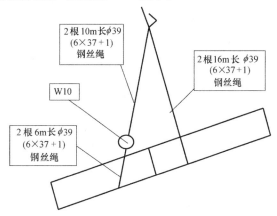

附图 2-10　栈桥安装角度调整示意图

(2) 10157—U3 栈桥：采用一台 250t 履带式起重机，在主杆长 73.2m、工作半径为 20m 以内、额定起重为 36.1t 时进行该栈桥的吊装作业，并采用两台 50t 汽车吊进行栈桥吊装的辅助工作。250t 履带吊站在 Z3-Z4 柱外侧 10m 宽的施工道路上进行 U3 的吊装，U3 栈桥在跨内斜向组装，捆绑方法同上。

(3) 10157—U2 栈桥：采用一台 250t 履带式起重机，在主杆长 85.3m、工作半径为 32m 以内、额定起重为 17.9t 时进行该栈桥的吊装作业，并采用一台 50t 汽车吊进行栈桥吊装的辅助工作。250t 履带吊站在 Z3 柱外侧 10m 宽的施工道路上进行 U2 的吊装，U2 栈桥在 U3 跨内斜向组装，捆绑方法同上。

(4) 10157—U1 栈桥：采用一台 250t 履带式起重机，在主杆长 61m、工作半径为 16m 以内、额定起重为 50.2t 时进行该栈桥的吊装作业，并采用两台 50t 汽车吊进行栈桥及立柱吊装的辅助抬送工作，250t 履带吊站在 Z1 柱地面 Z1-Z2 柱外侧施工道路上进行 U1 的吊装，U1 栈桥在跨内斜向组装，捆绑方法同上。

(5) 10157—U0 栈桥：采用一台 250t 履带式起重机，在主杆长 73.2m，工作半径为 16m 以内、额定起重为 46.3t 时进行该栈桥的吊装作业，并采用两台 50t 汽车吊进行栈桥及立柱吊装的辅助抬送工作，250t 履带吊站在 Z1 柱地面 Z1-Z2 柱外侧施工道路上进行 U0 的吊装，U0 栈桥在跨内斜向组装，捆绑方法同上。

(6) 10157—U2 栈桥吊装可行性验算

1）起重量的验算

$\because Q_{起}=17.9t$

$Q_{实}=Q+q=15.677+1.5=17.177t$

$\therefore Q_{起}=17.9t>Q_{实}=17.177t$

$\therefore$ 一台 250t 履带式起重机起重性能满足该栈桥的吊装需要。

2）起升高度的验算（见前述栈桥起升高度验算示意图）

$\because H_{起}=H_0+\sqrt{L^2-(R-a)^2}=2.5+\sqrt{85.3^2-(32-1.4)^2}=82.12m$

$H_{实}=h_1+h_2+h_3+h_4+h_5=65+0.5+3.4+5+2=75.9m$

$\therefore H_{起}=82.12m>H_{实}=75.9m$

$\therefore$ 一台 250t 履带式起重机起升高度满足该栈桥的吊装需要。

3）吊装时栈桥是否碰撞吊臂（见前述栈桥是否碰撞吊臂验证示意图）

$H=H_{起}-H_0=82.12m-2.5m=79.62m$

$H'=H-(h_1+h_2+h_3-H_0)=79.62m-(65m+0.5m+3.4m-2.5m)=13.22m$

$a=(R-a)\times H'\div H=32.6\times13.22\div79.62=5.41>$（栈桥宽度＋吊臂厚度）$/2=(3.4+2.4)/2=2.90m$

$\therefore$ 吊装时栈桥不会碰撞吊臂，因而该吊装方法安全可靠。

4）捆绑钢丝绳安全性的验算

$[F_g]=a\times F_g/K=0.82\times95.95\times2\times2/8=39.34t>15.677/2=7.84t$

式中　a——折算系数（0.82）；

$[F_g]$——钢丝绳允许拉力；

F_g——钢丝绳的钢丝破断拉力总和（$95.95\times2\times2$）；

K——钢丝绳安全系数（8）；

7.84——栈桥重量的一半。

（7）10157 其余栈桥吊装可行性验算：经验算方案可行（验算方法同前）。

3. 10157 栈桥吊装顺序：Z6 下段—Z6 上段—Z5 下段（垂直段）—Z5 下段（斜撑段）—Z5 上段—U5 栈桥—Z4 下段—Z4 上段—U4 栈桥—Z3 下段—Z3 上段—U3 栈桥—Z2 下段 1（垂直段）—Z2 下段 2（垂直段）—Z2 下段（斜撑段）—Z2 上段—Z1 下段—Z1 上段—U1 栈桥—U0 栈桥—U2 栈桥。

2.2.3　其他栈桥吊装方案

10117、10118、10148、10149、10171、10173、10136、10137、10138、10122、10123、10124、10125、10126、10127、10128、10129 栈桥根据其构件重量、结构尺寸及吊装高度，利用现场已有的吊装机械（一台 250t 履带式起重机和两台 50t 汽车吊），完全能满足其吊装要求。现场施工时，根据各条栈桥的参数，结合现场实际情况，在这三台吊车中进行合理调配，满足现场吊装要求。其具体方案在施工过程应根据各栈桥的参数以作业指导书或施工技术交底的方式做进一步补充，在此不再详述。

2.3　主要技术、质量措施

1. 吊装准备

（1）在开工前要编制好相应的吊装技术方案及必要的作业指导书，并做好技术交底，确保参加工程施工的人员明确技术操作及质量要求。

（2）为避免土建、安装及制造厂家因图纸不吻合、相互间协调不到位、特别是对栈桥制造的一些要求不同等造成的矛盾，施工前应由建设单位组织图纸会审及协调配合的专题会议。

（3）施工前做到"三通一平"，施工用水、电、道路要求畅通，场地平整，安全标志明确，施工场地安全措施到位，特别是要确保 250t 履带吊对道路、吊装场地、栈桥拼装场地的要求。

（4）施工机械的自检与保养和维修，以保证在运输中或吊装过程中不应因施工机械故障而造成交通阻塞或影响正常的工作和工期。

（5）各种运输手续和占道施工有关手续的办理，如养路费、过路费、过桥费、通行证、超限运输证、占道施工证等都应在施工前办理好，以保证运输及吊装的畅通与安全。

（6）在吊装前要对设备的具体几何尺寸进行摸底，确定吊装的重心位置和捆绑点以及吊装实际重量，以利于吊装作业。

（7）立柱吊装前，必须对基础进行复测，包括锚栓的露出长度、锚栓中心线对基准线的位移偏差、锚栓间距，基础标高等。

2. 立柱预埋地脚螺栓质量控制

为确保立柱吊装的顺利实施，必须首先控制好预埋地脚螺栓的预埋精度，现场拟采用如下技术措施：首先根据图纸尺寸用钢板制作一法兰模具，将地脚螺栓在加工场地预制成型，然后根据螺栓所处圆周大小，在其所处内切圆周加焊 4 层螺纹钢井字架，在其所处外切圆周上加焊 5 周圆钢箍筋，再整体运到作业现场，找好中心基准点及角度基准线后与土建结构主钢筋焊接固定，并用架管将地脚螺栓框架整体固定，确保其在土建植筋和浇筑混凝土时不发生位移或变形。技术措施方案图见附录 11（略）。

技术要求如下：

（1）预制成型后地脚螺栓中心位置误差控制在 2mm 以内。

（2）安装后地脚螺栓中心位置误差控制在 5mm 以内。

但由于栈桥立柱吊装时需同时将其中 2 或 3 只脚吊装就位，地脚螺栓的制作误差、安装位置误差（如圆周中心误差、角度误差等）及栈桥制造误差都将对其吊装就位产生影响，且由于 10156、10157 栈桥地脚螺栓数量多、柱间距达三十多米，要同时控制好这些误差，难度相当大，也不容易实现，因此要求栈桥制作厂家将立柱底板法兰先提供给施工方安装，找正找平后进行二次浇灌，最后待立柱吊装就位点焊固定后，厂家再现场按设计要求加筋板及焊接。

3. 构件拼装的质量控制

（1）现场构件的组装，拟采用两台 50t 汽车吊配合进行，施工时应按照制作厂家的组装标记进行拼接，组装完成后，应对照设计图纸要求的尺寸及有关质量验收规范的要求进行检验，合格后方能进行下一步吊装。

（2）栈桥立柱的空中组对，按设计采用的内衬管焊接的连接方式，经作图验证，人字架吊装实际上是无法实现的，本方案拟采用对接（焊接）加外套管焊接连接方式，方案详见附录 12：10157 栈桥立柱空中连接方案图（略）。

（3）上下段立柱组对平台的搭设：在立柱下段对接口下 1.3m 处，焊上对接操作平台，操作平台的制作见附录 7：栈桥立柱空中组对操作平台制作示意图（略）。操作平台在立柱下段吊装前可先制作一面，另一面则用吊车将立柱下段的头部吊离地面适当距离后制作。

4. 构件临时加固及保护措施

（1）为防止栈桥及立柱在运输、吊装过程中变形，施工中将采用大量的钢管、角钢等进行临时加固。

（2）2 台 50t 汽车吊进行尾部抬送不能一次抬送就位时，需用枕木（200mm×200mm×2200mm）搭设临时支撑平台，以保护柱子尾部接头不被损坏。

（3）立柱吊装前，须在其顶部四个方向系挂缆风绳，立柱吊装就位后可利用缆风绳调整立柱垂直度，待找正找平后，立即紧固地脚螺栓，同时张紧缆风绳（利用 1～5t 手动葫芦实现），然后吊车才能取钩（利用专门制作的吊篮实现）。待该跨栈桥吊装就位后，方可除去立柱缆风绳。缆风绳选用 ϕ21.5-6×19＋1 钢丝绳（许用拉力 $P＝T/K＝29.8/3＝9.9$t）。

3　施工进度计划及保证措施

3.1　施工进度计划

详见附录 8：备料及料场工程 钢栈桥吊装施工进度计划（略）。

3.2　施工进度计划的实施与管理

1. 施工进度计划的管理

施工进度管理工作由施工现场项目经理部负责组织和实施：项目经理负责工程进度管理工作的组织领导，项目副经理负责具体安排落实，项目技术负责人负责技术工作的管理与实施，设备工长按施工顺序和工艺制定合理的分项工程工期进度计划和材料、机具、设备及人员的需用计划。劳资员、料具员负责按计划组织人员、机具、设备和采购材料进入现场，项目经理部的计划员负责项目工程进度管理的日常工作。

2. 施工进度计划的实施

(1) 层层分解落实安装总进度计划，在安装总进度计划指导下，项目经理部按月编制施工进度计划，各施工工长按月施工进度计划要求，编制（周）作业计划和安装工艺卡向班组下达，使班组明确工作目标。

(2) 搞好计划调整，积极参加现场施工协调会，随着施工条件变化及时对安装进度计划进行调整，对安装进度计划进行充实和完善。

(3) 按进度计划的要求，安全及时地组织好吊装机械及运输车辆的有序进场。

3.3　工期保证措施

(1) 施工组织保证

1) 实施项目法管理。公司与项目经理签订工期合同，项目经理又同项目管理人员、作业班组签订工期合同，把工期考核同全体职工的经济效益挂钩，并把工期作为考核项目部工作业绩的重要部分。

2) 认真编制各阶段的作业计划，以网络控制，抓好关键线路的控制，及时调整影响工期的因素，把施工周期缩短到最佳范围。

3) 实施分段作业，合理组织各工序穿插。

4) 对生产班组下达任务计划，实行计件工资制，把工期考核纳入计件单位内。

5) 定期同建设单位、栈桥制作厂家及其他专业工种召开协调会，将吊装中的问题提前提出，并在建设单位的协调下，密切同其他工种配合。

(2) 材料供应保证

1) 认真编制材料需用计划，要求准确、及时，对材料必须先提出备料计划。

2) 双方密切配合、相互协调、取长补短，共同搞好材料供应。

(3) 劳动力组织保证

1) 劳动力实行动态管理，针对各段的吊装情况，投入足够的劳动力，并保证每天连续作业不超过10h，以保证吊装安全和工期。

2) 劳动力组织由项目部根据吊装工程进度情况，事先提出劳动力的需用计划，由公司统一组织。

3) 选择技术素质好的生产班组，组织预备队伍，随时补缺。

4) 对该工程进度影响较大的单项工程，在施工时，组织劳动竞赛，奖优罚劣。

(4) 施工机具的配备保证

1) 选择先进的运输机械和起重机械，并配备足够的数量。

2) 设专职机械工长，加强机具的经常性保养，配备易损零部件，并设专人维修。

4　资源供应计划

4.1　劳动力投入计划

1. 为确保该工程施工，抽调素质好、技术过硬的施工人员和班组人员，由公司工程部、政工部配合该工程项目经理部对进场人员做好动员，向职工宣传该工程的重要性，做好质量安全教育，树立职工的责任感和对用户负责的思想，落实奖惩制度，开展各种形式的竞赛活动，充分调动每个职工的积极性。

2. 该工程劳动力投入计划见附表 2-1。

劳动力需用计划表   附表 2-1

序号	工 种	数 量
1	吊装责任工长	1人
2	专职安全员	1人
3	起重工	10人
4	测量工	3人
5	钳工	10人
6	焊工	6人
7	电工	2人
8	汽车司机	3人
9	普工	25人
合计		61人

4.2   施工机具计划

根据该工程施工作业的特点，计划投入机具见附表 2-2。

主要施工机具投入计划   附表 2-2

序号	设 备 名 称	规格型号	单位	数量	进场时间
1	履带吊	CKE2500 型，250t	台班	90	2017.6.15
2	汽车吊	QY50	台班	180	2017.6.10
3	炮车	60t	台班	90	2017.6.10
4	标准集装箱拖车	12m	台班	90	2017.6.10
5	载重汽车	15t	台班	180	2017.6.10
6	钢丝绳吊绳	ϕ39(6×37＋1)	米	200	2017.6.20
7	钢丝绳吊绳	Φ28(6×37＋1)	米	200	2017.6.10
8	钢丝绳吊绳	Φ21.5(6×37＋1)	米	200	2017.6.10
9	钢丝绳吊绳	Φ17.5(6×37＋1)	米	200	2017.6.10
10	钢丝绳缆风绳	Φ21.5(6×19＋1)	米	1500	2017.6.10
11	卸扣	50t	个	6	2017.6.10
12	卸扣	25t	个	6	2017.6.10
13	卸扣	16t	个	6	2017.6.10
14	卸扣	9t	个	6	2017.6.10
15	卸扣	6t	个	6	2017.6.10
16	焊机		台	6	2017.6.10
17	手动葫芦	20t	个	4	2017.6.10
18	手动葫芦	10t	个	4	2017.6.10
19	手动葫芦	5t	个	4	2017.6.10
20	手动葫芦	1t	台	8	2017.6.10
21	手动葫芦	2t	台	8	2017.6.10

续表

序号	设备名称	规格型号	单位	数量	进场时间
22	手动葫芦	5t	台	4	2017.6.10
23	枕木	$200 \times 200 \times 2200$	根	200	2017.6.10
24	钢垫板	$8000 \times 2000 \times 25$	张	6	2017.6.10
25	钢管	$\phi 213 \times 8$	米	500	2017.6.10
26	氧焊设备		套	4	2017.5.25
27	液压千斤顶	50t	台	2	2017.5.25
28	液压千斤顶	10t	台	2	2017.5.25
29	液压千斤顶	5t	台	4	2017.5.25
30	水准仪	S3	台	2	2017.5.25
31	经纬仪		台	2	2017.5.25
32	框式水平仪	200×0.02	台	4	2017.5.25
33	撬棍		根	20	2017.5.25
34	对讲机		对	4	2017.5.25

5 施工总平面管理

5.1 施工总平面布置

施工总平面由施工道路、临时设施、加工场地、施工用电、施工用水及施工保卫等组成。针对该工程情况，大量钢栈桥及构件需进入安装现场，因此设备的运输通道应进行合理规划，确保钢栈桥及构件能安全、及时地运输到位。具体布置详见附录 4：设备运输通道示意图（略）。

5.2 施工总平面管理

为了保持良好的施工现场秩序，确保设备运输通道畅通，实现文明施工，在现场项目部统一领导下应做到：

（1）严格按照施工总平面图进行现场布置，定期检查，监督实施。

（2）设备运输期间，定专人负责，对运输通道进行检查、维护。

（3）因施工需要，设备通道必须挖断的，应提前告知，施工完后应及时恢复或采取其他绕道措施。

（4）场内外运输的组织

1）钢栈桥场内运输拟考虑平板拖车或汽车加拖挂的方式运输。

2）场内垂直运输尽量利用汽车吊进行。

6 安装质量控制措施

6.1 工程质量控制目标

1. 确保实现合同规定的工程质量目标。

2. 工程一次交验合格率达 100%。

3. 确保不发生重大质量事故。

6.2　质量保证体系

1. 质量保证体系

在该工程中，将以项目技术负责人为首，建立现场质量控制系统，此系统与公司质量保证系统和技术监督系统组成完整的质量体系。

施工质量保证体系图，见附录 9（略）。

2. 现场质量监督组织

（1）该工程项目的各项质量管理活动将按照公司的质量体系要求，由现场项目经理部组织：项目经理对工程质量负全面责任，项目技术负责人具体领导和组织现场的质量管理工作，各专业责任工长任专业质控工程师，对分部工作质量负责，质检员、材料员、机具员、计量人员及其他管理人员按公司质量责任制，在各自岗位上认真履行质量职责。

（2）现场质量控制系统主要任务是对工序质量进行控制以工序质量确保工程整体质量。

6.3　质量管理措施

1. 落实质量责任制

在吊装及安装过程中，保证落实公司的质量责任制，充分体现质量终身制的观点，把质量责任落实到责任人。

项目经理对工程质量负全面责任，项目技术负责人具体领导和组织现场的质量管理工作，各专业责任工长任专业质控工程师，对分部工作质量负责，质检员、材料员、班组长及其他管理人员按公司质量责任制，在各自岗位上认真履行质量职责。

2. 贯彻执行公司《质量手册》、《质量管理体系程序文件汇编》的规定

为加强工程安装过程质量管理，将依据《质量管理体系　要求》GB/T 19001—2016并结合制定的《质量手册》、《质量管理体系程序文件汇编》，作为该工程质量管理的纲领性文件和行动准则，应认真贯彻执行与质量管理有关的质量体系程序文件及质量管理标准、规定。

3. 围绕本工程质量目标，制定切实的质量控制措施，从原材料质量控制到施工全过程质量控制按分部分项工程进行分解落实。

4. 由项目经理部抓好现场职工的质量意识教育，使入场施工人员明确工程的重要性及工程质量目标，使全体职工牢固树立工程创优意识，增强职工自觉搞好工程质量的积极性。

5. 加强工序质量控制，落实工序质量"三检"，搞好工序作业中的自检、互检、交接检及工序完工后作业人员自检、工长组织抽检、现场质检人员专检的"三检"控制，以优良的工序质量为工程质量目标的实现提供可靠保证。

6. 认真接受政府质量监督部门、建设单位、监理单位的质量监督，及时整改工程质量问题。

7　安全技术措施

7.1　安全施工组织管理机构

安全保证体系图，见附录 10（略）。

7.2　安全施工技术措施及要求

1. 操作人员方面

（1）从事吊装作业的人员，必须经过体检，有心脏病、高血压等不适合高空作业的人员，不得从事高空作业，起重工、焊工、电工等特殊工种人员必须持证上岗。

（2）施工人员进入现场，必须戴好安全帽，穿软底胶鞋，必须按规定戴好各种劳动安全保护用具。

（3）栈桥及立柱吊装时，必须设专人统一指挥，且现场必须设置至少1名专职安全员，进行旁站式的安全监督与检查工作。

（4）施工人员必须自觉遵守业主的一切厂规厂纪。

2. 施工机具方面

（1）严格执行吊装安全操作规程，建筑机械安全操作规程。

（2）严格遵守政府交通法规，进出场过程中必须服从交通部门和业主的统一指挥与安排。

（3）捆绑设备的钢丝绳一定要满足8倍安全系数，所用捆绑工具均不超过其额定起重量，捆绑前均应对所用捆绑工具作安全检查，违反规定则不能使用。

（4）施工场所地耐力不得小于$5kg/cm^2$，以利吊装作业的安全性。

（5）施工机具在施工现场要加强维修与保养，以保证施工机具的完好率，从而保证工程实施的安全及质量。

（6）精心组织、合理安排、精细施工，保证做到"人不掉皮、机不掉漆、完整无损"，确保该工程安全质量工期。

3. 安全措施方面

（1）吊装现场道路必须平整坚实，回填土、松软土层要进行处理，起重机不得停置在斜坡上工作，也不允许起重机两个边一高一低。

（2）禁止超载吊装，所有吊装机索具吊装前必须进行检查，合格后方能使用，如遇雨天、五级以上大风天气应停止起重吊装作业。

（3）吊装现场周围必须设置临时维护，禁止非施工人员入内，并做好现场的安全宣传与监督工作。

（4）栈桥安装后，必须检查连接质量，只有连接确实安全可靠后，才能松钩和拆除临时支撑。

（5）高空作业平台必须牢固可靠，高空作业人员必须正确使用安全带。

（6）捆绑所用的钢丝绳直接与设备的棱角处接触时要采用垫弧形瓦块或垫橡胶的方法保护捆绑钢丝绳，确保吊装时钢丝绳不损伤栈桥及立柱，以确保吊装的安全。

（7）栈桥及立柱吊装过程中统一指挥，指挥信号要鲜明、准确，停站位置应在机械操作人员视线之内，如果条件不允许时可增派指挥人员或使用对讲机进行指挥，确保栈桥及立柱吊装过程中不发生一切蹾、挂现象，以保证设备吊装安全。

（8）在吊装时甲方需做好临时施工占道相关手续的办理工作，断道施工时甲方需做好断道施工相关工作，以确保施工安全。

（9）250t履带吊进出场运输前，及时办理好一切相关手续，清除一切运输障碍，为安全运输创造条件。

（10）250t 履带吊进出场时应对途经路况、桥梁、桥涵预先进行考察，提前做好桥梁桥涵的加固措施及路障排除方案，以确保运输的安全。

（11）投入的设备状况应处于良好，使用时，按照操作规程进行使用，不得超负荷使用。

（12）避免盲目、野蛮、冒险作业。

（13）设备运输时，做好防护措施，如防雨、防晒、防撞、防止剧烈震动等具体工作。

（14）250t 履带吊从坡底转场至坡顶时，必须拆除所有配重及吊臂，以保证 250t 履带吊转场安全。

（15）柱子分段吊装必须进行柱子吊装的临时加固，确保柱子在吊装过程中不产生侧向变形，确保柱子顺利在空中组对好。

（16）柱子分段必须在柱子分段接口下 1.5m 处设置对接施工平台，确保施工人员操作安全。

（17）班组长上班前，进行上岗交底（交代当天的作业环境、气候情况、主要工作内容和各个环节的操作安全要求，以及特殊工种的配合等）、上岗检查（检查上岗人员的劳动防护情况、每个岗位周围作业环境是否安全无患、机械设备的安全保险装置是否完好有效，以及各类安全技术措施的落实情况等），并做好上岗的记录。

参 考 文 献

[1]　济南市城乡建设委员会建筑产业化领导小组办公室. 装配整体式混凝土结构工程施工 ［M］. 北京：中国建筑工业出版社，2013.

[2]　刘海成，郑勇. 装配式剪力墙结构深化设计、构件制作与施工安装技术指南 ［M］. 北京：中国建筑工业出版社，2016.

[3]　中华人民共和国住房和城乡建设部. JGJ 1—2014 装配式混凝土结构技术规程 ［S］. 北京：中国建筑工业出版社，2014.

[4]　中华人民共和国住房和城乡建设部. GB 50204—2015 混凝土结构工程施工质量验收规范 ［S］. 北京：中国建筑工业出版社，2015.

[5]　郭学明. 装配式混凝土结构建筑的设计、制作与施工 ［M］. 北京：机械工业出版社，2017.

[6]　王翔编. 装配式混凝土结构建筑的现场施工细节详解 ［M］. 北京：化学工业出版社，2017.

[7]　郝问冬，焦莉. 装配式建筑施工安全管理 ［J］. 建筑工程技术与设计，2015（30）.

[8]　刘迪. 装配式混凝土建筑的安全施工管理 ［J］. 建筑施工，2016，38（7）.

[9]　范舟强，李应明. 装配式建筑发展瓶颈与对策研究 ［J］. 工业 C. 2015（08）.

[10]　李高锋，施佳呈，郝风田，等. 浅析预制装配式住宅施工安全管理与措施 ［J］. 价值工程，2016，35（24）.

[11]　崔碧海. 起重技术 ［M］. 重庆：重庆大学出版社，2006.

[12]　王蔚佳，刘成毅，王永华，等. 安装工程施工技术 ［M］. 北京：机械工业出版社，2012.

[13]　王长远. 塔类设备双机抬吊方案的编制 ［J］. 安装，2012（03）：48-50.

[14]　叶定进. 精心编制起重吊装方案 ［J］. 水利电力劳动保护，2003（01）：36-37.

[15]　张帆，李文忠. 浅谈建筑施工塔式起重机起重吊装作业方案的编制要点 ［J］. 建筑安全，2010（09）：37-39.